環境アセスメント法
に関する総合的研究

柳　憲一郎　著

明治大学社会科学研究所叢書

清文社

は　し　が　き

　2011年4月に、日本版SEA（戦略的環境アセスメント）を含む環境影響評価法の一部改正法が成立した。わが国における環境アセスメントの領域における新しい一歩であると前向きに評価したい。
　ところで、本書の研究対象にしている環境影響評価制度（以下、「アセスメント」または「アセス」という。）は、枠組み規制として捉えることができる。枠組み規制とは、全体としての政策の目標や枠組みを取り決めた上で、個別の活動や行為に対してガイドライン（指針）を示すにとどめ、各主体の自主的な活動を許容する法システムのことである。
――この枠組み規制は、被規制主体の意思形成プロセスへ環境配慮の組み込みを図ろうとする点で、経済的手法と共通するが、枠組み規制は金銭的なインセンティブ以外の手段により環境配慮の組み込みを図るという点で、経済的手法と異なっている。また、事業者の自主的取り組みを尊重する点で、いわゆる自主的取り組みと共通する点も少なくないが、枠組み規制では、対策内容の自主性にとどまる点で、いわゆる自主的取り組みとは異なるものといえる。また、統制型の規制と異なり、情報公開や住民参加の仕組みとセットとなっているのも枠組み規制の特色といえる。――
　以上の記述は、2000年に上梓した『環境アセスメント法』（清文社）のはしがきから転載したものである。このような問題意識は、本書においても変わらず、前書の上梓以来、ここ10年間の国内法（条例を含む。）の分析、検討を始めとして、諸外国における制度の総合的に比較研究を行い、国内外における環境アセスメント研究の到達点を明らかにする過程で深まったといえる。

　本書は、それらにこの10年間に筆者が雑誌等に発表した小論を基に、それら

に加筆や書き下ろしをして、全9章で構成している。

　各章の内容の概略は、第1章では、環境アセスメント序論として、後の章に詳述する内容の全体を示すことにした。まずは、枠組み規制としてのアセスメントの位置づけを明らかにし、アセスメント法と条例との関係や国連環境開発会議で採択された「環境と開発に関するリオ宣言」第17原則や第10原則におけるアセスメントの位置づけを叙述した。

　第2章の環境影響評価法の理念と手続では、その理念、意義、環境影響評価法の制度的手続を検討し、その問題点や課題を摘出し、わが国のアセス法の制度的枠組みを詳細に検討した。これまでのわが国のアセスメント法は、事業実施を前提にした事業アセスメントであり、そのため、より良い計画づくりの観点は評価できる。しかし、代替案の検討は必要に応じて検討された場合に記載するとの限定がなされおり、また、政策や早期の計画はアセスメントの対象となっておらず、港湾計画のみ、上位計画段階でのアセスメントとして港湾管理者がアセスメントを行うとしているにとどまるという課題があったことを指摘している。

　第3章の地方自治体における環境配慮制度では、アセス法における地方条例の取り扱いについて触れ、アセス条例の枠組みと構造を指摘し、事例研究として、地方自治体における環境配慮関連制度の比較を項目別に行った。また、計画段階アセスとして、東京都における計画段階アセスメントの試行については、制度構築に携わった経験から、そこで得た知見について記述するとともに、先進自治体の新たな試みについて検討している。

　第4章の環境影響評価法の改正議論と戦略的環境影響評価では、環境影響評価法の改正議論における論点を検討し、議論の対象となっていた戦略的環境影響評価の位置づけについて検討した。また、改正法は、未だ環境基本法第20条の枠の中での検討にとどまっていることを指摘した。

　第5章では、諸外国における環境アセスメント制度を取り上げた。国外の戦略的環境影響評価(以下、「SEA」という。)制度の現状と具体的な課題を鳥瞰し、わが国における立ち位置を明らかにすることで、SEA制度の導入に際しての

留意点や課題を探った。さらに、制度の先進国であるアメリカの環境アセスメント制度の運用と実態について、制度の仕組みを記述した後に、17州のアセス制度について分析した。アメリカの最近の特徴として、プログラム的環境影響評価報告書（PEIS）は、通常の事業アセスと対照的にPEIS作成のための準拠規程は何も定められていないが、政府機関は、最善の判断力を駆使して、広範かつ内在的な本質を踏まえて、PEISの記載内容を審査するように期待されている。これは、1980年代前半までは滅多に作成されなかったが、最近では、規則案の分析等に頻繁に作成されている。また、カナダの環境アセスメントの制度の仕組みや比較研究として、アメリカと東京都環境影響評価条例との比較検討を行った。欧州における環境アセスメントでは、欧州環境アセスメント指令の仕組みと戦略的環境アセスメント指令などについて、構成国間の具体的な制度の動向について整理・分析した。イギリスにおける戦略的環境アセスメントでは、環境アセスメント制度の位置づけと、SEAの民間部門適用の具体例として送電線の事例を取り上げ分析した。

　さらに、近年、制度的整備の動きが目覚ましいアジアにおける環境アセスメントでは、タイの環境アセスメントの現状と課題について記述した。戦略アセスの仕組みは、国によっていくつかのパターンはあるが、法律や規則制定、政策、計画やプログラムを対象に環境評価を行うものであり、政策等による環境影響を事前に評価するプロセスであり、可能な限り早期の段階で、経済的、社会的な配慮と同等に、環境への配慮がなされることによって、適切な対応策が講じられることを確保するシステム分析であるとされている。

　第6章では、国際開発援助と環境アセスメントについて、世界銀行、アジア開発銀行、欧州復興開発銀行の環境配慮の仕組みと実際について検討し、開発援助手法の比較考察を行った。世界銀行は、SEAの重要性を認識している。それは、事業段階のEAは環境影響の緩和策を見極めることだけに限定されるが、戦略段階ならば、持続可能な発展を射程に入れた開発計画と環境上の諸要件とのすりあわせによって、代替戦略を検討することができるとしている。また、ODAと環境アセスメントでは、国際協力機構、国際協力銀行、日本貿易

振興会の社会環境配慮ガイドラインの策定過程に携わった経験をもとに、そこでの議論を踏まえて、そのガイドラインの在り方について考察した。社会環境配慮という視点は、環境影響評価法にはみられないのみならず、わが国のアセスメントでは経験の乏しい視点であるが、今後の持続可能性アセスを指向する上での制度蓄積になると考える。

　第7章の持続可能性アセスメントでは、持続的発展の概念と持続可能な社会について、その枠組みを検討し、持続可能な社会における環境政策手法の在り方を考察した。持続可能な社会を構築するための手法として環境アセスメント制度は位置づけられ、SEAと事業アセスメントとの相互補完によって、意思決定過程において環境配慮を内部化する枠組みと考えることが重要であることを指摘した。

　第8章では、これまでの各章での検討を踏まえて、戦略的環境アセスメントの制度的枠組みの検討を試みた。

　第9章は結論として、これまでの戦略的環境アセスメント研究を総括し、その到達点を明示した。

　2011年3月11日に我が国の東日本を襲った大震災は未曾有の被害をもたらしたが、その震災復興の過程では、次世代の多段階型環境アセスメントとして、ピンポイントで意思決定段階にさかのぼり、予測・評価の領域を社会経済的側面まで拡大して、メリハリや濃淡をもつ多段階型の環境アセスメントの検討を行うことが重要であると実感した。

　震災復興の過程では短期的にアセスの手続を省略することは止むを得ない場面もあるが、そのことは、震災復興プロセスにおける環境配慮を行わないことを意味するものではない。復興時にこそ、これまでのわが国における環境アセスメントの少なからぬ蓄積を踏まえて、持続可能な社会の構築に向けての社会経済的側面を含む環境配慮を推進するアセスメントが求められているといっても過言ではないであろう。

本書は、明治大学社会科学研究所叢書の1冊として出版されることになったものである。このような機会を与えていただいた社会科学研究所の所員のみなさまのご厚意に心からの感謝を申し上げたい。また、本書の執筆に当たっては、細部にわたって、いろいろと有益な助言を賜った明治大学法学部松村弓彦教授及び新美育文教授、ならびに首都大学東京都市教養学部奥真美教授に心からお礼申し上げるとともに深謝の意を表したい。

　筆者が筑波大学環境科学研究科を修了してから、早30数年を過ぎ、還暦の齢に達した。これまでの環境アセスメント研究を取りまとめ、一区切りをつけることへの背中を押してくれたのは、㈳環境科学会の2010年度学術賞受賞（持続可能な社会の構築に向けた環境法の役割に関する研究）であった。受賞に価する仕事をしたかと内心忸怩たる思いがあったことが執筆の契機となった。いろいろと労を取っていただいた学会表彰委員会のみなさまに心からお礼申し上げるとともに、これまで環境アセスメント研究の道を示唆された故橋本道夫先生をはじめ、大学院での指導教官であった荒秀先生、常日頃からさまざまな教えをいただいている福岡大学教授の浅野直人先生など、多くの方々の支援で現在があることを実感しつつ、感謝の意を表する次第である。これまでの研究を支えてくれた家族にも感謝しておきたい。

　最後、出版に当たっては、前書と同じく清文社のお世話になることになり、編集第三部の東海林良氏ならびに岩越恵子氏には多大のご尽力をいただいた。ここに記して厚くお礼申し上げたい。

2011年6月

　　　　　　　　　　　　　　　　　　　　　　　　　　柳　　憲一郎

目 次

はしがき

第1章 序論

第1節 概説 …………………………………………………………… 3

第2節 わが国のアセス制度の沿革と現状 ………………………… 5
1．環境影響評価法の制定前　6
2．環境影響評価法の制定後　7

第3節 アセス制度の制度的枠組みに関する主要な争点 ………… 8

第4節 アセス制度をめぐる従来の研究 …………………………… 11
1．アセス制度に関する研究の全般的動向　11
2．これまでの戦略的アセス制度の制度的枠組みに関する研究　12
3．これまでの戦略アセス研究の評価　14

第5節 本書のねらい ………………………………………………… 16

第2章 わが国の環境影響評価制度の検討

第1節 環境影響評価法の理念 ……………………………………… 25

第2節 環境影響評価法の制度的枠組み …………………………… 28
1．制度的位置づけ　28

第3節　環境影響評価法の制度的手続 ·· 31
　　1．事業計画段階とアセス　　31
　　2．その他の手続規定　　37
　　3．枠組み規制としての環境影響評価法　　38

第4節　環境影響評価法の評価・検討 ··· 40
　　1．これまでの環境影響評価法の到達点　　41
　　2．環境アセスメント制度としての評価　　42
　　3．環境影響評価法　　43

第3章　地方自治体における環境アセスメント制度

第1節　環境影響評価法における地方条例の取り扱い ············· 51

第2節　環境影響評価条例の枠組みと構造 ······························ 51
　　1．条例等にみる手続内容　　53
　　2．法と条例との関係　　56

第3節　地方自治体における戦略的アセスの試みの比較検討 ···· 58
　　1．制度の理念・目標　　60
　　2．位置づけ　　60
　　3．制度の対象　　60
　　4．制度の手順　　61
　　5．推進体制　　61
　　6．制度の手続　　62
　　7．その他　　62

第4節　東京都における計画段階アセスメントの試行 ················ 63
　　1．東京都総合アセスメント制度の目的　　64
　　2．制度の位置づけ　　64
　　3．制度の運用　　67
　　4．制度の評価　　69

第5節　自治体の新たな試みと戦略的環境影響評価 …………… 71

　　第6節　環境影響評価法の改正と地方条例アセスの動向 ……… 72

第4章　環境影響評価法をめぐる最近の議論

　　第1節　環境影響評価法の改正議論と改正環境影響評価法 …… 83
　　　　1．対象事業について　83
　　　　2．スコーピング　88
　　　　3．国の関与　89
　　　　4．許認可への反映・事後調査・リプレース　91

　　第2節　戦略的環境影響評価をめぐる議論 ………………………… 93
　　　　1．最近の戦略的環境影響評価への取り組み　94
　　　　2．わが国で検討された戦略的環境アセスメントの
　　　　　　位置づけ　104
　　　　3．わが国における戦略的環境影響評価の将来的課題　105

第5章　諸外国における環境アセスメント制度

　　第1節　米国の環境アセスメント制度の運用と実態 …………… 113
　　　　1．国家環境政策法によるアセスメント制度　113
　　　　2．米国における政策型戦略的環境アセスメントの事例　131
　　　　3．制度の比較考察—米国とわが国（東京都環境影響評価条例）　133

　　第2節　カナダにおける環境アセスメント …………………………… 135
　　　　1．カナダの環境影響評価制度　135
　　　　2．環境影響評価の4つの制度　136
　　　　3．カナダにおける戦略的アセスメントの事例　141

　　第3節　欧州における環境アセスメント制度 …………………… 142

1．環境政策と環境アセスメント　142
　　　　2．EC 指令（97/11/EC）の運用の実態　143
　　　　3．欧州各国の対応状況　149

　第4節　欧州における戦略的環境アセスメント …………………………… 152
　　　　1．SEA 指令の枠組み　152
　　　　2．指令の適用対象　155
　　　　3．複数案に関する規定　156
　　　　4．戦略的環境影響評価制度の動向　156

　第5節　英国における環境アセスメント ……………………………………… 158
　　　　1．英国の環境アセスメント　158
　　　　2．戦略的環境アセスのプロセス　162
　　　　3．英国の戦略的環境影響評価の民間部門適用の具体例　169

　第6節　アジアにおける環境アセスメント …………………………………… 173
　　　　1．戦略的環境影響評価の制度化に関するアジアの動向　173
　　　　2．タイにおける環境アセスメントの現状と課題　174

第6章　国際開発援助アセスメント

　第1節　国際開発援助機関と環境アセスメント ……………………………… 193
　　　　1．環境配慮の取り組み　193
　　　　2．アメリカ国際開発庁の環境配慮の取り組み　196
　　　　3．わが国の環境配慮の取り組み　197

　第2節　国際金融機関にみる環境配慮の仕組みと実際 …………………… 198
　　　　1．世界銀行の環境問題への取り組み　198
　　　　2．世界銀行の環境政策　201
　　　　3．貸付プロジェクトに対する世界銀行の監理と評価　203
　　　　4．環境関連貸付　205
　　　　5．世界銀行の環境改善手法　207

6．アジア開発銀行の取り組み　211
         7．国際金融援助機関の環境配慮の検討　215
         8．国際金融機関の援助手法　219

   第3節　ODAと環境アセスメント ……………………………………… 227
         1．わが国における社会環境配慮ガイドライン　227
         2．JBIC及びJICAの環境社会配慮ガイドライン　230
         3．JBICガイドラインとJICAガイドラインの統合　232

   第4節　開発途上国の環境問題の特質とアセスメントに関連する問題 …… 234
         1．開発途上国の環境問題の特徴　234
         2．住民移転問題　235
         3．アセスメント行政の抱える課題　237

   第5節　環境社会配慮ガイドラインと戦略的環境影響評価 …… 238
         1．カテゴリ分類　239
         2．スコーピング　239
         3．戦略的環境影響評価の考え方　239
         4．環境社会配慮　240

第7章　持続可能性アセスメント

   第1節　持続的発展の概念と持続可能な社会 ……………………… 249

   第2節　持続可能性アセスとは何か …………………………………… 250

   第3節　持続可能性アセスの制度的枠組み ………………………… 252
         1．目標　252
         2．提案行為がカバーする範囲　252
         3．主要な段階　253
         4．協議と専門的知見の活用　253
         5．報告　253

6．影響評価の実施　　253

    第4節　持続可能性アセスの評価プロセス ──────────── 254
        1．初期影響評価　　254
        2．拡大影響評価（IA）の主たる構成要素　　255

    第5節　政策型戦略アセスと持続可能性アセス ──────── 260
        1．PAE の政策評価の段階　　261
        2．PAE と戦略的アセスとの対応関係　　262
        3．戦略的アセスの価値　　263
        4．SEA のアプローチ・パターンの検証　　269

第8章　戦略的環境アセスメントの制度的枠組みの検討

    第1節　SEA 制度構築に関する論点 ──────────────── 279
        1．制度的枠組みの相違点　　279
        2．SEA と EIA に関する論点　　282
        3．行政主導型 SEA 制度設計上の要件　　285

第9章　結論　アセスメント研究の到達点

    第1節　戦略的環境影響評価に対する期待 ──────────── 297
        1．役割　　297
        2．期待　　297
        3．手続　　298

    第2節　課題 ────────────────────────────── 301

    引用文献等一覧　　303
    索引　　315

第 1 章

序　論

第1節 概説

　従来、わが国の環境法政策は、激甚な公害に対応すべく、1967年に制定された公害対策基本法や1972年の自然環境保全法を二大柱として、排出規制を中心とした規制的手法やゾーニング等による計画的手法を用いながら、広域化、深刻化、多様化する公害に取り組んできた。そこでの法的手法は、まず第1に、規制手法を用いるものであり、政策目標を明示し、事業活動を行う者の活動・行為が政策目標の実現に支障を及ぼすことが明らかとなり、規制対象ないし規制の内容・程度を明らかにし得る場合には有効な手法であった[1]。

　ところが、昨今の都市の環境汚染問題、廃棄物や化学物質の取り扱いにみられるように、地域環境問題の場面でも、規制手法の有効性には限界がみられる。さらに、地球環境問題に関しては、この限界がさらに明瞭となっている。その理由の1つには、地球環境のトータルな悪化と個別の活動・行為との直接的な因果関係の確定が困難な場面が多く、また、国際社会では個々の国家がそれぞれの国内活動に対して規制権限を発動することが建前であり、国際的な規制が直ちには機能しないからである。

　そのため、国際環境条約等では、規制手法に代わるものとして、様々な手法が考案されており、国内法の検討にも少なからぬ示唆を与えるものがある。その1つとして、本書に取り上げる自主的取り組みの誘導手法を踏まえた枠組み規制がある。ここにいう「枠組み規制」とは、全体としての政策の目標や枠組みを取り決めた上で、個別の活動や行為に対してガイドライン（指針）を示すにとどめ、各主体の自主的な活動を許容する法システムのことである。さらに、その法システムは、経済的、社会的考慮事項を含む政策決定や計画策定時により効果的な環境配慮を組み込むことが可能なものである[2]。

　また、『地球は1つであるが、世界は1つになっていない』[3]という今日的状況を打破する取り組みの1つとして、1992年に開催された国連環境開発会議

(UNCED)⁴⁾では、開発途上国における能力開発のための国際協力をアジェンダ21（持続可能な開発のための人類の行動計画）の第37章で表明した。また、人間中心主義の開発を志向する国連開発計画（UNDP）は、人間・雇用・自然を重視する持続可能な人間開発を旗印にして、相互互恵、協力、市場機会の公平な共有、国際主義の立場で、新たな開発協力を推進しようとしている⁵⁾。この国益優先型社会を脱し、地球共通環境政策の実現に向けた国際協調行動を指向する地球本位型社会の形成こそが、先進国、開発途上国の双方に課せられた現下の課題になっている。この地球本位型社会を指向するためには、その理念・哲学として、普遍的な人間の生存する権利の確立を基礎とし、あらゆる開発機会の公平性を維持しつつ、国境を越えた人類全体の利益を護るというグローバル・インタレスト（地球全体の利益）の実現をめざす視点に立脚することが重要である。その根本には、先進国、開発途上国の双方において、将来世代の環境資源に配慮した持続的発展⁶⁾が維持・進展されることを据えなければならない。

しかし、現下の開発途上国においては、この持続的発展を阻む環境に係わる多様な政策課題を抱えているのが現状である。そこで、この持続的発展を確保するためには、先進諸国の政策の押しつけでない形で、いかに開発協力を推進し、その政策を支援し得るかという問題に取り組む必要がある。

この1992年に開かれた「環境と開発に関する国連会議」（リオ会議）を受けて、1993年に制定された環境基本法（同年法律第91号）に基づく、持続的発展の可能な社会構築という理念の実現に向けたツールとして、環境影響評価は極めて大きな役割をもっている。しかし、環境影響評価は、依然として、わが国においては環境汚染防止のための規制手法として理解される傾向が強く残っている。それはわが国が悲惨な公害を経験し、その歴史の繰り返しを避ける手段として環境影響評価に期待したという背景もある。

そのため、法制定時や改正時に環境影響評価を理念的に公害規制手法と捉えることに伴う各種論争が繰り返しみられる。このような状況が現出するのは、その1つに、わが国における環境影響評価制度の役割をめぐる論争の主たる論

点が、当初から環境影響評価制度がもたらす社会的諸効果に向けられてきたことにも由来する。すなわち、この制度の施行によって社会にどのような制度的利点がもたらされ、逆にどの程度の社会的な損失や混乱がもたらされるかについて、各方面からの期待や懸念が表明されてきたからである。

さて、制度の進化プロセスを想定した場合、公害対応の環境影響評価を第1フェーズとすると、環境社会配慮を組み込んだ環境影響評価は第2フェーズに位置づけられ、持続可能性を理念とする社会的・経済的要素と環境配慮を統合化させた総合的な環境配慮制度は第3フェーズという仮説を構築することができる。このような視点に立つと、わが国の現状は、第2フェーズに移行しようとしているのではないか。その意味で、ステップバイステップで制度の階層を第2から第3フェーズへと推し進めていくための体系的な研究の必要性を痛感させるものである。環境アセスメントは、政策決定者、または計画策定者及び事業実施者に係る意思決定の1つの重要なツールであり、持続可能性を国家目標として考える社会においては、その実現のために実効性を持つ有用な道具立てである。特に、東北地方太平洋沖地震に伴って発生した福島原発事故等のリスクを考えるとき、その重要さを痛感するものである。

本書は、以上の背景認識によって大きく動機づけられたものであり、持続可能な社会構築のツールとしての総合的な環境配慮制度の制度構築に関する体系的な研究の端緒を切り開くことを意図したものに他ならない。

第2節　わが国のアセス制度の沿革と現状

以上に述べたことを明らかにするために、最初にわが国のアセス制度の歴史及びそこでみられた各種の法政策論争を整理してみよう。

1. 環境影響評価法の制定前

　わが国におけるアセス制度の発端は、公害反対の住民運動が全国各地で激化した時期、すなわち、1960年代に遡ることができる。当時、開発計画に対して公害防止の事前調査を行った事例がいくつか認められる[7]。1964年からは全国各地で産業公害防止事前調査が行われるようになった。しかし、この調査は、コンビナートや発電所の立地を対象に、大気汚染と水質汚濁の主要な物質に限って検討されたものであり、環境全般にわたる検討やその結果の公表及び住民関与が明確に位置づけられたものではなかった[8]。アセス制度を体系づける一大契機は、1970年に米国で施行された国家環境政策法[9]によって与えられた。この法律は、その第102条第2項(c)で連邦政府の主要な行為のすべてに対し、人間環境に及ぼす影響の包括的検討を行い、その結果を公表し、かつ、公衆関与を義務づけるものであり[10]、従来の計画決定手続を根本的に修正するものであった。これを契機に、わが国も、産業公害防止事前調査からより体系的な手続的制度の確立をめざす検討が始まったのである。政府は、1972年に各種公共事業の実施に際して包括的な環境影響の検討を行う旨の閣議了解を行い、アセス制度の策定作業に着手し、1975年には中央公害対策審議会において本格的な検討がなされた。その結果、1979年に、わが国のアセス制度の基本的な在り方や仕組みについての答申[11]が出された。これに基づき、1981年、第94回国会に環境影響評価法案[12]が提出された。しかし、法案は1982年、1983年の通常国会でもほとんど審議されず継続審議になったが、同年9月の臨時国会における衆議院解散に伴い、審議未了の廃案となった。

　この間、個別法等により、環境影響評価法案に類似する行政手続が義務付けられた[13]。1984年8月、法案のほぼ同一内容で環境影響評価の実施を行うという閣議決定[14]がなされ、「環境影響評価実施要綱」に基づく、環境影響評価が実施されることになった。その一方、国の制度化に先がけて、地方公共団体では、1976年の川崎市の条例[15]を嚆矢として、アセス制度が制定された[16]。アセス法制定前の1997年4月当時、地方公共団体のアセス制度の現状は、環境

省の資料によれば、都道府県・政令市計59団体中、条例制定団体 7 （北海道、埼玉県、東京都、神奈川県、川崎市、岐阜県、兵庫県）、要綱等制定団体44、計51団体が、独自のアセス制度を制度化し、全国的な広がりと定着化にあった[17]。

2．環境影響評価法の制定後

環境影響評価法（平成 9 年 6 月13日公布、法律第81号。以下、「アセス法」という。）が1997年に公布され、1999年 6 月12日から本格的に施行された。この間、第二種事業の判定基準や環境影響評価の項目等の選定指針、環境保全のための措置に関する指針等の基本的事項、アセス法施行規則[18]及び主務官庁が定める各種指針、方法書の手続に係る総理府令・主務省令等の手続が定まった。

この法律の審議プロセスでは、これまでに実施されてきたわが国のアセス制度の実態に鑑み、国の許認可に係る事業に関して、すべての事業を一元的に取り扱うか、あるいは発電所などを別法の制度とするか否かが争点となり、また、国の制度の対象となった事業について、地方公共団体の条例によって、さらに詳細な手続を要求できるものとするか否かが議論となった[19]。すべての対象事業をアセス法で規定し、個別事業の特殊性に対応させるという理由で、電力は電力事業法、都市計画・港湾計画は、アセス法の枠内での例外手続とし、その他は事業別の技術指針で反映させるものとなった。

地方公共団体との関係は、従来に比べて、手続の弾力性を認めることにより、地域特性をそれによって反映させ得るものとなったが、法制定後の1998年10月には、新たに条例制定団体12（神戸市、宮城県、山梨県、大阪府、北九州市、長野県、福岡市、大阪市、千葉県、岩手県、横浜市、広島県）、要綱等制定団体 2 （熊本県、大分県）が加わり、条例制定団体は、計19団体、要綱等36団体、計55団体と倍増し、2010年現在では、すべての都道府県・政令市で制度化を終えている。また、近時の社会経済情勢の変化に伴う環境問題の変容や地球環境問題の顕在化に対処し得るように、新たな制度的枠組みを導入する、あるいは導入しようとする地方自治体がみられるようになり、アセス法の枠組みを超えた計画段階で環境配慮を実施しようとする試みが東京都[20]で始まり、その後、条例

化[21]されている。また、計画段階における同様な試みは、要綱であるが、埼玉県[22]、広島市[23]、京都市[24]、千葉県[25]で着手されている。それらは、環境に著しい影響を及ぼすおそれのある個別事業の計画等の立案段階において、適正な環境配慮により、環境負荷の少ない持続可能な発展を可能とする社会の構築に資することを目的にするものである。

以上の一連の歴史的経緯の結果、わが国のアセス制度は、既にその概念及び基本的体系が明らかにされ、環境負荷の少ない持続可能な社会の実現に向けて、制度構築が進められ、特定の地域ではその定着が図られてきている現状にある。

第3節 アセス制度の制度的枠組みに関する主要な争点

アセス制度の立案段階では、これまでさまざまな論点が戦わされてきたが、国の立場、産業界の立場及び地域住民の立場という3つの立場から以下のように整理することができる。

国の立場からの代表的な論点は、1970年代半ばの法制度立案までの第一期の中央公害対策審議会の答申[26]、1990年代半ばの第二期の中央環境審議会の答申[27]、さらに、法の施行10年を踏まえた改正に係る第三期の答申[28]をみると、その論点に変遷がみられる。当初の第一期の論点は、主にアセス制度が社会に及ぼす制度的便益を強調したものであった。すなわち、①事業者が環境保全の要因を配慮する、②関係行政機関及び関係住民の意見が反映される、③住民関与のルールが確立され、円滑な事業の実施が図れる、④関係住民から有用な環境情報が提供され、事業に対する理解と協力が得られる、⑤事業の適切な実施により、環境破壊が未然に防止される、⑥予見的な環境政策が充実し、中核的な施策体系を整備できる、などである。

第二期の答申では、①広範な主体の役割や行動のルールの明確化のために、法律による制度とする、②事業者自らが意見を聴取しつつアセスを行い、十分

な環境情報の下に適正な環境配慮を行い、国が許認可等で関与する際に、その結果を適切に反映させる趣旨の制度である、③事業者が事業計画の熟度を高めるために、できる限り早い段階から情報を出して外部の意見を聴取する仕組みとすることで、早い段階から環境配慮を可能とする、④対象事業は、環境保全上の配慮の必要があり、その配慮を許認可等の関与によって確保が可能な事業とする、この観点から閣議決定要綱よりも対象を拡大する、⑤環境基本法に対応し、生物の多様性などの新たな要素を評価できるように、評価対象を見直す。評価に際して、環境影響をできる限り回避・低減する観点を取り入れる、⑥予測の不確実性から、アセス後のフォローアップの措置を取り入れる、⑦対象事業は、国の手続と地方公共団体の手続の重複を避けるため、地方公共団体の意見を十分に聴取し、反映する仕組みとする、などであった。

　第三期の答申では、制度の定着を背景にして、①通常の規制手段ではなく、事業者の自主的・積極的な情報公開に基づく情報的手段である。手続を定めることで、自主的な環境配慮の効果を発揮させるものである、②現在のアセス制度は、持続可能な社会づくりの推進の手段である、③早期の段階で戦略的環境影響評価を導入する、などである。

　一方、産業界の立場からの代表的な論点は、各種経済団体の見解[29]などに伺い知ることができる。これらの論点は、第一期・二期を通じて、アセス制度が社会に及ぼす制度的欠点を強調したものであり、次の6つの主要な見解に整理することができる。

　①民間事業は事業者の自主的取組みを支援する制度が望ましい、②環境影響を判断するための科学的・客観的基準によっては、制度の運用が主観的・恣意的になる、③公衆参加の社会的基盤が未成熟なため、無用な社会的混乱をひき起こす、④行政手続が複雑化し、訴訟が多発する。事業期間が長期化し、事業着手が大幅に遅延する、⑤事業者の費用負担が過大になる、⑥事業評価が環境面だけとなり、社会・経済的な影響も含めた総合的な事業の正当性が評価されない、⑦エネルギー政策等の国家的な課題の大きな障害となる。制度運用の行政組織が肥大化する、などであった。

また、第三期では、経済界の議論は、これまでのアセスの実績を踏まえ、環境影響評価が自主的枠組みであるとの認識を強めている。それらは、以下の意見に窺える。①政策手法として、情報的手段の側面があることは理解する。強行法規によって情報開示を行わせ、当該情報を社会に明らかにし、企業の自主的な取り組みを促す、②情報開示については、環境負荷の重大性、情報提供による混乱可能性、国の法律としての妥当性、事業活動への負担の公平性など、総合的な視野での検討が必要である、③企業も地球環境憲章や企業行動憲章を策定し、環境問題や地域社会とのコミュニケーションの円滑化・情報開示には対応している、などである[30]。

　このように、国及び産業界の立場からの論点は、それぞれアセス制度の制度的便益を強調する立場と制度的欠点を強調する立場に集約されるのに対して、地域住民の立場からの論点には比較的多様な立場のものが認められ、ひとつの方向に見解を集約することには難しさがある。地域住民の立場からの論点のうち、アセス制度の制度的便益を強調した見解は、国が住民を対象に実施したアンケート調査[31]などに窺うことができる。これらの見解は、①事業者の計画決定の段階で住民が各種情報を得られる、②住民の意見や意向が事業計画に反映できる、③環境保全に対する対策が講じられることで汚染等が未然に防止される、などである。その一方、アセス制度の制度的欠点を強調する見解[32]もみられる。これらの見解は、①公衆参加の制度的保障が不充分であり、形式的な制度運用は、開発に免罪符を与えてしまう、②調査・予測等を事業者が直接実施するため、中立的かつ公正な環境影響の判断が困難となる、③開発中止の制度的な保障がないことから、合理的な政策決定が担保されない、などである。また、日本弁護士連合会はその時々で意見書を提出している[33]。日本弁護士連合会の意見[34]は以下に要約できる。①現行法はアセス制度の理念・目的を明確に示していない、②環境権は基本的人権の１つであり、環境共有の法理に基づいている、③生物多様性の保全は人類存続の前提条件であり、生物多様性条約上の義務である、④環境アセスメントは自然科学的な根拠だけでなく、社会的な合意に基づく意思決定の実現を図る以上、科学的かつ民主的な手続に従

う必要がある、⑤アセス制度は、このような理念と手続の下で、環境影響を及ぼす意思決定が環境に配慮して合理的になされることを目的とすべきである、などである。

以上にみるように、わが国のアセス制度をめぐる論点は、第一期、第二期は主として制度化を焦点に、第三期は、具体的対象の拡大や新たな枠組みをめぐって各方面の見解がみられる。

次に、従来のアセス制度の研究事例をレビューしてみよう。

国内外のアセス制度を含め、環境アセスに関する研究は膨大な文献数がある。しかし、アセス制度を対象とする研究は、それに比べると限定的である。以下では、まず、環境アセスメントに関する研究の全般的動向を整理し、次いでアセス制度の研究の状況を整理してみよう。

第4節 アセス制度をめぐる従来の研究

1. アセス制度に関する研究の全般的動向

環境アセスメント（Environmental Impact Assessment：EIA）研究は、国内外を通じて、膨大な論文等が公表されている。多くの研究は、アセス制度に限定するか、もしくは、制度の枠組みを越えて新たな体系を対象とするかによって2つに分類することができる。

アセス制度を対象とする研究は、さらに次の4つの分野に分かれる。すなわち、①調査・予測・評価の方法論及び個別技術手法を対象にする研究、②当事者間のコミュニケーションを対象にする研究、③アセス制度の政策効果を対象にする研究、④制度自体の枠組みや国際比較等を対象にする研究、など4つの分野である。

一方、新たなアセスの体系を対象とする研究は、次の3つの分野に分かれる。

すなわち、①社会・経済アセスメントや環境便益アセスメント[35]、健康リスクアセスメント等のアセスメント対象範囲の拡大を意図した研究、②戦略的アセスメントなどのアセス対象行為の拡大を意図する研究、③環境管理計画などの計画過程形成を意図する研究、などである。なお、全般的動向をみると、国内外を通じて最も活発な分野は、アセス制度の調査・予測・評価の方法論に関する研究分野である。また、最近の動向としては、②の戦略的環境アセスメント（Strategic Environmental Assessment：SEA）に関する研究が注目されつつある[36]。その一方で、持続可能性を制度的枠組みとするアセス制度の研究は、極めて少数の事例しか認められない[37]。以下に、②の制度的枠組みに関するこれまでの研究について整理する。

2．これまでの戦略的アセス制度の制度的枠組みに関する研究

すでに述べたように、アセス制度は、1970年にアメリカが初めて公共政策部門に、「国家環境政策法（NEPA）」に基づき、主要な連邦活動を含むすべての連邦行為に環境アセスメントを導入したことから始まる[38]。1978年、米国環境質諮問委員会（CEQ）が、規制、計画、政策、手続及び立法提案とプログラムを主要な連邦活動の範囲と定め[39]、実際のNEPAのアセスメントは、主に事業レベルを軸に展開されるものとされた。

NEPA制定後、その他の諸国でも環境アセスメントを導入する動きがみられ始めた[40]。たとえば、カナダ（1973年）、オーストラリア（1974年）、西ドイツ（1975年）、フランス（1976年）などである。

しかし、アセス制度の初期段階では、多くの国は恒常的な制度ではなく、一時的な制度に留まっていた。そのため、1970年代、1980年代を通じて、環境アセスメントは、事業レベルに限定され[41]、1980年代の発展途上国では、国連開発計画（UNDP）や経済協力開発機構（OECD）及び世界銀行が環境アセスメントの適用とトレーニングを推進してきた[42]。

その一方で、1980年代のアセスメントに関する文献では、事業レベルのアセ

スメントとより高次のレベルのアセスメントとの差異が明確になってきた。その差異を明確にしたのが、1985年のEC指令（85／337／EEC、以下、「85EC指令」という。)43)の導入である。政策やプログラム段階における環境配慮の制度は、戦略的環境アセスメント（以下、「SEA」もしくは「戦略アセス」という。）と呼ばれるが、当時の欧州では、環境アセスメントは事業レベルのEIAに過ぎなかったが、より高次のレベルでの意思決定の中でも環境配慮をすべきであるとの認識が深まり、1980年代後半に戦略的環境アセス（SEA)44)が導入され、政策、計画等のより広い範囲の政策決定に適用されるようになったのである。

この戦略アセスは、当初からアセスの諸原則をそのまま適用するものと認識されていた45)。しかし、以下の3つの論点は制度的な方向性を決めるに際して、大きな論点となる。

しかし、その論点に関しては、実際の戦略アセスの場面では異なる解釈がなされ、未だ理論的、実践的に明確に論じられていない。その論点とは、①戦略的アセスと事業計画アセスでは、空間的にも時間的にもそのスケールは異なるのではないか46)、②戦略段階アセスと事業段階アセスでは、その評価のレベルは異なるのではないか47)、③事業計画アセスと比較すると、戦略段階アセスの意思形成の組織化は異なる方式ではないか48)、などである。

これらの論点は、本書の問題提起にあたるものであり、本書の第8章で検討する。

次に、戦略的環境アセスメントの適用領域の研究をみると、貿易協定、資金調達、経済発展計画、空間・土地利用計画、交通計画、電力輸送計画等領域などがある。その他の適用例もみられる。たとえば、廃棄物処理施設49)、貿易50)、石油・天然ガス施設51)、経済発展計画52)、風力発電施設53)、洋上風力発電54)、水・洪水調整施設55)、資金調達計画56)などの適用事例がみられる。

現在、計画やプログラム段階での戦略アセスとして、法定化されている枠組みは、欧州のSEA指令（2001／42／EC、以下、「2001SEA指令」という。)57)である。この指令は、特定の計画やプログラム58)に対応するものである。それは、環境配慮事項が計画及びプログラムの作成過程及び採択の前に認識され、評価

されることを確保し、公衆及び環境関連機関の環境情報等を計画に係る意思決定の際に統合し、計画及びプログラムの採択後、公衆に対して当該決定及び決定経緯の説明がなされるという一貫性のある枠組みを提供している[59]。この指令は、EIA の早期段階で、各段階での評価の重複を回避しながらシステム的に適用されるものであるが、政策や法律の立案段階は含まれていない。この戦略的環境報告書の中核には、①その他の政策、計画との関係に関する記述、②特定の環境要素に関する複数の代替案の重大な影響の特定、③SEA がいかに意思決定過程で考慮されたかの説明、④特定の代替案を選択した理由に関する情報の提供、などが含まれている。

一方、政策に係る戦略アセス[60]の研究としては、Sadler（2005）と世界銀行（2005）による文献[61]がみられる。また、ESPPO 条約の Kiev 議定書[62]も、政策レベルでの戦略アセスの適用可能性を明らかにしているが、国境を超えるレベルでの SEA の枠組みの要件は、欧州 SEA 指令と同様なものである。この議定書と「リソース・マニュアル」[63]は、国連欧州経済委員会（UNECE）[64]の構成国のうち、非 EU 加盟諸国以外の国への適用が推奨されている。

3．これまでの戦略アセス研究の評価

以上にみてきた環境アセスメントに関する研究は、学問領域として今後の研究に俟つところが大きいと判断される。その理由は以下のとおりである。

① 制度的枠組みを構築するための理論的枠組みが指定されていないこと

従来の環境アセスメント研究の欠陥は、どのような概念枠組みのもとで、何に着目して、どのように設計すべきかの基本的枠組みが適切に議論されておらず、また、明記されていないことである。そのため、断片的な知見の集積に留まり、さらには個々の研究事例の相互関係が統一的に議論し得ない状況にある。

また、戦略的環境アセスメント制度については、政策決定を支えるシステム化されたプロセスとすれば、その目標は、政策、計画、プログラムの策定において、環境及びその他の持続可能な発展要素を考慮し、確保することにあるとの位置づけが必要不可欠である。

また、公共計画部門及び民間部門（国際援助機関、国際開発銀行を含む。）に対して、参加性を高め、透明性の高い EIA ベースのプロセスを講ずるように行動することが求められるが、体系的な研究はこれからとなっている。さらに、政策及び計画策定段階の研究では、参加の度合いや公開性、さらに透明性のあるプロセスが要求され、EIA ベースにとらわれないプロセスの検討が求められるが、わが国に限らず断片的な研究の試みしかみられない。

② 制度やその枠組みの視点が単眼的であること

従来の環境アセスメント研究では、制度やその枠組みが有する役割を事業主体や行政機関あるいは関係住民のいずれかの主体に着目して把握する傾向があり、すべてのステークホルダーを鳥瞰したような把握がみられない。そのため、単眼的な検討に留まり、ホーリステック（holistic）に評価し得る知見が得られていない。戦略的アセスメント研究においても、立法の提案やその他の戦略段階に適用できる柔軟な（EIA ベースにこだわらない）評価システムであることが求められており、柔軟性と多面性のある知見が必要となっている。

③ 制度枠組みの前提諸条件が適切に分析されていないこと

戦略的段階の研究においては、一連の評価手法と技法を用いて、科学的知見を政策、計画の策定に付加することが求められており、用いられる評価手法と技法には慎重な検討が不可欠である。しかし、その基礎的な研究との連携がなされていないため、試行的な計画段階の制度への応用がなされていない。そのことは、個々の研究事例を普遍的かつ体系的に分析し、知見を蓄積するうえで、障害となっている。

④ わが国においては、環境アセスメント制度枠組みに関する検討や分析が試みられてはいるが[65]、持続可能性の視点を踏まえた体系的な研究分析に欠けていること

アメリカの CEQ では、環境アセスメント制度枠組みに関する体系的な検討及び包括的な分析がかつて試みられたことがあるが、わが国においては、制度改正時における断片的な研究の試みに留まっている。そのため、アセス制度をめぐる法改正の際に、わが国と実情や制度が異なる米国や米国各州の研究事例

などがしばしば引用されることで、無用な混乱を来すことが見受けられる。それゆえ、アセス制度に関する体系的及び包括的な研究が現下の課題となっているといっても過言ではない。

第5節　本書のねらい

　以上の分析を通じて、わが国における環境影響評価をめぐる法的枠組みの研究は未だ十分ではないことを明らかにした。わが国においては法制度の制定により、深化を深めているといえるが、概説で述べた環境影響評価制度の進展プロセス[66]でみると、第1フェーズから第2フェーズに移行しようという兆しがみえているところにあるが、未だ移行していない状況にある。ましてや持続可能な視点での制度の枠組みは確立されるに至っていない。

　欧州では、次世代の多段階型環境アセスメントとして、意思決定のおおもとの段階にまで遡り、予測・評価の領域を拡大し、多段階型の環境アセスメントの構築が始まっている。そこでは、社会経済面への影響評価を実施し、社会への影響や経済的効果などを予測・評価すると同時に、環境への影響評価もあわせて検討している。本書では、この制度的枠組みを「持続可能性アセスメント（Sustainable Impact Assessment：SIA、以下、「持続可能性アセス」ないし「持続性アセス」という。）」と呼ぶ。持続可能性アセスは、持続可能性を国家目標や国家戦略として策定し、その政策目標に収斂させるシステムである。欧州委員会が2002年に採用した「よりよい規制（better regulation）」[67]を目指す政策のもとで、2003年に初めて導入されたものである。まだ試行錯誤の域を出ていないが、社会経済と環境とを統合するアプローチである。

　また、本書では、戦略アセスのレベルや対象に応じて類別し、計画やプログラムレベルごとに行う戦略的環境アセスメントを「行政主導型戦略的環境アセスメント（以下、「行政主導型戦略アセス」という。）」と呼び、政策レベルの戦略的環境アセスメントを「政策型戦略的環境アセスメント（以下、「政策型戦略ア

セス」という。)」と記述することにする。ただし、制度的な仕組みを論ずるときには、一般的な呼称である「戦略アセス」ないし「SEA (Strategic Environment Assessment)」と記述することもある。

　本書での焦点は、前者の公共計画部門と民間主導（国際援助組織・国際開発銀行を含む。）に係る戦略的環境アセスメントに置かれている。それを対象とする理由は、それは第2フェーズのものであり、国外の戦略的環境アセスメントは、行政主導型の戦略的環境アセスメントが研究の中心を占めており、研究事例も少なからず存するからである。

　上記に述べたように、本書では、まず、第1章での問題提起を受けて、第2章において、環境影響評価の国内制度が枠組み規制ではないのか、という論点とわが国の環境影響評価法が第1フェーズにあることを明らかにする。次に、第3章から第6章までの検討を通して、わが国の環境アセスメント制度には、第1フェーズから第2フェーズへの移行を目指した第3章の地方自治体の計画段階アセスの取り組みや第4章の日本版SEAの法制化の取り組み、さらに、第6章で国際援助機関の環境社会配慮の制度的取り組みを検討することで、わが国の国際的な立ち位置を明らかにする。第5章で先進国、とりわけ欧米の戦略アセスの制度比較を通して、戦略アセスの制度的枠組みに係る理論の総体を把握することにより、戦略アセスが意思決定のツールであることを明らかにする。第7章では、持続可能性アセスの制度的枠組みとその構成要素の検討を行い、そこで抽出した課題に基づき、第8章で、戦略的環境アセスの制度構築の諸問題を検討する。まず、戦略アセスの制度構築上の3つの論点を実証する。すなわち、①戦略的アセスと事業計画アセスの空間的・時間的なスケールの差異、②戦略段階アセスと事業段階アセスの評価レベルの差異、③戦略段階アセスと事業計画アセスの意思形成の組織化の差異、に係る論点である。この3つの論点を明らかにすることにより、第2フェーズの制度的枠組みの在り方を明確化し、さらに、第2フェーズから第3フェーズにおける持続可能性に着目した望ましい制度的枠組みを検討する。終章の結論では、これまでの検討の結果から環境アセスメント研究の到達点として総括する。また、今後の戦略アセス

の制度枠組みの役割と期待を提示し、残された課題について指摘する。以上が本書の目的である。

＊　　　　　　　　　＊

　わが国の環境影響評価制度の歴史及びそこでみられた各種の法政策論争から、本書の背景を第2節以降で記述し整理した。次に、第4節で既存研究のサーベイを行い、現状の研究状況を明らかにした。また、わが国の環境アセスメント制度の制度的捉え方についての問題提起を行った。

　諸外国の比較研究によって、わが国の法制度の捉え方やこれまでの取り組みや課題を明らかにし、その立ち位置を明確にすることで、今後の制度の在り方を探ることとした。先進的な諸外国では、戦略的環境アセスメントは、当初から環境影響評価の諸原則を適用するものと認識されていたが、その捉え方に関する理論的な3つの論点を提起している。なお、戦略的環境アセスは、持続可能性アセス、政策型戦略アセス、行政主導型戦略アセスに類別して検討するとした。

1）　環境庁環境調整局企画調整課編著『環境基本法の解説』219頁（ぎょうせい・1994）
2）　拙稿「持続可能な社会と環境アセスメント」環境管理34巻4号、1-13頁（産業環境管理協会・1998）、同「政策アセスメントと環境配慮制度」『増刊ジュリスト／環境問題の行方』62-69頁（有斐閣・1999）参照
3）　エルンスト・U・ワインゼッカー・宮本憲一監訳『地球環境政策』64頁（有斐閣・1994）本書の中で、経済的に持続可能な環境政策の5つの基準として、①事前協議、②政府の控えめな対応、③国際的調整、④長期性・確実性、⑤効率的手段を指摘する(190頁)。
4）　UNCED (United Nations Conference on Environment and Development) (1992) Agenda 21, United Nations Publications, New York.
5）　UNEP (1999)：Global Environment Outlook 2000, p13, Earthscan, London.
6）　環境と開発に関する世界委員会『地球の未来を守るために』環境庁国際環境問題研究会、大来佐武郎監修66頁以下（福武書店・1987）
7）　橋本道夫『私史環境行政』68頁（朝日新聞社・1988）三島・沼津の工業開発計画に対する静岡県の要請により、通産省が主導する形で黒川調査団による大規模な事前調査が行われたが、これが政府による最初の環境アセスメントである。それに続くものとして、「苫小牧東部大規模工業基地開発に係る環境影響事前評価」、「放射36号線道路建設に係る環境影響事前評価」などがある。

第 5 節　本書のねらい

8）池上徹「わが国における環境影響評価（環境アセスメント）への対応」『環境アセスメントの法的側面』環境法研究 4 号、11 頁（有斐閣・1975）
9）United States Government（1969）The National Environmental Policy Act of 1969. Public Law 91-190. 91st Congress. S. 1075, 1 January 1970, Washington DC.
10）綿貫芳源「アメリカの環境法」自治研究48巻 9 号、8 頁以下（第一法規・1972）
11）中央公害対策審議会「環境影響評価制度のあり方について」（答申）中公審第171号（1979）
12）閣法「環境影響評価法案」（第94回通常国会提出）（1981）
13）環境庁『環境庁十年史』各説第 1 章第 3 節環境影響評価の推進、（ぎょうせい・1982）
14）「環境影響評価の実施について」閣議決定（昭和59年 8 月28日）
15）川崎市：川崎市環境影響評価に関する条例（公布55.10.20. 施行56.7.1）（1976）
16）森田恒幸「地方自治体における環境影響評価制度の比較分析」環境情報科学11（2），pp79-86. なお、森田によるアセス制度の政策効果に関しては貴重な論考が少なくない。
17）環境庁企画調整局：地方公共団体における環境影響評価制度の実施状況等に関する調査報告書〔環境庁1995〕、環境庁企画調整局編：環境影響評価制度の現状と課題について（環境影響評価制度総合研究会報告書）（大蔵省印刷局・1996）
18）総理府令第37号、平成10年 6 月12日
19）浅野直人『環境影響評価の制度と法』74頁（信山社・1998）
20）東京都総合環境アセスメント制度試行指針（平成10年 6 月19日知事決定）
21）東京都環境影響評価条例（平成15年 1 月 1 日施行）
22）埼玉県戦略的環境影響評価実施要綱（平成14年 4 月 1 日施行）
23）広島市多元的環境アセスメント実施要綱（平成16年 4 月 1 日施行）
24）京都市計画段階環境影響評価要綱（平成16年10月 1 日施行）
25）千葉県計画段階環境影響評価実施要綱（平成20年 4 月 1 日施行）
26）中央公害対策審議会答申「環境影響評価制度のあり方について」（1979）、環境庁編『昭和55年版環境白書』（大蔵省印刷局・1980）、武蔵野書房編『国会における環境アセスメントについての論議』『環境アセスメント年鑑』（武蔵野書房・1986）
27）中央環境審議会答申「今後の環境影響評価制度の在り方について」答申（平成 9 年 2 月10日）
28）中央環境審議会答申「今後の環境影響評価制度の在り方について」答申（平成22年 2 月22日）
29）日本鉄鋼連盟：環境影響評価制度について（日本鉄鋼連盟立地公害委員会・1976）、電気事業連合会：環境影響評価制度の立法化問題について（経済団体連合会　昭和55年 2 月13日）、経済団体連合会：環境影響評価制度に関する意見（1976）、豊田章一郎『週刊エネルギーと環境』（1997年 2 月13日号）
30）第 4 回環境影響評価制度総合研究会での質問事項に対する回答（2008年12月16日　（社）日本経済団体連合会産業第三本部長　岩間芳仁意見書）
31）環境庁：環境モニターアンケート「環境影響評価（環境アセスメント）について」（昭和52年 2 月）（1977）、内閣総理大臣官房：国勢モニター報告書／環境影響評価につい

第1章 序論

て（昭和56年2月）（1977）

32) アセスメント条例直接請求呼びかけ人一同：環境アセスメント条例の直接請求運動を考えるために（昭和54年11月6日）（1979）、全国自然保護大会：環境庁「環境影響評価法案」の撤回と再検討を求める決議（昭和52年6月19日）（全国自然保護大会1977）、日本弁護士連合会：環境影響評価法案に関する意見書（昭和53年3月22日）（1978）、日本科学者会議：環境影響評価とその法制度に関する見解（昭和52年5月15日）（1977）

33) 日本弁護士連合会意見書「環境影響評価法の制定に向けて」（1996年10月）、「環境影響評価法案に対する意見書」（1997年4月）等を公表している。

34) 日本弁護士連合会意見書「今後の環境影響評価制度の在り方について（案）（環境影響評価制度専門委員会報告案）に対する意見」（2009年6月25日及び2010年2月12日）

35) （財）不動産研究所『新しい開発影響評価』（住宅新報社・1999）

36) サドラー、フェルヒーム：国際影響評価学会日本支部訳『戦略的環境アセスメント』（ぎょうせい・1998）、拙稿「計画段階における環境配慮手法－戦略的環境アセスメントの総合的検討」明治大学法科大学院論集第1号201-232頁（明治大学・2006）、拙稿「SEA制度の現状とわが国の課題」作本直行編『アジアの環境アセスメント制度とその課題』33-60頁（アジア経済研究所・2006）、環境影響評価研究会『環境アセスメントの最新知識』（ぎょうせい・2006）、原科幸彦「戦略的環境アセスメントにおける評価手法に関する研究」科学研究費補助金基盤研究B研究成果報告書（2008）、浅野直人監修『戦略的環境アセスメントのすべて』（ぎょうせい・2009）

37) 拙稿「これからの戦略的環境アセスメント」化学物質と環境 No.77、13-15頁（2006）、拙稿「持続可能性アセスメント」環境法研究31号、87-119頁（有斐閣・2006）

38) United States Government (1969) National Environmental Policy Act, Public Law 91-190, 91st Congress, S. 1075, 1 January 1970, Washington DC.

39) Wood C (2002) Environmental Impact Assessment, a Comparative Review, p26, Prentice Hall, New jersey.

40) Dalal-Clayton B and Sadler B (2005) Strategic Environmental Assessment: A Sourcebook and Reference Gide to International Experience, p30, Earthscan, London.

41) Fischer T B (1999) 'The consideration of sustainability aspects within transport infrastructure related policies, plans and programmes', Journal of Environmental Planning and Management, vol 42, no 2, p189-219. Fischer T B (2002) Strategic Environmental Assessment in transport and Land Use Planning, Earthscan, London.

42) Dusik J, Fischer TB and Sadler B, with Steiner A and Bonvosion N (2003) Benefits of a Strategic Environmental Assessment, REC,UNDP; OECD (2006) Strategic Environmental Assessment Network, Paris, OECD; World Bank Group (2006) 'Strategic Environmental Assessment (SEA) Distance Learning Course', World Bank,. Washington DC.

43) European Commission (1985) 'Council Directive of 27 June 1985 on the Assessment of the Effects of Certain Public and Private Projects on the Environment', Official

第5節　本書のねらい

  Journal of the European Communities, L 175, p40-48.
44) Wood C and Djeddour M (1992) 'Strategic environmental assessment : EA of policies, plans and programmes', Impact Assessment Bulletin, vol 10, p 3 -22.
45) Fischer T B and Seaton K (2002) 'Strategic environmental assessment : Effective planning instrument or lost concept ? ' , Planning Practice and Research, vol 17, no1, p31-44.
46) Lee, N. & D. Brown (1992) Quality control in environmental assessment. Project Appraisal 7 (1) p41-45.
47) Ortolano L (1984) Environmental Planning and Decision Making, Wiley, New York. Partidario M R and Fischer TB (2004) ' SEA', in Arts J and Morrison-Saunders A (eds), Follow-up in Environmental Assessment, Earthscan, London.
48) Kornov L and Thissen WAH (2000) ' Rationality in decision and policy making : Implications for strategic environmental assessment', Impact Assessment and Project Appraisal, vol 18, p191-200 ; Nitz T and Brown L(2001) ' SEA must learn how policy -making works', Journal of Environmental Assessment Policy and Management, vol 3 , p329-342.
49) Arbter K (2005) 'SEA of waste management plans-an Austraian Case Study', inSchmidt M,Joao E and Albrecht E (eds), Implementing Strategic Environmental Assessment, Springer-Verlag, Berlin, p621-630 ; Verheem R(1996) ' SEA of the Dutch ten-year programme on waste management', in Therivel R and Partidario M (eds), The Practice of Strategic Environmental Assessment, Earthscan, London.
50) Kirkpatrick C and George C (2004) 'Trade and development : Assessing the impact of trade liberalization on sustainable development', Journal of World Trade, vol 38, no 3, p441-469.
51) DTI (Department of Trade and Industry) (2001) SEA of the former White Zone I : An Overview of SEA Process.
52) Fischer T B (2003) ' Environmental assessment of the EU Structural Funds Regional Development Plans and Operational Programmes : A case study of the German objective 1 areas', European Environment, vol 13, no 5, p245-257.
53) Kleinschmidt V and Wagner, D. (1996) ' SEA of wind farms in the Soest district', in Therivel R and Partidario M (eds), The Practice of Strategic Environmental Assessment, Earthscan, London.
54) BMT Cordah Limited (2003) Offshore Wind Energy Generation : Phase 1 Proposals and Environmental Report For consideration by the Department of Trade and Industry.
55) DEFRA (2004) Guidance to Operating Authorities on the Application of SEA to Flood Management Plans and Programmes.
56) Ward M, Wilson J and Sadler B (2005) Application of SEA to Regional Land Trans-

port Strategies, Land Transport New Zealand, Research Report, Wellington, New Zealand.
57) 欧州では、2001年6月、SEA 導入の EC 指令（Directive 85／337／CEE（1985）concernant l'évaluation des incidences de certains projets publics et privés sur l'environnement telle que modifiée（JO L 175 du 5.7.1985, p. 40））が採択され、同年7月発効している。
58) European Commission（2001）' Directive 2001／42／EC of the European Parliament and of the Council of 27 June 2001', on the assessment of the effects of certain plans and programmes on the environment, Official Journal of the European Community, L 197, published 21／7／2001, p30-37.
59) Direction des Ressources environnementales, Public participation and stakeholders' involvement in the SEA process : an overview of available techniques and methodologies', Étude commanditée par le ministère néerlandais du Logement, de l'Aménagement du territoire et de l'Environnement, 2002.
60) Dalal-Clayton et al.（2005）p37.
61) Sadler, B.（ed.）（2005）Strategic Environmental Assessment at the Policy Level, Ministry of the Environment, Czech Republic, Prague ; World Bank（2005）Integrating Environmental Considerations in Policy Formulation - Lessons from Policy-based SEA Experience, Environment Department, World Bank, Washington DC.
62) UNECE（United Nations Economic Council for Europe）（2003）Protocol on Strategic Environmental Assessment to the Convention on Environmental Impact Assessment in a Transboundary Context.
エスポー条約の SEA 議定書では、国境を超える環境上に重大な影響を及ぼすおそれのある法案や提案の策定に関して、環境配慮を求めている。
63) UNECE（2006）Resource Manual to Support Application of the Protocol on SEA（Draft for Consultation）.
64) UNECE は、欧州を中心とし、米国、カナダを含む56か国が加盟し、また、70以上の国際専門機関や NGO が活動に参加している。
65) 浅野直人監修、環境影響評価制度研究会編『戦略的環境アセスメントのすべて』（ぎょうせい・2009）、環境アセスメント研究会編『実践ガイド環境アセスメント』（ぎょうせい・2007）、環境アセスメント研究会『わかりやすい戦略的環境アセスメント　戦略的環境アセスメント総合研究会報告書』（中央法規出版・2000）
66) 制度の進展プロセスを想定する研究手法は、アーレンド・レイプハルトによるケーススタディ分類では、「仮説提起型ケーススタディ」（hypothesis generating case studies）にあたる。A Lijphart（1979）"Comparative Politics and Comparative Method", American Political Science Review, vol.65, no.3, p682-693.
67) 欧州委員会のコミュニケーション European Commission（2002）Communication from the Commission on Impact Assessment, May 2002, COM（2002）276.

第2章

わが国の環境影響評価制度の検討

第1節 環境影響評価法の理念

　1992年の「環境と開発に関する国連会議」(リオ会議)の影響を受けて、1993年に制定された環境基本法は、環境の憲法として環境の保全に関して、以下の3点をその基本理念に据えている。すなわち、①環境の恵沢の享受と継承、②環境への負荷の少ない持続的発展が可能な社会の構築、③国際的協調による地球環境保全の積極的推進、などである。

　①では、現在及び将来の世代の人間が健全で恵み豊かな環境の恵沢を享受できるように、人類の存続の基盤である環境を将来にわたって適切に維持していくことを環境保全の根本規範としている。この理念を受けて、②では、環境保全の道程として、2つのことを定めている。1つは、環境への負荷の少ない持続的発展が可能な社会の構築、もう1つは、科学的知見の充実のもとで環境の保全上の支障を未然に防止すること（予見的アプローチ）である。とりわけ、持続的発展が可能な社会を構築する手段として、社会経済活動その他の活動による環境への負荷をできる限り低減することであり、それは、すべての社会の構成員の公平な役割分担（費用の公平負担も含む）に基づいて実現すべきであることを述べている[1]。この持続的発展が可能な社会とは、リオ会議でも取り上げられた「持続可能な開発（sustainable development）の考え方を踏まえたものである。その定義は、「環境と開発に関する世界委員会」（ブルントラント委員会）の1988年報告によると、「持続可能な開発とは、将来世代が自らの欲求を充足する能力を損なうことなく、今日の世代の欲求を満たすような開発をいう。この語句は2つの鍵となる概念を含んでいる。1つは『ニーズ』の概念、特に、最も優先されるべき世界の貧困層の不可欠なニーズの概念であり、もう1つは、技術や社会的組織の状態によって制限を受ける、現在及び将来世代のニーズを満たすだけの環境の能力の限界についての概念である。」とされる[2]。また、1992年の国際自然保護連合（IUCN）等による「新・世界環境保全戦略」[3]

によると、持続可能な開発とは、人々の生活の質的改善を、その生活支持基盤となっている各生態系の収容能力限度内で生活しつつ達成することであり、持続可能な社会は、生命共同体の尊重、生活の質の改善、地球の生命力の多様性の保全、再生不能資源の消費の最小化、地球の収容能力を超えないこと、個人の生活態度・習慣の変更、地域社会での取り組み、開発と保全を統合する国家的枠組みの策定、地球規模の協力体制の創出、などの9つの原則によってその存続が可能になるとしている。ここに示された人類全体の利益と国民の利益とが不可分であることから、地球環境保全について国際的協調を積極的に推進するという理念を示したものが③であるといえる。ここに示された環境保全の基本理念は、従来の公害対策・自然環境保全対策といった分野別の対策を基盤とした理念を空間的、時間的に広がりをもたせ、さらに、政策の対象や手段においても広範に拡張したものとなっている。とりわけ、持続可能性という概念を踏まえた環境施策を国内法に導入することが重要であると思われる。

このような環境基本法の定める環境保全の基本理念の拡張によって、環境影響評価法(以下、「アセス法」という。)は、従来の閣議決定によるアセス[4](以下、「閣議アセス」ないし「要綱アセス」という。)に比較すると、①目標、②評価基準、③評価対象項目、④評価方法、⑤達成手段等のそれぞれについて、大きな転換を図ったものと評価することができる。

まず、①については、閣議アセスの理念は、環境基準等の環境保全目標を達成することに主眼を置き、広範な人々から意見聴取しながら環境影響評価を行うことによって、事業者が環境に適正な配慮をし、国は、免許等の際に環境影響評価の結果が適切に反映されているかをチェックするにとどめるという考え方に立脚していたが、アセス法では、持続的発展の可能な社会の構築という観点から地域環境保全に力点を置きながら、環境負荷の低減に向けて、よりよい意思形成(Better Decision)に寄与するためのツールとしての目標をもつものになる[5]。ここでは、持続可能性はそうした社会構築の評価軸としての役割を果たすものとなっている。

次に、②について、従前の要綱アセス等[6]は、四大公害訴訟に象徴される悲

惨な公害経験からの反省を踏まえて、大規模工業開発等新規の企業立地に伴う開発行為を念頭に置き、事前予防を第一義とした環境基準適合型というべきものであった。それに対して、アセス法は、そのような画一的な環境保全目標との対比・照合による評価ではなく、環境影響を可能な限り回避・低減させ、よりよい計画づくりの観点から評価すべきことを求めているといえる。③の評価対象項目は、従前のすぐれた自然の保全（動物、植物、地形・地質、景観、野外レクリエーション地）と典型七公害（水質汚濁、大気汚染、土壌汚染、悪臭、騒音、振動、地盤沈下）の防止という限定された範囲を拡大し、環境の自然的構成要素の良好な保持、生物の多様性の確保及び自然環境の体系的保全、人と自然との豊かな触れ合いの確保、地球環境項目に対する環境負荷の低減を取り上げることとなった。④では、たとえば、環境負荷の低減については、従来から対象としている項目のような環境の状態の予測・評価ではなく、可能な限り環境への影響の回避・低減を図るという観点から評価を行う。具体例として、廃棄物でいえば、対象事業に伴って発生する廃棄物等の種類や量、その処理方法に関する調査及び予測によって、量の最小化と処理による負荷の最小化が図られているか否かについて、複数案の比較や用いられた処理技術が最良のものであるかどうかの検討によって評価を行うということになる。⑤の達成手段については、環境保全対策型のものから、複数案や環境影響緩和措置（ミティゲーション：mitigation）を含んだ対策によるとしている。技術手法に関連して、1990年英国環境保護法[7]は、「過大なコストの負担のない利用可能な最善技術」（Best Available Technique not Entailing Excessive Cost：BATNEEC）の採用を許認可の要件としている[8]が、わが国でも環境基準等の超過地域での対象事業については、このような基準の採用が必要であろう。

さて、環境影響評価制度には、これまで以下の3つのものが社会的に期待されていたといえる。1つは従来の事後的、対症療法的な環境行政から予防的・予見的な総合的環境行政への転換[9]、2つは大気汚染、水質汚濁といった個別的な行政対応から、包括的・体系的な行政対応への移行、3つは情報の公開や住民の関与などによる社会的に開かれた行政手続への変革などである。このよ

うな環境影響評価制度に対する期待に応えるべく、大規模な面開発による広域的、累積的な環境影響への対応や代替案の検討、早期の計画段階からの制度の導入、社会経済的な影響など予測評価項目の拡大、公衆参加の拡充などにより、課題の対応を図ってきた先進的な地方公共団体もみられる。この点、アセス法は、温暖化などの地球環境項目を評価対象に新たに組み入れ、公衆参加の機会を従来以上に手続的に整備し、環境のためによりよい意思形成を考えて選択できるような仕組みを取り入れ、これらの期待に対応しようとしていると考えることができる。このような社会的な期待に応える環境影響評価の制度的な枠組みをどのように捉えることができるであろうか。以下に検討することにする。

第2節 環境影響評価法の制度的枠組み

1．制度的位置づけ

（1） 枠組み規制

　第1章序論で問題提起したように、法は、枠組み規制という新たな環境規制手法としての位置づけという意義と環境基本法との関係からみた環境保全の理念の拡張という2つの側面を指摘できる。まず、第1点であるが、従来の伝統的な環境規制は、特定の汚染発生源や汚染行為を規制の対象とし、規制当局による統制型の規制手法（Command and Control Scheme）を基本としてきたが、持続可能な社会形成に向けて、一層複雑化、広域化、多様化しつつある環境問題に対処するには、その限界が少なからず露呈されてきたといえる[10]。

　そのことは、環境問題に特有の不確実性や科学的知見の不十分性と相俟って、統制型の規制を導入すること自体が容易ではないことを明示するものといえる。

　そこで、アセス法の位置づけや機能についての考え方を整理してみよう。ア

セス法の制度的位置づけに関しては、①統制型規制手法説、②環境管理手法説、③合意形成手法説、④手続規制手法説、⑤枠組み規制手法説の５つに分類することができる。このような分類は一般には講学上の便宜によるものであるが、制度の位置づけや方向性、さらに運用を検討する上で意味をもつものと考える。特に、③とその他の説を比較すると、制度の方向性には大きな相異があると考える。

①統制型規制手法説は、環境影響評価の目的は、その結果を行政に反映させること、すなわち、環境影響評価は事業者自らが環境配慮を行い、国が許認可等によって関与する場合、その結果を反映させることを目的とする手続であると捉えるものである[11]。特に、この考え方は、アセスの結果の評価において、公害項目の法令基準適合性を求められるという観点から主張される。

②環境管理手法説は、環境管理・監査制度とともに統合的環境管理の手法を可能にする機能をもつとするもので、施設単位の環境保全のみならず、複数の施設や複数の環境媒体を統合的に管理するシステムであるとする[12]。

③合意形成手法説は、米国の考え方をベースにするものであり、環境紛争を解決するための合意形成手法として環境アセスメントを捉え、公衆参加手続を「事業の社会的承認」を得ることを目的とするものと捉える[13]。

④手続規制手法説は、環境影響を及ぼす行為に関して、実施に行うべき手続の内容を定める手法である。定められた手続を行った結果、どの程度の環境パフォーマンスが実現されるかは行為者の判断に委ねられるとするものである[14]。

⑤枠組み規制手法説は、環境影響評価制度は自主的な環境配慮を促進するための支援システムであり、制度そのものの枠組みは法律その他の社会的制度として「枠組み」を制度化するものである。事業者の行動の具体的内容は、その自主的判断に委ねる環境管理の手法である[15]。この「枠組み」は何をもって枠とするかについては、議論があろうが、「規制的」な枠を付与するという考え方である。なお、この説の理念的な位置づけは、②の環境管理手法説と近いといえる。

わが国では、環境影響評価制度を依然として、環境汚染防止のための統制型規制手法として理解する傾向が少なからずある[16]。それは、環境アセスの審査の過程で環境基準などの法令適合性を求めていることに依拠していると思われる。しかし、それを重視することは、環境基準の範囲であれば良いとする、いわば、"アワセメント"と揶揄される事態を招来することになりかねない。

アセス法は、よりよい事業を事業者が目指すことができるように、措置内容の決定に関しては、事業者の自主性に任せつつも、取り組み内容の信頼性（accountability）、透明性（transparency）、実効性（enforceability）を確保する観点から、事業者の意思形成プロセスに環境配慮を組み込むための規制的枠組みを設定するものであると捉えることができる。基本的には、事業者の自主的判断による取り組みを促進することで、ベストプラックティスを創造させる間接的規制手法であると位置づけることができるものと考える[17]。

（2） 枠組み規制の特徴

このような規制的枠組みの中での自主的取り組みを促進するための規制を枠組み規制（Eco-integration Framework Regulation）と呼ぶことができるが、その特徴を他の手法説と比較すると、以下のことがいえよう。まず、①公平性、透明性、信頼性及び手続の適正の確保といった「法の支配」との親和性があること、②対策内容の決定に関する被規制主体の自主性を尊重していること、③規制行政庁（環境保護部局ないし許認可庁）の一定の関与による実効性の確保がなされていること、④統制的規制や経済的手法よりも政治的・社会的受容可能性（public and political acceptability）が高いこと、⑤統制型規制より規制対象（汚染物質、汚染源、行為など）の射程を柔軟に拡大できること、⑥事業者等の被規制主体の意思形成プロセスに環境配慮を組み込むこと[18]とともに、その環境配慮が実際の対策内容に反映されるようにするための枠組みであること、などを指摘することができる。

この枠組み規制は、被規制主体の意思形成プロセスへ環境配慮の組み込みを図ろうとする点で、経済的手法と共通するが、枠組み規制は金銭的なインセンティブ以外の手段により環境配慮の組み込みを図るという点で、経済的手法と

異なっている。また、事業者の自主的取り組みを尊重する点で、いわゆる自主的取り組み[19]と共通する点も少なくないが、枠組み規制では、講ずる対策内容における自主性（Self-regulation encased in regulation）にとどまる点で、いわゆる自主的取り組みとは異なるものといえる。また、統制型の規制と異なり、情報公開や公衆参加の仕組みとセットとなっているのも枠組み規制の特徴[20]といえる。このように、枠組み規制手法を捉えた場合、アセス法がどのような手続と構造を持ち、それが枠組み規制手法といえるかどうかについて、以下に検討する。

第3節 環境影響評価法の制度的手続

1. 事業計画段階とアセス

　環境影響評価制度には、計画や政策の段階から、意思形成を行う前にアセスメントを行う計画アセスがあるが、アセス法は、従来の要綱アセスと同様に事業計画段階でアセスメントを行うものである。アセス法の制度的手続を対象となる事業計画の各段階、すなわち、①事業計画の構想、②事業計画の具体化、③事業実施計画の準備、④事業実施計画の決定、⑤事業の施工・実施、⑥事業の供用開始といった側面からみると、②から③の段階で、スクリーニング手続とスコーピング手続、③から④の段階で環境影響評価の手続、④の段階で、横断条項による法の担保があり、⑤、⑥の段階にフォローアップ手続を導入している。これは、公有水面埋立法等の個別法アセスが、④の事業実施計画の決定の段階から制度的手続を行い、また、閣議アセスが、この③から④の段階で対象事業や規模、アセス項目を限定して制度的手続を導入していたことに比較すると、環境配慮が、いわば、アセス手続の入口と出口で手続的にきめ細かくなったと評価することができる[21]。なお、スクリーニング手続及びスコーピング

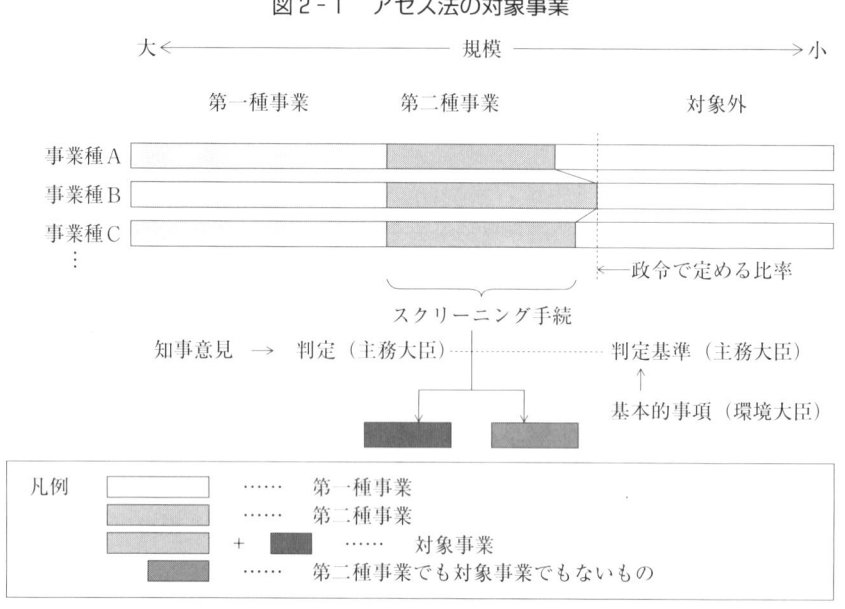

図2-1 アセス法の対象事業

大 ←——————— 規模 ———————→ 小

　　　　　　第一種事業　　　第二種事業　　　　　対象外

事業種A
事業種B
事業種C
　⋮
　　　　　　　　　　　　　　　　　　←政令で定める比率

　　　　　　　　　　スクリーニング手続

知事意見 → 判定（主務大臣）………… 判定基準（主務大臣）
　　　　　　　　　　　　　　　　　　　　　↑
　　　　　　　　　　　　　　　　　基本的事項（環境大臣）

凡例　　□　……　第一種事業
　　　　▨　……　第二種事業
　　　　▨＋■　……　対象事業
　　　　■　……　第二種事業でも対象事業でもないもの

出典：環境省資料より作成

手続については第3章第2節で詳解する。

　それでは、以下に具体的な手続について、その流れを追ってみることにしよう（図2-1参照）。なお、以下の条数は改正前のものであることをお断りしておきたい。

（1）アセス法の手続

　第一の段階として、アセス法の対象事業は、無条件にアセス手続を実施する第一種事業（アセス法第2条第2項）と個別の事業や地域の違いを踏まえて、スクリーニング手続によってふるい分けを行う第二種事業（第2条第3項）とに分けられる。第一種事業とは、「規模が大きく、環境影響の程度が著しいものとなるおそれがあるものとして政令で定めるもの」をいい、第二種事業とは、「第一種事業に準ずる規模を有するもの」で、政令で定めるものである。要綱アセスでは、事業の種類と規模要件によってアセスの必要性を決定していたが、アセス法では、それを第一種事業として位置づけ、新たにスクリーニング手続

によって判定する第二種事業をおいたものである。第二種事業を実施しようとする者は、その事業の許認可等を行う行政機関（許認可等権者）に事業の実施区域や概要の届出を行い、許認可等権者は、都道府県知事に意見を聴いて（第4条第2項）、届出から60日以内に環境影響評価を行うかどうかの判定を行い（第4条第3項）、実施者に通知する。この許認可等権者による判定の基準は、基本的事項に基づき、主務大臣が環境大臣と協議して省令で定める。この基本的事項とは、1）第二種事業の判定の基準、2）環境影響評価の項目等の選定の指針、3）環境の保全のための措置に関する指針、などについて、対象となる事業の種類にかかわらず横断的な基本となるべき事項を環境省が定めるものであり、その基本的事項を踏まえ、事業の種類ごとに主務大臣が主務省令を定めるものである。この基本的事項の定めた判定基準には、①個別の事業の内容に基づく判定基準と②環境の状況その他の事情に基づく判定基準とがある。なお、第二種事業を実施しようとする者は、この判定を受けることなく、自らの判断で環境影響評価等の手続を行うことができる。

スクリーニング手続導入のメリットは、規模要件によっては「アセス逃れ」を防止できることであるといえるが、スクリーニングに際して、都道府県知事の意見を聴くが、市町村及び住民の意見は聴かないとされており、よりよい意思形成の視点からみても不十分なものといえ、この判定手続の透明化には課題が残っている。

（2） 調査・予測手続

次の段階として、事業者は、対象事業に係る環境影響評価の項目並びに調査、予測及び評価の手法等について環境影響評価方法書を作成する（第5条）。これは、いわば、アセスの実施計画書であるが、検討範囲を絞り込むためにスコーピング手続を新たに導入している。事業者は、この方法書を都道府県知事及び市町村長に送付し（第6条）、公告・縦覧（第7条）の上、環境の保全の見地からの意見を有する者から意見を聴取し（第8条）、意見の概要書を関係都道府県知事等に送付する（第9条）。都道府県知事は、事業者に方法書について環境保全の見地から意見を書面で述べ（第10条）、事業者は、この都道府県知事

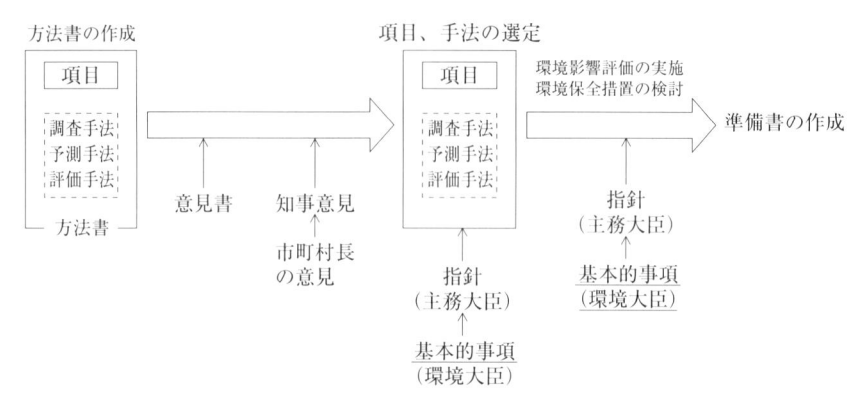

図2-2 アセス法の対象事業

の意見や環境の保全の見地から意見を有する者の意見を踏まえ、環境影響評価の項目ならびに調査、予測及び評価の手法を選定する（第11条）。要綱アセスでは、事業計画の決定後でなければ、住民関与はなかったが、アセス法では、早期段階の環境配慮の確保手段として、意見書の提出という限定的な住民関与を認めている。この点は、中央環境審議会の答申において、「事業計画のできる限り早い段階で、環境情報の収集が幅広く行われることが必要であり、そのため意見聴取手続を導入すること」の必要性が謳われていたが、制度化によって、事業者にとっても、早期に住民等の意見を反映することで調査の手戻り防止や効率的でメリハリの利いた調査項目を設定できるというメリットがある。なお、環境影響評価の項目等を合理的に行うための手法を選定するための指針（環境影響評価項目選定指針）及び環境保全のための措置に関する指針（環境保全措置指針）については、環境基本法第14条各号に掲げる事項の確保を旨として、環境大臣が定め、それに基づき、主務大臣が環境大臣と協議の上、省令で定めることとなっている（図2-2参照）[22]。

（3） 審査手続

最後は、準備書・評価書の作成から審査の段階である。事業者は、決定した実施方法に基づき、環境影響評価を実施し、その結果について、環境影響評価

準備書を作成し（第14条）、関係地域を管轄する都道府県知事及び市町村長に送付し（第15条）、公告・縦覧（第16条）の上、説明会の開催を行い（第17条）、環境の保全の見地からの意見を有する者から意見を聴取し（第18条）、意見の概要等についての見解書を関係都道府県知事等に送付する（第19条）。都道府県知事は、市町村長の意見を聴いた上で、事業者の準備書について環境保全の見地から意見を書面で述べる（第20条）。

次に、事業者は、上記の手続を踏まえて、環境影響評価書を作成し（第21条）、許認可等権者へ送付する（第22条）。環境大臣は、必要に応じ、評価書について意見を書面で述べる（第23条）。送付を受けた許認可等権者は、事業者に対して、必要に応じ、評価書について意見を書面で述べる（第24条）。事業者は、環境大臣の意見や許認可等権者の意見を受けて、評価書を再検討し、必要に応じ追加調査等を行った上で評価書を補正し（第25条）、関係都道府県知事等に補正後の評価書及び要約書を送付し（第26条）、公告・縦覧する（第27条）。許認可等権者は、対象事業の許認可等の審査に際し、評価書及び評価書に対して述べた意見に基づき、対象事業が環境の保全について適正な配慮がなされるものであるかどうかを審査し（第33条）、環境保全についての審査の結果と許認可等の審査結果とを併せて判断し、許認可等を拒否したり、条件を付す（横断条項）。

以上の手続を閣議アセスと比較すると、新たに追加された内容や手続がある[23]。

まず、①準備書の記載事項に環境保全のための措置（当該措置を講ずることとするに至った検討の状況を含む。）（第14条第1項第7号ロ）及び事業着手後の調査（同条同号ハ）などが追加されている。これによって、必要に応じて、代替案の検討がなされ、事後のフォローアップ調査（モニタリング）が実施される。この代替案の検討は、環境影響の回避・低減に係る評価の一環として行われるものであり、基本的事項によれば、その手法の選定にあたっては、「建造物の構造・配置の在り方、環境保全設備、工事の方法等を含む幅広い環境保全対策を対象として、複数案を時系列に沿って若しくは並行的に比較検討すること、

実行可能なより良い技術が取り入れられているか否かについて検討すること等の方法により、対象事業の実施により選定項目に係る環境要素に及ぶおそれのある影響が、回避され、又は低減されているものであるか否かについて評価されるものとすること」を含むとされる。また、環境保全措置の検討に当たっては、複数案の比較検討等によって、その妥当性を検証し、また、必要に応じ、その事業の実施によって損なわれる環境要素と同種の環境要素の創出などによって、環境の保全の観点からの価値を代償するための措置（代償措置）の検討を求めている。ただし、これらの評価・検討は、いずれも事業者が実行可能な範囲で行われるものとするとされている。

②閣議アセスでは、意見提出は、関係地域の住民に限定されていたが、アセス法では、この限定を取り払い、環境保全の見地からの意見を有する者すべてに意見提出を認めている。また、意見提出の機会は、方法書及び準備書段階の2回となった。

③閣議アセスでは、主務大臣から意見を求められた時に限って、環境庁長官（当時）は意見を述べる機会が与えられたが、アセス法では、環境大臣の判断により、必要に応じて意見を述べることが可能となった。さらに、その意見を求められる時期は、評価書の公告後から、公告前となり、それらの意見を踏まえて評価書を補正する手続が加わった。このような評価書に対する意見具申は、評価の信頼性を確保する手段であるが、アセス法においては、準備書段階では、都道府県知事の意見、評価書段階では、環境大臣の意見及び許認可権者の意見を求めることになった。

④環境保全の審査結果の許認可等への反映という観点からみると、要綱アセスは、行政指導という性格上、事業の免許等に法的な効力はなかったが、アセス法では第33条に横断条項を設け、法律の定める許認可等の基準審査と本法の環境保全の審査結果を併せて判断することを規定することによって、審査結果が事業の実施の可否や内容に反映される仕組みをとっている。横断条項は、許認可等を定める各法律に環境の保全への適切な配慮を読み込むべきものとするものであり、許認可法に許認可等の基準が明示されていない場合には、『対象

事業の実施による利益に関する審査』+『環境の保全に関する審査』ということになる。その際には、環境配慮が徹底される方向で運用されることが重要である。

2．その他の手続規定

その他の手続規定としては、以下のものが挙げられる。すなわち、①対象事業の内容の修正等、②対象事業の実施の制限、③評価書の公告後における環境影響評価の再実施、④都市計画に定められる事業、⑤港湾計画に係る環境影響評価、⑥発電所に係る環境影響評価、⑦条例との関係規定、などである。

①方法書の公告から評価書の公告までの間に、対象事業の目的及び内容を修正する場合、修正後の事業が対象事業のときは、軽微な修正等に該当しない限り、方法書の手続からやり直す（第28条）。事業内容の修正の結果、修正後の事業が第二種事業に該当するときは、スクリーニングの判定を受けることができる（第29条）。また、対象事業を実施しないとした場合、修正後の事業が第一種又は第二種事業のいずれにも該当しない場合、他の者に引き継いだ場合、これらの場合には、所要の通知・公告を行う（第30条）。事業を引き継いだ者は、既に行った手続を免除される。

②事業者は、評価書の公告を行うまでは対象事業を実施できない。評価書の公告後、事業の目的・内容を変更して実施する場合、再度、環境影響評価その他の手続を経て評価書を公告するまで、事業実施が制限される。

③事業者は、評価書の公告後、環境の状況の変化その他の特別な事情により必要があると認めるときは、環境影響評価手続の再実施ができる。

④、⑤、⑥都市計画事業は、都市計画決定権者が事業者に代わって環境影響評価を行う特例を設け、港湾計画は、上位計画段階の環境配慮として、港湾管理者が一般意見聴取を含む環境影響評価手続を行い、発電所は、この法律に定める手続の他、国が早い段階から関与する特例を設け、所要の特例を電気事業法に定めている。

⑦条例によって、第二種事業及び対象事業以外の事業に関する環境影響評価

手続や第二種事業又は対象事業に係る環境影響評価に関する手続事項を定めることは妨げられない。しかし、対象事業種の横だしや下だしは認められるが、法が定める一定範囲の事業者の義務を超えるような負担の上乗せは認められないと解されよう。この点について、国会審議の説明等では、例えば、準備書に対する一般意見の提出期間の延長などはできないとの判断が述べられている。しかし、何が加重負担であるのかの判断基準を明らかにしておく必要がある。

以上、法の手続をみてきたが、以下の諸点からアセス法が枠組み規制であると考えることができる。

3．枠組み規制としての環境影響評価法

(1) 事業者の意思形成への環境配慮の組み込み

閣議アセスの理念は、環境基準等の環境保全目標を達成することに主眼が置かれ、広範な人々から意見聴取しながらアセスメントを行うことによって、事業者が環境に適正な配慮をし、国は、免許等の際にアセスメントの結果が適切に反映されているかをチェックするにとどめるという考え方に立脚していた。しかし、アセス法では、持続的発展の可能な社会の構築という観点から地域環境保全に力点を置きながら、環境負荷の低減に向けて、事業者により良い意思形成（Better Decision）を行わせることに重点がある。すなわち、環境影響を緩和するために講ずる対策内容に自主性をもたせることにより、ベスト・プラックティスを追及することができるのである。

1) 環境配慮が対策内容に反映される仕組み

従前の要綱アセス等は、四大公害訴訟に象徴される悲惨な公害経験からの反省を踏まえて、大規模工業開発等新規の企業立地に伴う開発行為を念頭に置き、事前予防を第一義とした環境基準適合型というべきものであった。それに対して、アセス法は、そのような画一的な環境保全目標との対比・照合による評価ではなく、環境影響を可能な限り回避・低減させ、より良い計画づくりの観点から環境配慮を行うこととしている。このように、評価軸が柔軟性を持つことにより、環境配慮の内容がより措置内容に反映されることになる。

2） 評価対象、評価項目等の拡大に柔軟性がある

アセス法は、評価対象項目について、従前のすぐれた自然の保全（動物、植物、地形・地質、景観、野外レクリエーション地）と典型7公害の防止という限定された範囲を拡大し、環境の自然的構成要素の良好な保持、生物の多様性の確保及び自然環境の体系的保全、人と自然との豊かな触れ合いの確保、廃棄物、地球環境項目に対する環境負荷の低減を取り上げることとなり、統制型規制では狭義であった対象範囲の拡大に柔軟性をもっている。

3） 規制行政庁の一定の関与

事業者の作成した方法書、準備書、評価書等の環境図書の審査は、環境部局で審査がなされる。国の場合には、環境大臣の意見形成のために、環境影響審査室で審査される。場合によっては、関係部課の意見や専門家の知見を活用する。また、許認可の場合には、これらの図書の審査を行い、環境配慮が許認可に反映される。

その場合、環境負荷の低減については、従来から対象としている項目のような環境の状態の予測・評価ではなく、可能な限り環境への影響の回避・低減を図るという観点から評価を行うよう、所管行政庁の基本的事項に基づくガイドラインによって審査や評価がなされる。具体例として、廃棄物でいえば、対象事業に伴って発生する廃棄物等の種類や量、その処理方法に関する調査及び予測によって、量の最小化と処理による負荷の最小化が図られているか否かについて、複数案の比較や用いられた処理技術が最良のものであるかどうかの検討によって審査が行われることで、事業者への環境配慮の適否がチェックされる仕組みが取られている。

4） 社会的受容性を踏まえた達成手段の確保

要綱アセスの単なる環境保全対策型のものから、アセス法では、複数案や環境影響緩和措置（ミティゲーション）を含んだ対策とすることで、当該事業が地域社会における政治的、社会的な受容可能性を高める柔軟性を確保することができることが求められている。

5）アセス手続の法的親和性

　第二種事業にアセスの必要性を個別に判定するスクリーニング手続やアセスの検討項目や検討範囲を絞り込むスコーピング手続を新たに導入し、事後手続として、必要に応じてフォローアップ調査やアセスメント後、長期間未着工のため環境の状況が変化している場合の再実施などを定めるなど、事業者がアセスを実施するプロセスの公平性、透明性、手続の適正の確保を図った枠組みを講じている。

6）情報公開・参加の仕組み

　アセス法は、方法書、準備書の段階で公衆に公開し、意見を有する者から意見を求め、関係首長の意見提出を制度的に保障している。事業者が講ずる措置内容への情報公開とそれに対する意見提出の手続に対する応答により、環境配慮の実質的内容が担保される仕組みになっている。

　以上のことから、アセス法は、枠組み規制と考えるべきものであることを指摘できる。

第4節　環境影響評価法の評価・検討

　先に指摘したように、アセスメントとは、持続可能な社会の構築という目的達成のために、人間環境及び地球環境に影響を及ぼす恐れのある行為について、複数の代替案を比較検討し、環境への効果及び影響に関して衆知を集めて予測・評価し、それを公表し、検討する中で、環境への影響を十分に考慮した最良の案を事業者が選択するためのツールである。

　これを法の規定に即していうと、アセス法第2条では、「事業（特定の目的のために行われる一連の土地の形状の変更（これと併せて行うしゅんせつを含む。）並びに工作物の新設及び増改築をいう。以下同じ。）の実施が環境に及ぼす影響（当該事業実施後の土地または工作物において行われることが予定される事業活動その

他の人の活動が当該事業の目的に含まれる場合には、これらの活動に伴って生ずる影響を含む。以下単に「環境影響」という。）について環境の構成要素に係る項目ごとに調査、予測及び評価を行うとともに、これらを行う過程においてその事業に係る環境の保全のための措置を検討し、この措置が講じられた場合における環境影響を総合的に評価することをいう。」[24]とアセスメントを定義している。要約すれば、法にいうアセスメントとは、①環境の構成要素に係る項目ごとに調査、予測及び評価、②その過程における事業に係る環境の保全のための措置の検討、③その措置が講じられた場合における環境影響の総合的な評価、等を事業者が行う内部行為を指し[25]、地方公共団体や住民等による意見聴取手続等は、定義外のその他の手続として位置づけている。

１．これまでの環境影響評価法の到達点

　従前の閣議アセスでは、以下の諸点について実際上の問題点を抱えていた[26]。すなわち、①アセスメントの実施主体が事業者であり、チェック機能が不十分だと、いわゆる"アワセメント"になる。それを回避するには情報公開により、第三者チェックを受けやすくすること、②アセスメントに事業者が支払うコストの負担は、規模が大きくなるほど必要な費用は少なくて済むが、小規模事業の場合には、その効率化に配慮し、スコーピング手続等を導入する必要があること、③アセスメントの内容をネガティブなチェックに重点を置くと報告書に正確性を求められる結果、分厚いものとなる。それは公衆参加の阻害要因ともなっているので、情報の正確さを保ちつつわかりやすく伝えるコミュニケーション手法を工夫すべきこと、④計画の熟度の高い事業段階のアセスメントのため、その結果を計画に反映させるような計画変更がみられず、代替案検討の幅を小さくしている。そのため、事業計画より熟度の低い早期の段階でのアセスメントやさらに政策や計画段階でのアセスメントが必要であること、⑤アセスメントの事後のフォローや計画変更の場合の手続が規定されていないため、これらが必要であること、などである。

　これらの諸点に関して、アセス法では、どのような改善をしたのであろうか。

①については、事業者アセスであることは変わりがないが、住民の関与は「関係地域内に住所を有する者」という住民の範囲の限定が除かれ、その参加の機会も方法書の作成段階と準備書の作成段階の2回となった。しかし、スクリーニングへの参加手続はない上、スコーピング段階では、意見書提出のみにとどまっている。第三者チェックという意味では、環境大臣が自らの判断によって意見提出ができることになった。②については、スコーピング手続の導入によって、この点の配慮は進むと考えられる。③については、制度的には特に規定がないが、既存のアセスメント結果等については、広く情報の公開を図るため、アセスメントの報告書の収集とその提供事業を開始するとしている。④については、事業実施を前提にした事業アセスメント[27]である。そのため、よりよい計画づくりの観点は評価できるが、代替案の検討は必要に応じて検討された場合に記載すると限定がされている。

これらから、要綱に基づくアセスに比較すると、アセス法は事業者の環境配慮を規制的な枠組みで明確化した点は評価できるが、第4章の現行法の改正議論で指摘するように不十分なところが残されている。

2．環境アセスメント制度としての評価

この制度は、次の3つの点で、社会の持続可能性の確保という政策目標の実現にあたって重要な役割を果たし得る制度であるといえる。

第1に、未然防止の機会を与える制度であることである。行為による物理的影響がひとたび発生すると、完全に元に戻すことはできない。したがって、行為を行う前にその行為の環境上の帰結を十分に勘案して、若干の不確実性が伴おうとも、より環境影響の少ないと考えられる行為を選ぶ必要がある。環境アセスメントは、この機会を与える制度である。

第2に、源流における対応を求めることができる制度である。環境への負荷を抑える場面を排出時に設定すると、既に負荷の原因となるものがつくられてしまっている場合がある。そこで、経済活動の中で負荷の原因となるものを初めてつくり出す場面、つまり、源流で対策を行うべきである。環境アセスメン

トは、このような場面を抑え得る制度である。

　第3に、行為者の自主的な対応を引き出すことができる制度であることである。この制度においては、行為者には情報の公開や意見聴取・応答の義務が負わされるが、どのような行為を行うべきかについては、基本的に行為者の判断に委ねられている。行為規制のように、クリアすべき水準が示されるわけでもない。この制度は、行為規制一辺倒からの脱皮を図るために導入された、新しい政策手法の一種とみることができる。

　ただし、環境アセスメント制度は、これまで検討してきたように、未だ発展の途上にあり、社会の持続可能性を確保するという目的に奉仕できるような形にはなっていない。

　第7章で詳しく検討するが、社会の持続可能性を確保するためには、建設工事や製品開発などの個別の段階においてアセスメントが実施されるだけでは不十分である。なぜなら、個別の段階では、微小な環境負荷が集積して社会全体の持続可能性を脅かすという状況に対応できないからである。

　このような問題に対応するためには、個々の行為の方向を大まかに規定する制度を策定する段階、つまり、政策決定や上位の行政計画の策定といった場面からアセスメントを行い、社会全体の持続可能性が確保されているか否かを検討する必要がある。すなわち、戦略的環境アセスメントの導入を検討することが必要不可欠なのである。

3．環境影響評価法

　わが国のアセス法の導入の立法過程では、国の許認可に係る事業を対象とすることは争いがなかったが、すべてを一元的な法制度とするか、発電所を別法の制度とするかが争いとなった。また、国の制度の対象となったものについて地方公共団体の条例によりさらに詳細な手続を要求できるものとするかどうかが争点となった。結果的には、すべての対象事業をアセス法が規定することになった。しかし、個別事業の特殊性により、電力につき別法、都市計画・港湾計画につきアセス法の枠内での例外手続、その他については事業別の技術指針

で反映させることとされた。また、地方公共団体との関係は、従来に比べて、手続の弾力性を認めることにより、地域特性を反映させることが建前とされた。

このような立法過程での論議はいずれにせよ、環境アセスが事業の規制手法であるとの認識が依然として根強いことを明らかにしており、アセス法の立法過程において、政策の分断化、縦割り化を回避することができなかったことによって、都市計画や発電所の建設に係るアセスメントにおいては特例による手続を講ぜざるを得なくなった現実がある。

本書では、アセス法は、枠組み規制であることを立証する立場から、その特徴を以下の5点に絞り、あてはめを行った。すなわち、①公平性、透明性、信頼性及び手続の適正の確保、②対策内容の決定に関する被規制主体の自主性の尊重、③規制行政庁の一定の関与による実効性の確保、④規制対象（汚染物質、汚染源、行為等）の射程を拡大できること、⑤事業者等の被規制主体の意思形成プロセスに環境配慮を組み込むこととともに、その環境配慮が実際の対策内容に反映されるようにするための枠組みであること、である。

ここでは、詳細については繰り返さないが、アセス法は、事業実施を前提にした事業アセスであり、評価検討結果は、事業者の判断の中に組み込まれることが望ましいとの立場（②）に立ち、そのために事業者自らの責任においてアセスを行わせるものとして制度構築をすること、当該事業に関して、本法は、適正な環境配慮がなされることを事業所管庁の免許等の権限の行使によって確保する仕組みを設定する（③）ほか、事業者によるアセスの手続それ自体を外部者との協働による手続（公告・縦覧、意見書の提出、都道府県知事等の意見などの他者の関与の手続）と構成すること（①）によって、事業者の立場に偏した客観性が欠けるおそれに対処すること（⑤）ができる制度としての法的な枠組みが構築されていることなどを指摘した。

また、現在のわが国の環境アセスメント制度は、先に述べたように、基本的に、行為者に行為の前に一定の手続を求める制度であり、手続が実施される中で、情報が公開され、他者の意見が出され、意見が交換されることによって、行為者が自らの環境管理の質を高めることに主眼があった。しかし、社会の持

続可能性を確保するためには、建設工事や製品開発などの個別の段階においてアセスが実施されるだけでは不十分である。なぜなら、個別の段階では、微小な環境負荷が集積して社会全体の持続可能性を脅かすという状況に対応できないからである。このような問題に対応するためには、個々の行為の方向を大まかに規定する制度を策定する段階、つまり、政策決定や上位の行政計画の策定といった場面からアセスを行い、社会全体の持続可能性が確保されているか否かを検討する必要がある。すなわち、戦略的環境アセスの導入の必要性を指摘することで、第3章、第4章、第5章の検討につなげている。

---

1) 環境庁企画調整局編『環境基本法の解説』142頁（ぎょうせい・1994）
2) 環境と開発に関する世界委員会、環境庁国際環境問題研究会、大来佐武郎監修『地球の未来を守るために』66頁（福武書店・1987）
3) 国際自然連合・世界自然保護基金『かけがえのない地球を大切に（新・世界環境保全戦略）』69頁（小学館・1992）
4) 「環境影響の実施について」（昭和59年8月閣議決定）、『環境庁二十年史』177頁（ぎょうせい・1991）
5) 浅野直人『環境影響評価の制度と法』30頁（信山社・1998）は、環境施策の策定にあたって、環境影響評価制度には、①情報提供、②合意形成、③誘導、④規制の4つの機能があることを指摘する。
6) 主要な環境影響評価案件として、苫小牧東部大規模工業基地、むつ小河原総合開発、志布志地区国家石油備蓄計画などの地域開発案件、本州四国連絡橋建設事業、今治港湾計画、ポートアイランド第二期埋立計画、関西国際空港建設計画、東京湾横断道路、首都圏中央連絡道路、首都高速道路（中央環状新宿線・川崎縦貫道路）、竹原火力発電所や松浦火力発電所などの電源開発に係る案件、リゾート構想に係る案件の環境影響評価が実施された。なお、要綱アセスにおけるリゾート開発のアセスについて、拙著、荒秀・南博方編「ゴルフ場・リゾート開発」『自治体行政の現代的課題』209頁（ぎょうせい・1993）
7) UK（1990）Environmental Protection Act 1990
8) 拙著『環境法政策［日本・EU・英国にみる環境配慮の法と政策］』269頁（清文社・2000）
9) 中央公害対策審議会「特定地域における公害の未然防止の徹底の方策について（中間報告）」（1972）は、地域開発の限界を吟味しつつ、環境保全の優先、環境保全水準及び環境影響評価の予測と評価についての考え方を提言した。
10) 第二次環境基本計画（2000）「環境基本計画－環境の世紀への道しるべ」第2部第3節3「あらゆる政策手法の活用と適切な組み合わせ」（1）社会経済の環境配慮のための仕組み」参照

11) 中央環境審議会答申「今後の環境影響評価の在り方について」(1997)、鎌形浩史「環境影響評価法について」ジュリスト1115号、37頁(有斐閣・1997)、大塚直「環境影響評価の目的・法的性格」環境法政策学会編『新しい環境アセスメント法』25頁(商事法務・1998)、同『環境法(第3版)』261頁(有斐閣・2010)。手続的アプローチとするものに、北村喜宣『現代環境法の諸相』128頁(放送大学・2009)なお、大塚によれば、環境影響評価制度は地域環境計画を実現させるための手法であり、多面的な機能を持つものと捉えている。許認可制度との関係を論ずるものとして、山下竜一「環境影響評価制度と許認可制度の関係について」自治研究75巻12号27頁以下(第一法規・1999)
12) 松村弓彦『環境法(第2版)』133頁(成文堂・2004)、浅野直人「環境影響評価と環境管理」環境法政策学会編『新しい環境アセスメント法』14頁(商事法務・1998)では、環境管理のサブシステムとする。
13) 原科幸彦『環境計画・政策研究の展開』267頁(岩波書店・2007)、原科幸彦「環境影響評価法の評価 - 技術的側面から」ジュリスト1115号、59頁(有斐閣・1997)、山村恒年『環境保護の法と政策』165頁(信山社・1996)は、合理的意思決定ルールの体系化としての位置づけをしている。米国のシステムを背景に、この点を説くものとして、吉川博也「環境アセスメント手法について」『環境アセスメントの法的側面』環境法研究第4号、69頁(有斐閣・1975)
14) 倉阪秀史『環境政策論』201頁(信山社・2004)
15) 浅野・前掲書120頁
16) 公害防止の調査予見義務を果たすための制度として環境アセスメントが導入されたとみる考え方として、岩橋健定「環境アセスメント制度の最前線」法政策研究会編『法政策学の試み・法政策研究第3集』22頁(信山社・2000)
17) 拙稿「政策アセスメントと環境配慮制度」増刊ジュリスト/環境問題の行方、63頁(有斐閣・1999)、拙著『環境アセスメント法』244頁(清文社・2000)
18) 中央環境審議会答申「今後の環境影響評価制度の在り方について」9頁(1997)は、「合理的な意思決定のための情報の交流を促進する手段」と位置づけている。
19) 自主的取り組みの一つに、環境協定手法があるが、松村弓彦『環境協定の研究』225頁(成文堂・2009)は、合意形成、自主性、政策圧力、互換性等をその性格付けの特徴として挙げている。
20) 松村・前掲書226頁で、ドイツの環境部門法は枠組み規制方式が多いと指摘する。
21) 拙稿「環境影響評価法の意義と将来課題」産業と環境27巻7号、20-27頁(1998)
22) 図では法制定時のため、環境庁長官となっているが、2000年に環境省となり、環境大臣になった。そこで、閣議アセス時は環境庁長官、法アセスでは環境大臣と表記する。
23) 環境庁環境影響評価研究会『逐条解説環境影響評価法』94頁以下(ぎょうせい・1999)
24) 前出注21に同じ
25) 高橋滋「環境影響評価法の検討-行政法的見地から」ジュリスト1115号、44頁(有斐閣・1997)、明治学院大学立法研究会=行政手続法研究会編『環境アセスメント法』122頁(信山社・1997)

26) 原科幸彦『環境アセスメント』167-178頁（放送大学振興会・1994）。大塚直「わが国における環境影響評価の制度設計について」ジュリスト1083号、39頁（1996）
27) 高橋（注91）45頁参照

第3章

地方自治体における環境アセスメント制度

第1節 環境影響評価法における地方条例の取り扱い

　アセス法制定前の1995年9月では、地方公共団体の環境影響評価制度は、環境庁の資料によれば、都道府県・政令市計59団体中、条例制定団体6（北海道、埼玉県、東京都、神奈川県、岐阜県、川崎市）、要綱等制定団体44、制度なし9であった[1]が、法制定後の1998年10月現在、新たに条例制定団体12（神戸市、宮城県、山梨県、大阪府、北九州市、長野県、福岡市、大阪市、千葉県、岩手県、横浜市、広島県）、要綱等制定団体2（熊本県、大分県）が加わり、条例制定団体は、計19団体、要綱等36団体、計55団体と倍増し、2007年12月現在では、47都道府県、14政令市、計61団体が条例を制定している[2]。また、アセス法の枠組みを超えた計画段階で環境配慮を実施しようとする試みが東京都[3]（以下、「東京都総合アセス」という。）で着手されている。ここでは、アセス法の制定後の地方公共団体の取り組みについて、条例の内容を中心に検討する。

第2節 環境影響評価条例の枠組みと構造

　国の制度の対象となる事業について、これまで先行的な実績をもつ地方公共団体が条例によって、さらに詳細な手続を要求できるものとするか否かは、アセス法の審議過程において議論となったところである[4]。このことについて、アセス法の対象事業（判定前の第二種事業に相当するものを含む。）については、事業者に過度の負担を負わせないように同一趣旨内容の手続の重複は認められないこととしたが、東京都の計画段階アセス制度のような法の射程外の事項や法の手続を妨げない内容については、地方公共団体が独自の判断で規定することができるものと位置づけた[5]。つまり、第二種事業にも対象事業にも該当し

ない事業について、一連のアセス手続を定めることや、また、第二種事業や対象事業に係る環境影響評価についても、当該地方公共団体が、たとえば、首長意見の形成のために公聴会や審査会を開催するなどの手続事項を規定することなどは妨げないとされている。

　法が規制していない対象範囲をアセスの対象とする、いわゆる横出しについて、公定解釈は認めない[6]とするが、学説では、認めるとするものがある[7]。たとえば、条例の横出しで公聴会を定めている場合、公聴会での意見陳述は横出し部分に限定されるとする。この点、法の対象事業については、法の先占事項との判断から、事業者に条例によって新たな負担を課すことを許さない趣旨とも解することができる。条例の運用の場面では、杓子定規にことを進めることは困難な場面があり、今後の修正が必要なところである。この点を自治体の視点で考察してみると、法で条例との関係をリジットに決めることによる弊害も考えられる。たとえば、法改正により、事後調査を法の手続規定の中に含めてしまうと、自治体で条例によって行われてきた事後調査の手続は、法対象事業については、条例の手続からは外れることになる。すなわち、法対象事業については、条例で定める項目の事後調査には適用できるが、法の枠組みの中のものについては、条例では定めることができないということになる。

　アセス法の中で、条例との関係を明示することはナショナルミニマムという枠をはめる意味では必要な作業ではあるが、先進的な試みをしている自治体にとっては足枷になるということを国は十分含んでおく必要があろう。

　また、アセス法の制定後にアセス法に対応して条例化を図った地方公共団体の条例は、基本的に法の構造をそのまま踏襲している[8]。相違点として指摘できることは、①技術指針の規定が特に規定をおこして定められていること、②環境影響技術審査会規定を有すること、③アセス法との関係に関する規定を設けたこと、などの3点に集約できる。その内容について、以下の手続規定を中心にその規定内容について検討し、そのいくつかについては、具体的なその規定ぶりについて例示して、検討することにしたい。

1．条例等にみる手続内容

（1） 第二種事業に係る判定手続 (スクリーニング)

　スクリーニングの考え方について、導入している地方自治体としては、山梨県、長野県、千葉県、岩手県、北九州市などがある。そこでは、知事が関係市町村長や審査会の意見を聴いて対象事業とするか否かの判断を行うとしている。そのほかの自治体は、面積等の基準を用いて画一的に決める方法を採用している（大阪市、大阪府、神戸市、福岡市 etc）。

　長野県環境影響評価条例第2条（定義）は、以下のように定めている。

> 　第2種事業　別表に掲げる事業で、次のいずれかに該当するもののうち、環境影響の程度が著しいものとなるおそれがあるかどうかの判定（第5条において「判定」という。）を知事が同条の規定により行う必要があるものとして規則で定めるものをいう。
> 　ア　第1種事業に準ずる規模を有する事業
> 　イ　環境の保全上、特に配慮が必要と認められる地域において実施される事業（第1種事業に該当するものを除く。）

（2） 方法書に係る手続 (スコーピング)

　スコーピング手続については、ほとんどの自治体が導入している。しかし、方法書を公告・縦覧する主体の定め方に違いが見られる。その主体を事業者とするもの（宮城県、山梨県、岩手県）と知事とするもの（大阪府、長野県、千葉県、広島県）との違いである。事業者とする北九州市の例は以下の通りである。

> ・北九州市環境影響評価条例第7条（環境影響評価方法書の作成）
> 1　事業者は、対象事業に係る環境影響評価を行う方法について、技術指針に基づき、次に掲げる事項を掲載した環境影響方法書（以下「方法書」という。）を作成しなければならない。
> 　（1）事業者の氏名及び住所（法人にあっては、その名称、代表者の氏名及び主たる事務所の所在地）

> （2） 対象事業の名称、目的及び内容
> （3） 対象事業が実施されるべき区域及びその周囲の概況
> （4） 対象事業に係る環境影響評価の項目並びに調査、予測及び評価の手法
> ・同8条（方法書の提出、公告及び縦覧）
>   事業者は、前条の規定により方法書を作成したときは、市長に対し、当該方法書を提出しなければならない。
> 2　市長は、前項の規定により方法書の提出があったときは、その旨及び縦覧場所を公告し、当該文書を公告日から起算して1月間縦覧に供するものとする。

　なお、知事を公告・縦覧の主体にした地方自治体が少なくないのは、対象事業の中には、民間事業者によるものも含まれることから、住民に対する信頼性の確保の見地からの配慮と思慮される。

（3） 意見提出者の範囲

　ほとんどの自治体が方法書に対する意見提出者を「環境保全の見地からの意見を有する者」と規定しており、地域範囲を限定していない。関係住民と限定を付けているのは、熊本、大分など、今回新たに要綱を策定した自治体である。法の趣旨を尊重すれば、地域に限定を加えることはより多くの環境情報に基づく環境配慮の機会を狭めるおそれがある。

（4） 審査会等

　すべての自治体は、従前の経緯から、審査会を設置する規定をもっている。しかし、審議事項については、①技術指針、方法書段階での首長意見に関するもの、②準備書段階での首長意見に関するもの、③事後調査結果に基づく措置要請等の段階での意見聴取（北九州市、大阪府、大阪市 etc）、④手続の再実施要請の段階での意見聴取に関するもの、などいくつかのタイプがある。

（5） 公聴会

　公聴会については、アセス法では規定がないが、ほとんどの自治体で規定し

ている。ただし、開催方法については、①知事が必要と認めるときに開催するという規定（長野県、宮城県、千葉県、岩手県 etc）と、②原則開催し、知事が認めるときにはこの限りでないという規定（山梨県、大阪府 etc）に分かれている。

（6） 事後調査手続

すべての自治体が調査報告書の提出を事業者に義務づけているが、その内容をみると、
①着手届けの提出の規定及び事後調査報告書の提出（山梨県 etc）、②事後調査計画書の提出（宮城県・北九州市 etc）、③報告書に対する一般意見及び知事意見の提出手続（大阪府）、等となっている。このうち、調査結果を公告・縦覧する（宮城県、大阪府、山梨県、岩手県）と規定しており、また、これらの調査結果に基づき、必要に応じて、知事が環境保全に必要な措置を事業者に求めることができるという規定を置いている。

事後調査報告書の公表については、自治体によって対応が分かれている。すなわち、条例上に公表の規定があるか否かによって対応が異なる。公表規定をもたない自治体としては北海道があげられる。また公表規定をもつ自治体としては、青森県、栃木県、東京都、神奈川県、沖縄県、横浜市（公告）、神戸市があげられる。また、自治体の中には、岡山県のように、公表に対して消極的なところもみられる。その理由の1つに、希少猛禽類の存在など、希少植物・動物等の盗掘や盗難を防止する観点があげられており、これらにかかわる情報の適正な管理や保全という課題が存在している。

（7） 都道府県条例と市町村条例との関係

アセス法が法と条例との関係について規定を置いたが、条例においても県条例と市町村条例との関係について、規定するものがある。たとえば、①当該条例と同等以上の効果が期待できる条例を有するものとして、知事が指定する市町村の範囲内で行われる対象事業については適用しないとするもの（大阪府）、②同等以上の環境影響評価が行われるものと知事が認めるときには適用しないとするもの（宮城県）などがある。

（8） 都市計画等の取り扱い

　都市計画について、手続の特例規定を定める自治体があるが、その規定の仕方は、①手続の内容を含めて規則で別途定めるもの（山梨県、北九州市、長野県etc）と、②都市計画決定権者が事業者に代わって行うこととする旨などを規定し、規則に読み替え等を委ねるもの（大阪府、福岡市 etc）がある。

　また、港湾計画については、住民手続を伴う環境影響評価を行うとするもの（福岡市・北九州市 etc）がある。

２．法と条例との関係

（1） 法対象事業の取り扱い

　地方条例では、以下のように、条例対象から法対象事業を除く規定を設けているほか、法対象事業であっても法の規定に反しないものを準用または適用するという規定を設けている。その場合、条例の「定義」の条文の中で法対象事業を除く方法（福岡市、北九州市、大阪府、大阪市、山梨県）を取るところと、法対象事業には適用しない旨の条文を規定する方法（長野県、宮城県、熊本県、大分県）とがある。

　また、首長意見形成手続における上乗せ規定について、法の手続に従って方法書及び準備書に首長意見を述べる場合に、①審査会等の意見を聴く旨の規定を置くものと、②公聴会規定を準用するものがある。

（2） 住民サービスとしての上乗せ規定

　法の手続において事業者から提出を受けた文書（方法書、準備書、評価書、事業者見解書）を首長が公告・縦覧するという規定を置くものがある。

（3） 事後調査手続の上乗せ規定

　事後調査手続について、法対象事業に適用・準用するものがある。

　以上にみたように、地方自治体は、アセス法の制定後に制度化に取り組んでいるが[9]、制度の形式は条例とすることが基本である。また、アセス法を取り入れた新たな手続規定を導入する際には、地域の特性を踏まえることが必要である。たとえば、スクリーニング手続であるが、自治体によっては、スクリー

ニング対象事業のすべてがアセスの対象事業となるような場合には、スクリーニング手続を行うことの実質的意義を失うことになろう。そのような自治体においては、一律の規模要件で判定することが適当であろう。事業の早期段階での環境配慮を実施するためには、スコーピング手続の導入は不可欠であろう。法制定以降に制定された条例の多くは、スコーピング手続を導入している。また、公告・縦覧の主体についても、アセス法が事業者とするのに比べ、条例では、地方公共団体の長とするところが少なくない。その理由としては、従前の条例・要綱等で知事が公告・縦覧してきたという経緯があること、住民への信頼性の確保、知事とすることによる公告・縦覧の告知が容易であることなどがあると思われる。公衆参加については、公聴会を新たに設けている自治体が多いことから、そこでは公衆参加の機会はアセス法に比べ、1回多くなっている。公衆参加を実質的にする工夫の1つは、住民意見に対する事業者の見解書を公告・縦覧することであろう。最後に、事後調査の規定を置くとともに、事後調査結果の報告の義務づけが重要であるが、また同時に準備書や評価書に事業者の事後調査計画を記載させる等の工夫が必要であろう。

　言うまでもなく、環境アセスメントは、持続可能な社会形成の1つのツールであると位置づけることができる。しかし、制度は整っても、その運用が重要であることは言を俟たない。地方自治体の条例でみてみると、環境影響評価条例を有効に機能させるための基盤整備が必要であろう。その1つは、環境影響評価の基礎となる行政資料、事業者が事前調査や環境監視で得た情報、住民が保有する地域の環境情報のいわば一元的管理システムの構築が必要である。また、地方自治体の多くは、地域環境管理計画を策定しているが、こうした地域環境の健全な保全を第一義とする環境管理計画と何ら関係することなく、環境影響評価が実施されるとしたら、仏を作っても魂を入れずという結果になろう。そのため、情報の一元的管理システムを構築する場合には、環境管理計画とのリンケージをはかる工夫が必要と思われる。

第3節 地方自治体における戦略的アセスの試みの比較検討

アセス法の制度枠組みを一歩踏み出し、事業段階よりも早期の計画段階で環境アセスを行う自治体の試みがある。各自治体の取り組みの背景には、社会経済情勢の変化に伴う都市・生活環境型の環境問題の慢性化、生活水準の向上に伴う住民の快適環境を求める声の高まりなどがある。新たな制度の基本的枠組みには、①理念・目標、②位置づけ、③制度の対象、④制度の手順、⑤推進体制、⑥制度の手続、などの検討が不可欠である[10]。そこで、このような事項に焦点を当てて、比較・検討することにしたい。検討結果を一覧表にしたものを表3-1に示す。

表3-1 環境影響評価法と法制化以降に制定された地方自治体の環境影響評価条例の内容比較

項目		環境影響評価法 H9.6.13公布	山梨県条例 H10.3.27公布	千葉県条例 H10.6.19公布	岩手県条例 H10.7.15公布
事業計画概要書等公告・縦覧		—	—	知事	—
方法書	公告・縦覧	事業者	事業者	知事	事業者
	住民意見範囲	地域限定なし	地域限定なし	地域限定なし	地域限定なし
	事業計画概要書等公告・縦覧	—	知事	—	—
	公聴会の開催	—	原則開催	—	—
	知事意見形成	関係市町村の意見聴取	関係市町村長・審議会の意見、住民意見書、事業者見解書公述意見	関連市町村長・委員会の意見 住民意見書	関連市町村長・技術審査会の意見 住民意見書

準備書	公告・縦覧	事業者	事業者	知事	事業者
	説明会の開催	事業者	事業者	事業者	事業者
	住民意見範囲	地域限定なし	地域限定なし	地域限定なし	地域限定なし
	事業計画概要書等公告・縦覧	―	知事	―	―
	公聴会の開催	―	原則開催	必要に応じ開催	必要に応じ開催
	知事意見形成	関係市町村の意見聴取	関係市町村長・審議会の意見、住民意見書、事業者見解書公述意見	関連市町村長・委員会の意見 住民意見書	関係市町村長・技術審査会の意見
評価書	再検討・補正	免許等大臣・環境大臣意見を勘案して実施	知事意見を勘案して実施	知事意見を踏まえ実施	―
	公告・縦覧	事業者	事業者	知事	事業者
手続の再実施		環境の状況等の変化により実施	実施区域及び環境の状況の変化等で必要がある場合 公告後5年以上の経過後に実施の場合	実施区域及び環境の状況の変化等で必要がある場合 公告後5年以上の経過後に実施の場合	実施区域及び環境の状況等により必要がある場合
免許等に係る環境保全の配慮の審査		免許等権者が実施	知事が配慮又は許認可権者に要請	許可等を行う者に義務づけ	知事が配慮又は許認可権者に要請
事業着手後	着手届	（主務省令）	届出 事業者は中間報告書を公告・縦覧 知事意見あり	届出	届出
	立入検査	―	知事	知事	知事
	勧告・公表等	―	知事	知事	知事
	完了届	（主務省令）	届出 事業者は中間報告書を公告・縦覧 知事意見あり	届出	届出
	事後調査	（主務省令）	事業報告所と一体 事業者が公告・縦覧 知事意見あり	調査報告書 知事意見あり	事業報告所と一体 事業者が公告・縦覧 知事意見あり
	都市計画	特例を規定	規則で規定	特例を規定	特例を規定
	港湾計画	手続を規定	―	手続を規定	―

1．制度の理念・目標

　一般的には、環境基本条例の理念や環境管理計画における環境目標と整合性をとることが必要と思われる。この点に関して、東京都の答申では、早い段階に、広域的な事業に対して、広い視野から環境配慮を行い、客観性と科学的な適切性を確保しながら、都民に開かれた制度とすることを謳っている。北九州市は環境資源を利用する計画・事業について、環境配慮の必要事項を定め、計画や事業の構想段階で、その熟度に応じ、適正な環境配慮を期するものとしている。

2．位置づけ

　本来的には、計画段階アセスと事業段階アセスとを統合化した総合アセス制度を構築すべきと考えられるが、現下では過渡期的状況にある。そのため、新たな制度の多くは、現行の条例や要綱を相互に補完・拡充するという位置づけにとどまっている。これらのうち、情報公開、公衆参加制度をもつものは、東京都の答申、北海道、逗子市、兵庫県の制度である。千葉県、兵庫県の制度では、計画段階の環境配慮手続と実施段階の現行アセス手続が一体化された構成になっている。川崎市は、現行アセス条例とは独立の制度として位置づけられ、両者の関係は明示されていない[11]。また、千葉県、兵庫県の環境配慮手続は、第三者機関による審査に基づき、知事が事業者に対して環境保全上の配慮を要請するといった行政指導が手続の中心になっている。また、川崎、横浜、北九州各市の制度では、公衆参加手続を伴わない行政内部の調整手続となっている。この点、川崎市が全庁的な総合調整に対して、横浜市では環境保全関連部局内での意見の集約と事業局・許認可部局との調整に特色がある。また、広島市、北九州市では、環境部局と事業・計画部局との個別調整となっている。

3．制度の対象

　対象行為に関しては、東京都の答申は、原則として、環境に強いかかわりを

もつすべての行為とするが、当面は、現行アセスの対象事業の実施に係る計画や方針等を対象とするとしている。それには、広域的な開発計画や各種マスタープランが含まれる。一方、マスタープラン、政策行為を対象としているのは、川崎市、北九州市である。また、複合開発を対象にしているのは、北海道、千葉県、広島市である。北海道では、国家的レベルの大規模開発を対象に特定地域の指定を行い、複合・計画段階アセスを導入している。民間事業を対象にしているのは、千葉県（特大規模）、横浜市（中規模以上）、逗子市（小規模）、兵庫県（ゴルフ場）、北九州市（大規模）である。

4．制度の手順

まず、手続実施主体について、条例等では事業主体がアセスを行うのが、事業者のセルフコントロールの原則から基本となっている。この原則は、新しい制度等においても踏襲されている。たとえば、東京都の答申では、原則として、対象となる行為を主管する部局または計画等を策定する者（主管部局等）とされている。ただし、複合的計画や広域的計画などでは、適切な実施主体を選定することが困難なケースもあり得る。そのような場合には、主管部局と関係部局間で協議組織を設けるなどの組織的な対応を講ずる必要がある。

次に、実施時期については、広島市の個別事例（西部丘陵都市開発についてのみ適用される単発的指針）を除くと、基本構想もしくは基本計画段階となっている。この点、東京都の答申では、計画立案の早期の段階とし、「意思決定のできるだけ早い段階とは、代替案の検討や環境に配慮した結果を計画等の再検討や見直しに反映させることが可能であると考えられる時期」としている。

5．推進体制

環境配慮のための調査・評価または調整に関与する主体については、第三者機関方式と内部調整方式とがみられる。第三者機関方式をとるものに、東京都の答申、千葉県、北海道、北九州市、兵庫県、逗子市がある。千葉県は知事に提言する環境会議とその下部組織の環境調整検討委員会がある。その構成には、

いずれも住民代表を含んでいる。東京都の答申では、学識経験者と都民の代表とを加えた機関とし、都民の解釈について地域の直接的な利害関係者というのではなく、幅広く都民の代表と捉えることとしている。

この点、対照的なのが横浜市、川崎市の制度である。いずれも環境面から計画の適正化を図る新たな手続として、計画行為の意思決定に関係する行政内部の協議・調整手続に限定しながら、実質的な適正化を目指す手続としている。

6．制度の手続

実施手続としては、東京都の答申は、①計画素案等の立案と環境配慮書の作成、②第三者機関における環境配慮書の調査・審議、③住民の参加と意見の反映、という3つの基本的流れをベースにした手続の内容を提示している。特に、公衆参加については、3つの段階、すなわち、計画素案等の立案及び環境配慮書の作成段階、環境配慮書の公表段階、第三者機関が住民意見を集約する段階に確保するとされている。現行のアセス制度では、事業者が技術指針に沿って作成した環境影響評価書案等に対する住民意見である。したがって、条例上、住民からの意見を基に事業者が計画を変更することは期待されていないといえる。そもそも地域の環境をよく知る住民の意見や関係機関の意見を聴き、必要な情報を収集することは合理的に意思決定を行う上で重要な要素である。答申では、住民の範囲については、基本的に、都民及び都内の法人等とするが、意見書や要望書の提出には都民等に限定しないとしている。

7．その他

計画等を合理的に評価するためには、環境面からだけではなく、計画等の社会的影響や経済的影響を考慮することが必要である。この点、米国のNEPA（国家環境政策法 National Environmental Policy Act：NEPA）では、評価書案等において、環境に対する影響と社会・経済的影響が同じレベルで比較されている。これらは、合理的な決定の素材とされているのである。

しかし、この予測・評価項目に関して、社会・経済的影響まで評価している

ものはほとんどみられない。自然環境項目に重心が偏っているのがわが国の特徴といえる。たとえば、広島市では、大規模都市開発に際し、地域環境管理計画型の調査を実施し、これを管理指針とし、環境配慮を誘導するという情報提供型に特徴がある。逗子市の制度では、市域における10メートルメッシュごとの自然環境評価情報に基づき、開発予定区域の環境保全目標量を総合評価ランクと環境保全目標を基礎にして客観的に算定し、これを達成できる範囲で環境の改変量を決定する。自然環境評価の体系は、生態系、居住系、土地の3つの機能ごとに影響評価を行っている。東京都の現行条例アセスにおいても、社会・経済的影響は予測評価の対象とはなっていない。そのため、対象事業が環境の側面のみで評価されてしまう危険性がある。

この点、東京都の答申では、環境配慮書の作成にあたって、対象行為の目的記述に社会的・経済的側面からの必要性について明らかにするように求め、評価項目には地球環境保全項目など従来の評価項目にとらわれない新しい項目を加えている。また、代替案の検討については、東京都の答申では、計画等の立案のできるだけ早い段階から代替案を検討し、環境面からより望ましい計画にするよう努めるとし、代替案の検討が可能なものは必ず検討するものとしている。この点に関連して、代替案の検討が比較的に容易な計画の初期段階で調整を可能とするのは横浜市、川崎市の制度の特徴である。

第4節　東京都における計画段階アセスメントの試行

東京都は、1995年からアセス条例の枠組みとは異なる早期の段階から、アセスを導入する検討を始めた。それは、政策やプログラム段階における戦略的アセスメント（Strategic Environmental Assessment：SEA）の導入を意図したものである。国においては、東京都の動きよりも遅く、1999年度に当時の環境庁の中に制度の検討会が設けられている。このSEAには、①環境への影響を予測した環境配慮書を作成し、計画案に添付すること、②環境配慮書を環境部局が

審査すること、③環境配慮書を公表し、国民等の意見を聴取すること、④環境部局の審査結果や国民等の意見を反映して計画案を修正すること、などが最低条件として検討がなされた。

　1998年、東京都は基本計画、基本構想段階での環境配慮制度を創設し、秋留台開発等をケースに制度の試行に着手した。この制度は既に2001年に条例と一体化して制度化されている。筆者は、この制度構築に最初からかかわってきたが、初期の段階の考え方について、東京都の試行指針などから、その制度の概要をみてみる。

1．東京都総合アセスメント制度の目的

　東京都は1980年１月より環境影響評価条例[12]（以下、「条例アセス」という。）を制定し、以来、10年間に180件ほどのアセスを実施し、事業の実施段階で環境影響評価を行うことにより、自然環境の破壊や環境の悪化を予防するなど、大きな役割を果たしてきた。しかし、当時の条例アセスは、計画案の内容が固まり具体化する段階で実施するため、計画内容の見直しが弾力的に行えないことや、実施時期の異なる複数の事業による複合的・累積的な環境への影響を的確に把握できないという面をもっていた。

　そこで、これらの課題に適切に対応するため、①計画立案のできるだけ早い段階から環境に配慮すること、②広域的な開発計画等における複合的・累積的な環境影響に適切に対応することを目的として「総合環境アセスメント制度」を導入することになった[13]。

2．制度の位置づけ

　この制度と、東京都環境基本計画や条例アセス制度との関係を以下に整理する。

（1）　東京都環境基本計画との関係

　東京都環境基本計画は、東京都における環境の保全に関する施策の総合的かつ計画的な施策の推進を図るために、東京都環境基本条例に基づき定められた

計画である。

　この計画では、環境の保全に関する目標を示し、この目標を達成するため「推進するためのしくみ」、「施策の方向」、「配慮の指針」が定められており、これらを実施することにより、環境への負荷の低減や良好な環境の確保を図ることとしている。

　この環境基本計画では、環境配慮を優先した都市づくりを実現するための重要な手法として、条例アセス制度と合わせて、本制度を位置づけている。

（２）　条例アセス制度との関係

　この制度は、現行の条例アセスに先行して、計画立案の早い段階において複数案の比較検討も含め、環境への影響を総合的に評価し、この結果を計画の策定に反映させるものである（図3-1）。

　一方、条例アセス制度は、計画案の内容が具体的に固まった後、事業実施の段階で事業による環境への影響を事前に予測し、環境の悪化や自然環境の破壊を未然に防止するものである。この制度と条例アセス制度等との関係及びその比較を表3-2に示す。

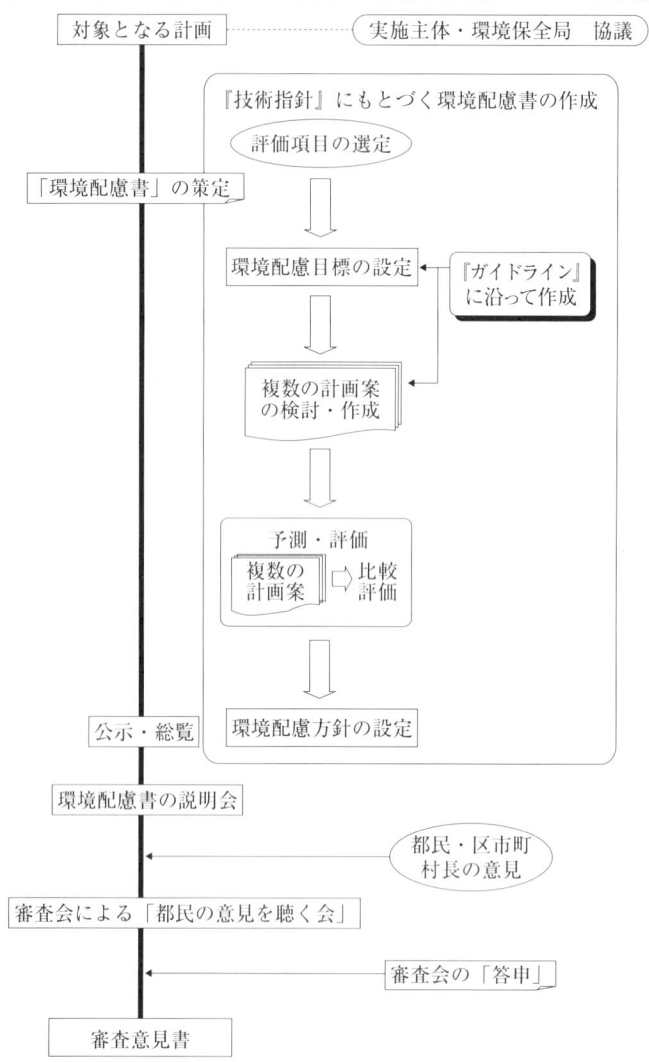

第3章 地方自治体における環境アセスメント制度

図3-1 総合環境アセスメント制度 施行と手続きフロー（概略）

```
対象となる計画 ········· 実施主体・環境保全局 協議
    │
    │         ┌─────────────────────────────┐
    │         │ 『技術指針』にもとづく環境配慮書の作成 │
    │         │      ┌──────────┐         │
    │         │      │ 評価項目の選定 │         │
「環境配慮書」の策定      │      └──────────┘         │
    │         │           ↓              │
    │         │   ┌──────────┐  ┌────────┐ │
    │         │   │環境配慮目標の設定│←─│『ガイドライン』│ │
    │         │   └──────────┘  │に沿って作成  │ │
    │         │           ↓      └────────┘ │
    │         │     ┌──────────┐           │
    │         │     │複数の計画案 │←──────────┘
    │         │     │の検討・作成 │
    │         │     └──────────┘
    │         │           ↓
    │         │      ┌──────────┐
    │         │      │  予測・評価  │
    │         │      │ 複数の ⇒ 比較│
    │         │      │ 計画案   評価│
    │         │      └──────────┘
    │         │           ↓
公示・総覧       │      ┌──────────┐
    │         │      │環境配慮方針の設定│
    │         │      └──────────┘
    │         └─────────────────────────────┘
環境配慮書の説明会
    │                      ┌──────────┐
    │←─────────────────────│ 都民・区市町 │
    │                      │ 村長の意見  │
    │                      └──────────┘
審査会による「都民の意見を聴く会」
    │                      ┌──────────┐
    │←─────────────────────│ 審査会の「答申」│
    │                      └──────────┘
審査意見書
```

出典：東京都資料より作成

表3-2　総合環境アセスメントと条例アセス制度との比較

		総合環境アセス制度	条例アセス制度
目　的		計画立案の早い段階で、複数の計画案を作成し、これを比較・評価することにより、計画段階で環境に配慮する。	計画案の内容が具体的に固まり事業実施の段階で、環境への影響を事前に予測し、環境の悪化等を未然に防止する。
適用対象		今後、条例対象事業を基本に、広域的な開発計画も含めて検討をし、本格実施までに明確にする。	事業の実施により環境に著しい影響を及ぼすおそれのある個別の事業を対象とする。
予測・評価	方法	○計画熟度に見合った予測・評価を行う。 ○広域開発計画等について複合的・累積的な予測・評価を行う。	原則として、定量的な手法により予測を行い、環境基準等の評価の指標に基づき評価する。
	項目	公害・自然環境等のほかに、地球環境等の項目	公害・自然環境等に関する項目

3．制度の運用

　下記のような、試行のための「実施要領」、「環境配慮技術指針」及び「環境配慮ガイドライン」を策定し、これに基づき試行を実施する。なお、この実施要領等については、試行の結果等に基づき必要な見直しを行う。

(1)　実施要領

　制度の運用に必要な手続を定めたもので、この要領に基づき、実施主体が提出した環境配慮書について、説明会の開催など周知が図られるとともに、住民等からの意見の提出等の諸手続が行われる。また、この要領では、前述の諸手続の他に、局長の諮問機関である「総合環境アセスメント試行審査会」[14]（1999年10月1日に設置され、学識経験者委員12人、都民代表委員3人、計15人で構成されているが、筆者も委員の一人である。）の設置と、この審査会で環境影響の内容の調査・審議を行うことを定めた。

(2)　環境配慮技術指針

　環境配慮書作成のための技術的な指針であり、この指針に基づき、実施主体は地域特性の把握に関する調査、環境影響の予測及び評価等を行い、この検討内容を環境配慮書としてとりまとめるというものである。図3-2参照。

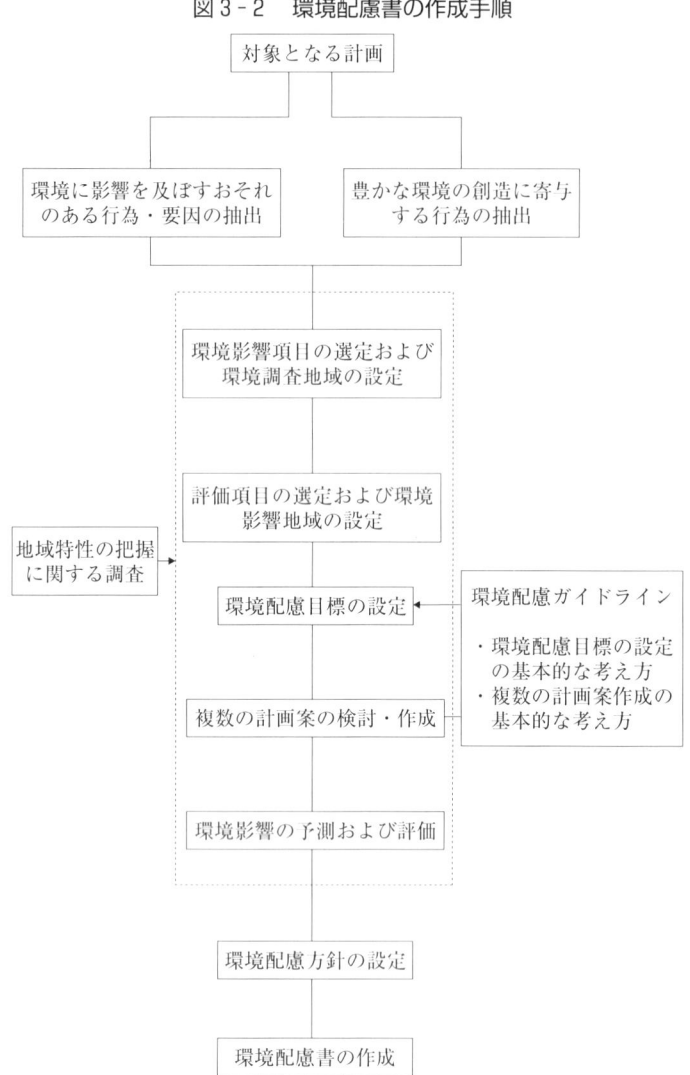

図3-2　環境配慮書の作成手順

```
                    対象となる計画
                   ┌──────┴──────┐
        環境に影響を及ぼすおそれ   豊かな環境の創造に寄与
        のある行為・要因の抽出    する行為の抽出
                   └──────┬──────┘
              ┌─────────────────────────┐
              │  環境影響項目の選定および     │
              │  環境調査地域の設定         │
              │                         │
              │  評価項目の選定および環境    │
              │  影響地域の設定            │
  地域特性の把握 →                          ← 環境配慮ガイドライン
  に関する調査   │  環境配慮目標の設定        │
              │                         │   ・環境配慮目標の設定
              │                         │     の基本的な考え方
              │  複数の計画案の検討・作成    │   ・複数の計画案作成の
              │                         │     基本的な考え方
              │  環境影響の予測および評価    │
              └─────────────────────────┘
                    環境配慮方針の設定
                    環境配慮書の作成
```

出典：東京都資料より作成

(3) 環境配慮ガイドライン

　この制度では、複数の計画案を作成し、この複数の案について予測及び評価し、各計画案の環境面からみた特性を評価することとしている。このため、このガイドラインでは、環境配慮目標の設定及びこれを踏まえた複数の計画案作成についての基本的な考え方を示している。

4．制度の評価

　東京都の総合アセスメントの制度は、1997年の「東京都総合環境アセスメント制度検討委員会」の報告を踏まえ、先に触れたように、第1段階として、対象を東京都が施行する事業に限った「試行」という形で実施されてきた。当初は、この試行段階の次のステップとして、要綱による本格実施段階に移行させ、実績を積むことによって制度の定着を図った上で、東京都以外が施行する民間の計画などに対しても適用対象を拡大するとの方針で準備を進めてきたものである。

　試行段階の具体的な実績として、個別計画については「東京都市計画道路幹線街路放射第5号線及び三鷹都市計画道路3・2・2号線」を対象に試行を行った。また、試行を踏まえた制度の調整についても検討がなされ、その最終答申がなされた[15]。

　ところで、この制度審議の最終段階において、東京都から、本制度を本格実施するに当たっては、要綱ではなく、現行条例を改正し、2つのアセスメント制度を統一的な制度として整備する方法についても検討してほしいとの意向が示された。

　その背景に、制度の本格実施には、①条例アセスと重複する手続の一部を省略できるよう条例の一部改正が必要であること、②環境配慮の観点から、計画段階アセスを民間の計画に対しても早期に適用を図ることが望ましいことなどがあった。

　総合アセスメント制度を条例化した場合、この制度の大きな特徴として捉えられる「環境面からより優れた計画を作るための良い意味での柔軟性や可能性」

が、条例アセスメント制度に引き寄せられる形で硬直化してしまい、単に少し時期が早いだけのもう1つの事業アセスメントを付加するにとどまることになってしまわないかとの危惧があった。

　この危惧は、その後、実際の運用面で現実化することになるが、当時としては、総合アセスメント制度の本格的な実施のためには、条例アセスメント制度との十分なすり合わせと統合的な制度設計が不可欠であるということ、この時期を捉えて、積極的に必要な調整を行った上で、総合的な制度として確立することは、制度としての安定性や都民からの信頼性を高めるという面で大きな意義があるとされた。

　条例化にあたっては、事業アセスメント手続との関係において、重複的な手続の省略やデータの活用に関する規定など、調整すべき事項等が課題とされ、さらに、計画の立案は、計画主体や事業の内容及び計画の進行の度合いなどによって多様な形態をとることになると考えられるため、できるかぎり柔軟な対応ができるように、条例規定の方法を工夫することが課題とされていた。試行段階にとどまっていた総合アセスメント制度を、本格実施段階に移行させるため、当時の条例制度との整合性を確保し、法的にも正式な条例による制度として位置づけることは、積極的な意味があったと評価し得る。しかし、条例化の作業における時間的な制約と法令部局での内部作業で行われたため、制度が意図していた内容が十分な形で制度化されず、内容的に不十分であるとの批判的な評価に耐えることができないものとなっている。たとえば、計画段階での環境配慮書を特例環境配慮書として提出された場合の取り扱いについて、審査会の関与等の判断枠組みが手続的に十分形成されていないため、場合によっては、事業者の申請によって手続を飛ばすことになり、配慮書段階の1回しか都民の意見を聴く機会がないということも起こり得る。条例で3回設けられている公衆参加手続が形骸化されるような事態が起こるおそれがあることは問題点として指摘できる。

第5節 自治体の新たな試みと戦略的環境影響評価

　以上にみる最近の自治体の試みは、事業の実施段階ではなく、上位計画やプログラム、政策立案段階における環境配慮の必要性に基づくものといえる。この政策立案及び上位計画段階におけるアセスメントは、諸外国では、戦略的環境影響評価（Strategic Environmental Assessment：SEA）と呼ばれており[16]、最近ではその目的に持続可能な発展（SD）をリンケージするという戦略的持続可能性影響評価（Strategic Sustainability Assessment：SSA、以下、「持続可能性アセス」という。）の理論的試みがなされ始めている[17]。ここで取り上げた東京都の試みも、上位計画段階を対象にしている点で、いわば、行政主導型戦略的環境アセスメントの一種であり、持続可能性アセスではない。

　欧米等では、SEAに関して多くの経験があることに比べ、わが国はまだ端緒についたばかりである。この点に関しては、1997年に成立した環境影響評価法の付帯決議として、戦略的環境影響評価の制度化に向けて早急に具体的な検討を進めることとされている。その意味では、先進的な自治体の試みを積極的に支援できるような法制度的配慮が必要であることは言を俟たない。環境影響評価法は、第3条に、事業実施に伴う環境への配慮に関する国等の責務規定、第60条に、地方自治体の条例との関係、第61条に地方自治体の施策における法の趣旨の尊重規定を置いている。特に、条例との関係では、第二種事業及び対象事業に係るその自治体の手続事項や第二種事業及び対象事業以外の事業に係る環境影響評価手続に関する事項については、法律の規定に反しない限度で必要な規定を定めることを妨げないとしている。しかし、政策立案や上位計画段階の環境配慮はこの法律の対象にはなっていないため、今後、自治体レベルでの積極的な取り組みが期待されている。その点、その種の試みに環境影響評価法が足枷にならないような法の運用での配慮が必要であろう。ちなみに、2000年の環境省の戦略的環境影響評価総合研究会報告と2003年東京都環境影響評

条例及び2002年埼玉県戦略的環境影響評価実施要綱について、制度の趣旨、対象計画、適用主体、適用時期、手続、事業アセスとの調整、対象事業規模の変更、予測・評価項目などについて、比較検討したものを表3-3に示す。

第6節　環境影響評価法の改正と地方条例アセスの動向

　2010年のアセス法の改正案が国会に上程されたことに伴い、地方公共団体では法の改正をにらみ、現在、条例改正の動きが始まっている。条例改正の傾向は、主として、①改正アセス法との関係、②効果的な制度の確立、③その他に区分できる。

　①では、計画段階配慮事項との整合性をいかに取るか、事業者への首長意見の提出、対象事業種の検討などである。②では、説明会開催の義務化、アセス図書の電子縦覧、③では、規模要件等の検討、手続の効率化、要約書の作成などが課題となろう。

　地方自治体の条例の特性ごとに法との整合性を図っていくという課題もあるが、多くの地方自治体では、環境影響評価制度を取り巻く状況の変化に対応すべく、これまでのアセス案件の蓄積を踏まえて、これまでの取り扱った案件ごとの課題を整理し、条例改正に向けて、着実な取り組みが要請される。

表3-3 主な戦略的環境アセスメントの比較一覧表
―環境省、東京都、埼玉県を中心として―

	戦略的環境アセスメント総合研究会18)	東京都	埼玉県19)
名　　称	—	東京都環境影響評価条例（平成14年7月3日改正・公布）	埼玉県戦略的環境影響評価実施要綱（平成14年3月27日知事決済）
施　行　日	—	平成15年1月1日	平成14年4月1日
分　　類	現状では計画・プログラムを対象とするガイドラインレベル	計画アセスメント（事業アセスと一体一連の制度）	計画アセスメント（事業アセスとは別の多段階型アセス）
制度の適用時期	環境影響評価法のスコーピング手続を活用	事業計画段階	事業計画段階
制度の趣旨	複数案につき環境面からの評価結果と社会面、経済面に関する評価結果を併せた統合的評価	複数案を環境面から比較評価	複数案を環境面及び関連する社会経済的影響の推計と連携しつつ比較
対象計画	現状では計画・プログラムを対象（今後、環境に著しい影響を与えるおそれがあると考えられる「政策」に対する環境アセスメントの検討も必要）	個別計画（原則として現行条例規模の2倍以上）（25種類） 広域複合開発計画（30ha以上）	県が策定する個別計画（下記の複合事業を含む要領で定める20種類） ＊複合事業（50ha以上、但し森林等に係る事業の場合変動あり）
制度の適用主体	計画策定者（国の場合、環境基本法第19条（国の施策の策定等に当たっての配慮）の実体化）	東京都のみ（都と民間事業の連携は適用除外）	計画等策定者
	戦略的環境アセスメント総合研究会	東京都	埼玉県
手　　続	〈評価手続について〉 ○SEAは計画策定者が自ら行う ○公衆や専門家の関与が必要 ○環境の保全に責任を有する機関（部局）が関与できることが必要	環境配慮書の提出（事） 関係地域の決定（知事） 公示・縦覧（知事）（30日） 説明会の開催（事） 都民・関係区市町村長の意見書の提出	戦略的環境影響評価計画書の提出（事） — 公告・縦覧（知事）（1ヶ月） — 意見を有する者の意見書の提出（限定なし）

	〈スコーピングについて〉 ○複数案について比較評価を行う ○検討される複数案は、とりうる選択の幅をカバーする必要がある。同時に「戦略的な」レベルで意味のある選択肢を検討する ○環境保全面からの評価にあたっては、環境基本計画等で望ましい環境象や環境保全対策の基本方向が示されていることが望ましい ○より広域的な視点から、環境の改善効果も含めて、複数の事業の累積的な影響を評価することが期待される ○SEAでは、スコーピングは、単なる手法や項目の検討から「検討範囲の設定」及び「問題の絞込み」という性格等が強まるため、事業の実施段階での環境アセスメント以上に重要である	「都民の意見を聴く会」の開催（知事）	―
		「事業者の意見を聴く会」の開催（知事）	―
		審議会答申	技術委員会に意見を求める（知事）
		知事の審査意見	知事の意見
		知事審査意見の尊重（事）	知事の意見の勘案（事）
		実施主体の計画案選定の報告	計画等策定者の戦略的環境影響評価報告書の作成・送付
		都民への計画の公表（知事）	県民への報告書の縦覧（1ヶ月）と周知（知事）
		―	意見を有する者の意見書の提出（縦覧期間内）（限定なし）
		―	公聴会の開催（意見を有する者、関係区市町村長、技術委員会）
		―	知事の意見（3ヶ月以内）
		―	計画等の策定への反映
事業アセスとの調整	〈事業の実施段階での環境アセスメント等との重複の回避〉 ○SEAを行った後に事業の実施段階での環境アセスメントを行う際には、評価の重複を避けるため、SEAの結果を適切に活用することが重要である	調査計画書の省略	―
		評価書案に係る手続省略	―
		着手制限期限の変更（評価書の縦覧期間満了から公示日に早める）	―
		都市計画手続関連規定の改正（アセス手続先行を可能にする）	―
対象事業規模の変更 ＊東京都に関して、（ ）内は改正前	―	高層建築物100m超・10万㎡超（100m以上・10万㎡以上）20)	―
	―	住宅団地1500戸以上（1000戸以上）	―

第6節　環境影響評価法の改正と地方条例アセスの動向

			自動車駐車場の設置／変更は居住者の利用台数を除く	—
予測・評価項目21) ＊東京都に関して、（　）内は改正前	〈評価文書のわかりやすさ〉 ○評価文書には、科学的な環境情報の交流のベースとしての機能のほか、意思決定の際に勘案すべき情報を提供する機能がある。このため、評価文書は、わかりやすく記載するよう努めることが必要	大気汚染	＜環境要素＞ 大気環境：【大気質、騒音、振動、悪臭等】
		悪臭	
		騒音・振動（騒音・振動・低周波音）	
		水質汚濁	水環境：【水質（地下水含む）、水循環（又は水象）等】
		水循環（水文環境）	
		土壌汚染	土壌・地盤環境：【土壌、地盤沈下、地象】
		地盤（地盤沈下）	
		地形・地質	
		生物・生態系（植物・動物）	自然環境：【動物、植物、動植物の生息・生育基盤、生態系等】
		日影（日照阻害）	生活環境：【日照阻害、電波障害、風害】
		電波障害	
		風環境（風害）	
		景観	人と自然とのふれあい：【景観、自然とのふれあいの場、史跡・文化財】
		史跡・文化財	
		自然との触れ合い活動の場（触れ合い活動の場）	
予測・評価項目22)	戦略的環境アセスメント総合研究会	東京都	埼玉県
	○わが国では、現状では本格的なSEAの実施事例はまだまだ少ないため、当面はまずできるところから取り組み、具体的事例を積み重ねることが必要 ○地域の環境保全に責任をもつとともに、各種の計画等の策定主体となることが多い地方公共団体が先導的にSEAに取り組むことが期待される	廃棄物	物質循環：【天然資源の消費、廃棄物等の排出量等】
		温室効果ガス	地球環境：【温室効果ガス等】
		—	化学物質：【ダイオキシン類等（大気、水、土壌等の環境要素ごとの選定のほかに、化学物質の排出・移動量を大気、水、土壌の環境媒体横断的に予測・評価する場合に選定できる。）】

			<社会経済要素>
	〈評価のためのガイドラインの整備〉○具体的事例を積み重ねていくために、各主体の参考となるガイドラインを提示し、SEAの実施を促すことが求められる	○計画案の策定に当たっては、環境影響評価項目以外の各種省資源対策、地域社会の安全性などについても十分な検討を行うものとする（東京都環境影響評価条例技術指針改定案より）。	事業に係る費用（事業に係る費用、期間等）：【概算事業費、事業期間、維持管理の難易、事業採算性など】
			事業の効果（事業実施による経済的な影響）：【事業整備効果、経済波及効果、雇用創出効果など】
			社会的な影響（事業実施による社会的な影響）：【地域分断、住民の移転、地域社会への影響、地域交通など】

        ＊   ＊

　近年、川崎市や横浜市をはじめとして、様々な自治体で環境アセスメント制度に代わる新たな制度の導入を図りつつある。こうした先進的な自治体のアセス制度の試みは、持続可能性を確保するための施策であるともいえる。特に、東京都の総合アセス制度の検討によって、総合的環境配慮制度の1つの在り方を模索し、条例制定後に抱える課題について指摘した。また、埼玉、京都、広島といった先進自治体のアセス制度を比較分析することで、地方アセスの現状と課題を抽出し、その問題点に対する考え方を明示した。

　地方制度の中には、まだそのSEAの初期の段階にとどまっており、単にNEPAの制度を取り入れているようにみえる制度もある。しかし、わが国が学ぶべきは、NEPAに内在する意思決定理論、すなわち、意思決定権者の参考に資する経済的な側面を踏まえた環境に関する合理的な意思決定過程であろう。特に、情報公開に力点を置いた公開制度の多段階における活用がカギとなることを指摘した。なお、法は、条例との関係では、対象事業以外の事業に係る環境影響評価手続に関する事項については、法律の規定に反しない限度で必要な規定を定めることを妨げていない。そのため、現行法では、政策立案や上位計

画段階の環境配慮はこの法律の対象にはならず、自治体レベルでの積極的な取り組みが期待されているのである。それゆえ、この種の試みに環境アセス法が足枷にならないような法の運用での配慮が必要である。

2010年3月に提出されたアセス改正法案（閣法）は、審議未了により、参議院で継続審議となり、同年12月2日参議院に付託された。その後2011年4月15日に参議院本会議で可決され、同月22日衆議院本会議で可決、成立したため、ここに述べた条例改正の動きは加速するものと思われる。

---

1) 環境庁企画調整局「地方公共団体における環境影響評価制度の実施状況等に関する調査報告書」3頁（平成7年9月）
2) 環境影響評価制度総合研究会「環境影響評価制度総合研究会報告書（資料編）」3頁（平成21年7月）
3) 東京都総合環境アセスメント制度試行指針、平成10年6月19日知事決定
4) 猿田勝美「地方アセスと環境影響評価法」ジュリスト1115号、67頁（有斐閣・1997）
5) 環境庁環境影響評価研究会『逐条解説環境影響評価法』244頁（ぎょうせい・1999）
6) 前掲・逐条解説246頁
7) 大塚直「環境影響評価法と環境影響評価条例の関係について」西谷剛ほか編『政策実現と行政法』117頁以下（有斐閣・1998年）、同『環境法（第3版）』291頁（有斐閣・2010）、北村喜宣『自治体環境行政法（第5版）』171頁（第一法規・2009）
8) 拙稿「地方自治体における環境アセスメント条例の最近の動向」日本土地環境学会誌第5号、37-50頁（1998）
9) 環境庁・環境影響評価制度総合研究会報告書（1996年6月）
10) 拙稿「地方自治体における環境配慮制度の最近の動向と課題―先進的試みの自治体の制度比較を中心にして―」環境と公害、16-21頁（岩波書店・1997）
11) 田中充、自治体環境行政の新たな展開―川崎市の総合的環境行政の試み―環境と公害第26巻3号、19-23頁参照。なお、川崎市環境影響評価条例が平成11年12月に改正され、①環境配慮計画書制度の導入、②規模に応じた手続の3区分化、③対象事業の追加、④横出し項目の追加、⑤事後調査の制度、⑥自主アセス、複合アセス、などが導入されている。北村喜宣『自治体環境行政法（第5版）』167-171頁（第一法規・2009）
12) 昭和55年東京都条例第96号
13) Kenichiro Yanagi (2001) New Environmental Impact Assessment System : A Case Study of Tokyo Metropolitan Government, Built Environment, vol 27, p27-34.
14) 東京都総合環境アセスメント試行審査会（平成10年10月～13年10月）
15) 東京都総合環境アセスメント施行審査会「東京都総合環境アセスメント制度の本格実

施に向けて（答申）」（平成13年10月）
16) SEAを法制化した国としては、米国、オランダなどがあるが、ガイドラインによって実施している国には、たとえば、デンマーク、カナダ、イギリスなどがある。また、EU理事会は、これまで検討されてきたSEA指令案（Draft Council Directive on the assessment of the effects of certain plans and programmes on the environment）を提案した。加盟国のいくつかは、すでに法制化の検討に入っており、指令案が採択され、国内法化を義務づけられるため、SEAの法整備に一層の拍車がかかるものと思われる。
17) 筆者が参加した1999年5月末に米国ルイジアナ州ニューオリンズで開催された第17回国際影響評価学会では、戦略アセスメントのセッションを通じて、都市開発におけるSDの目的・目標をSEAの目的・目標とリンケージさせることが重要であるとの論調が主流となっている。
18) 「わかりやすい戦略的環境アセスメント」戦略的環境アセスメント総合研究会報告書、中央法規出版（2000）及び戦略的環境アセスメント総合研究会「戦略的環境」アセスメント総合研究会報告書」（平成12年8月）を参考。
19) 埼玉県戦略的環境影響評価実施要綱（平成14年3月27日知事決済）を参考。なお、表の作成上、埼玉県の制度のうち、手続を東京都と横並びにしているが、実際は早期の段階で行われており、東京都の環境配慮書が埼玉県の戦略的環境影響評価書にあたる。
20) ただし、条例第9条第4項に定める（特定の地域）においては180m超・15万㎡超。
21) 東京都については、東京都環境影響評価条例（平成14年7月3日改正・公布）を参考。埼玉県については、埼玉県戦略的環境影響評価技術指針を参考。
22) 埼玉県戦略的環境アセスメントの予測・評価手法についての基本的な考え方を以下に示す。
①計画等の複数案について環境面からの比較考量等を原則として、環境アセスメントを実施。
②また、その際には、関連する社会経済面の影響の推計と連携させる。
③累積的影響・複合的影響を検討しうることが埼玉県戦略的環境アセスメントに期待される機能の1つであるため、そのような観点からの予測・評価を可能とする手法を採り入れる。
④埼玉県戦略的環境アセスメントにおける環境の範囲は、埼玉県環境基本条例の理念に基づき、また、埼玉県環境基本計画において取り扱っている範囲なども踏まえるなかで、現行の環境影響評価制度における調査、予測及び評価の項目より幅広い領域（安全、防災を含む）を扱う。
⑤個別の案件ごとに適切な予測・評価の項目及び手法を設定する。その際には、計画等の種類や内容、対象地域に応じた、効果的・効率的な手法が採用される必要がある。
⑥予測・評価の手法をより適切なものへと発展させることを目指し、予測・評価手法の具体例や手法の選定の考え方をまとめたガイドラインを整備し、定期的に更新する。また、埼玉県戦略的環境アセスメントの実施に役立つ環境等の情報の整備を行う。

(「埼玉県戦略的環境アセスメント基本構想に基づく予測・評価手法についての基本的な考え方」より)

第4章
環境影響評価法を めぐる最近の議論

第1節 環境影響評価法の改正議論と改正環境影響評価法

 2010年、環境影響評価法改正案（閣法）が提出されたが、審議未了により、参議院で継続審議となっていた。2011年4月22日に衆議院本会議において「環境影響評価法の一部を改正する法律」（平成23年法律第27号、以下、「改正アセス法」ないし「改正法」という。）が可決・成立し、同月27日に公布された。そこで、本章では、これまで国で検討されてきたアセス法の改正議論について、論点を整理するとともに、改正アセス法の規定ぶりについて触れることにしたい。環境影響評価法の改正をめぐって、さまざまな論点があったが、ここでは、2009年7月の環境影響評価制度総合研究会報告書（以下、「報告書」という。）を検討の素材に、枠組み規制手法の観点からみてみたい。すなわち、①対象事業、②スコーピング、③国の関与、④許認可への反映・事後調査・リプレース、等について、枠組み規制のもつ特徴の視点から検討する。

 第2章にも述べたが、枠組み規制は、①公平性、透明性、信頼性及び手続の適正の確保といった「法の支配」との親和性、②対策内容の決定に関する被規制主体の自主性の尊重、③規制行政庁の一定の関与による実効性の確保、④統制的規制や経済的手法よりも政治的・社会的受容可能性（public and political acceptability）が高いこと、⑤統制型規制より規制対象（汚染物質、汚染源、行為等）の射程を拡大できること、⑥事業者等の被規制主体の意思形成プロセスに環境配慮を組み込むことにある。そこで、本改正に当たっては、これらの構成理念の内容が深まる方向で検討されることが望ましいと考えるが、そのことの確認も踏まえて、改正議論や改正アセス法を検討することとする。

1．対象事業について

（1） 国と地方の役割分担

 第二種事業は、第一種事業と同じ要件に該当する事業のうち第一種事業に準

ずる規模を有するものであって、環境影響の程度が著しいものとなるおそれがあるかどうかについて、法第4条に規定する手続（スクリーニング）により個別的に判定する必要があるものとして政令で定めるものである。その判定は個別に所管行政庁が行うものである。これについては、その規模要件の引き下げや許認可要件を外すこと等により、対象事業の種類及び規模について範囲の拡大を図るべきという見解がある一方で、国の関与は少なくし、地方の独自性を活かすことも必要ではないかという意見や、法の対象範囲を拡大した場合、従来、環境影響評価条例に基づき環境影響評価手続を実施していた事業を法対象事業に引き上げることとなり、法と条例の関係から適切かどうかという意見があった[1]。

　法対象事業の範囲の検討に当たっては、行政全体の動きとして地方分権推進の流れがあり、法と条例が一体となって幅広い事業を対象にしていること等を踏まえると、慎重な対応も求められるが、近年、周辺の住民から健康被害のおそれや苦情が問題になっている風力発電などは、規制行政庁の一定の関与による実効性の確保の観点から対象事業化することが望ましいと考えられる。

（2）　法的関与要件

　アセス法第2条第2項第2号に定めるものとして、法的関与要件がある。これは、国として環境影響評価の結果を事業の内容の決定に反映させる方途として、①法律による免許等を受けて事業が実施される場合の当該免許、②国の補助金等を受けて事業が行われる場合の当該補助金等の交付決定、③特殊法人によって事業が行われる場合の当該法人に対する国の監督、④国が自ら実施する場合、などの4つに係る事業を対象事業としている。この規定順は、環境影響評価の結果の反映の方途の他律性の強度によるものである。該当する国の許認可を対象事業の要件から外し、環境負荷の大小で対象事業を決めるべきという対象範囲の拡大の必要性に関する意見があるが、法的関与要件は、環境保全上の配慮の確保について一定の強制力を担保する仕組みとなっており、それは、環境影響評価法の制度の根幹であり、一定の妥当性がある。これもまた、規制行政庁の一定の関与による実効性の確保の観点から必要なものである。なお、

国の法的関与要件のない事業は条例において対象とされている場合が多い。
(3) 補助金事業の交付金化への対応
　法施行後の状況の変化として、地方の裁量を高めるために補助金を交付金化する取り組みが進められている[2]。アセス法では、法的関与要件の1つとして「国の補助金等の交付の対象となる事業」が規定されているが、交付金は当該要件の範囲に含まれていない。そこで、地方の独自性の発揮を目的とする交付金事業を環境影響評価法の対象とすることは、地方分権との関係に留意が必要という意見があるが、法対象事業に係る事業種・規模相当に該当する場合であっても、交付金化した事業については現行法の規定では法対象事業とならないことから、規制行政庁の一定の関与による実効性の確保の観点から補助金事業の交付金化に伴う必要な措置を行うべきである[3]。

(4) 将来的に実施が見込まれる事業種への対応
　将来的に実施が見込まれる規模の大きな事業としては、放射性廃棄物処分場の建設事業が想定されている。特に今回の福島原発における事故は、こうした事業の遂行に拍車をかけることになるだろう。また、二酸化炭素の回収・貯留（CCS）[4]については、国内での実証試験実施に向けた検討が開始されるなどの状況がみられる。これらについては、第二種事業として位置づける必要がある。ただし、これらの事業は実証試験や技術開発の段階であるが、当面は、回収段階（CCS Ready）[5]でとどまるものと思われる。将来的には、評価手法に係る知見を踏まえて、貯留も対象にすべきである。また、将来的に実施が見込まれる事業種で現行法の対象になっていないものについては、事業者等の被規制主体の意思形成プロセスに環境配慮を組み込むという観点から、事業の特性や実施可能性、社会的要請等について知見を収集・分析した上で、個別に対応を検討していく必要がある[6]。

(5) 条例等による事業種への対応
　アセス法の定める13事業種以外に条例で対応する事業種がある。たとえば、農道、スポーツレクリエーション施設、風力発電所、畜産施設などである。
　既に条例等による環境影響評価が実施されている事業種の中では、風力発電

施設[7]に関する環境影響評価の取り扱いがあげられる。これについて、新エネルギー・産業技術総合開発機構（NEDO）がマニュアル[8]で対応しているが、条例や要綱等に基づく環境影響評価の義務づけが地方公共団体で拡大している。都道府県・政令指定都市において、風力発電の環境影響評価や環境調査等に関する要綱、ガイドライン等を作成しているのは、都道府県では秋田県、静岡県、鳥取県、島根県の4団体、政令指定都市では浜松市の1団体である。環境影響評価等の実施状況に関するアンケート調査[9]によると、風力発電施設[10]のうち、条例以外による環境影響評価等の項目として、1万kW以上の風力発電施設40件については、すべての事例で騒音及び景観を項目として選定している。また、98%の事例で鳥類を項目として選定している。また、1万kW未満の風力発電施設については、すべての事例で騒音を項目として選定しており、その他、94%の事例で鳥類を、89%の事例で景観を項目として選定している。環境影響評価等の手続をみると、条例以外の環境影響評価等では、1万kW以上の風力発電施設については、93%の事例で「住民説明会の開催」、「住民の意見聴取」を行っている。その一方で、1万kW未満の小規模の風力発電施設については、71%の案件で「住民説明会の開催」を実施しており、65%の案件で「住民の意見聴取」を行っている。

　また、風力発電施設設置の環境影響評価については、法による取り組みに比べて情報公開や客観性の確保が不十分であることから、事業者等の被規制主体の意思形成プロセスに環境配慮を組み込むという観点から、法の対象として検討する必要がある[11]。

　以上の論点に関連して、改正アセス法は、交付金対象事業である風力発電所を対象事業に追加するとし、政令改正することになった。改正法において、第一種事業の要件として、国の補助金等の交付の対象となる事業として、従来の補助金、負担金に加えて、政令で定める給付金を追加規定した（第2条2項二ロ）。この風力発電所については、環境省の検討会（風力発電施設に係る環境影響評価の基本的考え方に関する検討会（座長：浅野直人福岡大学法学部教授））が規模要件や環境影響評価の対象範囲及び項目選定、調査、予測及び評価手法等や

今後の課題について整理し、報告書（案）を取りまとめ、パブリック・コメントにかけている。そこでは、規模要件について、国のナショナルミニマムとして、条例の対象規模要件よりも大きな規模で第一種及び第二種事業の要件を設定すべきとしている。検討結果をみると、NEDOのマニュアルにおいて自主的に行われてきた1万kwから0.5万kwごとに規模を嵩上げして、1.5万kw、2万kw、2.5万kw、3万kwまでの4つの規模の水準ごとに騒音・低周波音、動植物、景観、NEDOマニュアル対象規模、カバー率などについて比較検討を行っており、環境影響の程度が著しいものとなるおそれがある規模として、1万～2万kwとすることが適当であると結論づけている。第一種事業が2万kwの場合には、第二種は「政令で定める数値」が0.75とされていることから、1.5万kwとなり、指定地域等及びその近接地の保護のためのスクリーニング判定基準を適用すべきとしている。同様に、1.5万kwの場合には、第二種は1.125万kwとなる。2011年9月以降、最終報告書を踏まえて、具体的な政令が出されることになろう。

（6） その他の課題

アセス法第2条では、対象事業として、第一種事業種13業種に限定している。これは、①事業形態として環境影響が著しいかどうか、②国家的な問題か、地方制度に任せられる問題か、③社会的要請が高い問題か、④環境影響評価の実効性を確保できるかどうか、などを勘案して決定されてきた。これまで対象規模が小さな事業については、簡易アセスメントとして捉え、地方制度に委ねてきたというのが現状であり、簡易アセスメントの導入については、慎重な検討が必要であるとの意見が少なくなかった[12]。アメリカのNEPAの簡易アセスメント（EA）とは、あらゆる事業の実施前にスクリーニングの一種として、10ページ程度の予備的な文書を作成するものであるが、環境影響の度合いによって、規模要件を定める方式を採用しているわが国で採用するとすれば、現在の法定要件を定めるという制度の骨格自体を大きく見直すことにつながり望ましくない。簡易アセスメントではなく、規模の小さな法対象以下のものをアセスの対象とする、いわゆる、小規模、スモールアセスについては、環境配慮

2．スコーピング

(1) 論点
これについては、(a) 方法書段階の説明の充実という観点と、(b) スコーピングに関する手続の強化の観点から議論がある。

(2) 方法書段階の説明の充実
アセス法第17条では説明会の開催は準備書段階のみの義務づけとなっているが、方法書の分量が多く内容も専門的であることや、公共事業におけるPI等の取り組み[13]の進展といった状況を踏まえ、方法書段階での説明会を義務化すべきか否か検討された。なお、構想段階で住民等とのコミュニケーションといった所要の取り組みを実施しているPI事業にまで一律に方法書段階での説明会を求める必要はないことから、構想段階における取り組みと関連づけて検討する必要がある[14]。

(3) スコーピングに関する手続の強化
方法書は、「対象事業に係る環境影響評価（調査・予測・評価）を行う方法」の案について、環境の保全上の見地からの意見を求めるために作成する図書である。方法書の作成から各主体の意見の聴取を経て環境影響評価の項目及び手法の選定に至るまでの一連の過程において、項目及び手法を絞り込むという意味で「スコーピング」[15]といっており、現行法では、方法書手続前または方法書手続と並行して事業実施予定地等の調査を行うことについて、特段の制限は設けられていない。方法書の作成に当たって一定の事前調査が必要な事案もあり、環境省のSEA導入ガイドライン[16]でも構想段階において必要があれば、現地調査を実施することが想定されていることから、必要に応じて現地調査を認める必要がある。

また、方法書は、あらかじめどのような項目が重要であるかを把握することにより、調査、予測、評価の手戻りを防止し、効率的なアセス評価を可能とする。しかし、その方法書の記載内容が不十分な場合、①方法書を差し戻す、②

準備書案で対応する、の2つの対応があり得るが、方法書は熟度の低い段階で作成されることが想定されており、対策内容の決定に関する被規制主体の自主性の尊重という観点からは、①の対応は望ましくない[17]。

　改正法は、当該影響地域の都道府県知事及び市町村長への方法書の送付の手続において、方法書のみならず、新たにその要約書の送付も義務づけ（第6条）、公告及び縦覧に際しては、インターネットの利用その他の方法による公表とされた（第7条）。また、方法書に関しては、説明会（方法書説明会）を開催することを義務づけ（第7条の2）、方法書に対する都道府県知事等の意見は、政令市の長も関係区域の全部が市域に限られる場合には、都道府県知事経由ではなく、直接、環境保全上の意見を書面で述べられることになった（第10条第4項・第5項）。また、準備書の公告及び縦覧もまたインターネット等による公表（第16条）や説明会（準備書説明会）の開催についても、方法書と同様に義務づけがなされ（第17条）、準備書についても、政令市の長は都道府県知事経由ではなく、直接、環境保全上の意見を書面で述べることになった（第20条第4項）。評価書の公告及び縦覧についてもインターネット等による公表が義務づけられた（第27条）。

3．国の関与

　これについては、（i）環境大臣の関与のない事業の取り扱いと、（ii）方法書段階での環境大臣の関与が論点になる。

（1）　論点

（i）　環境大臣の関与のない事業の取り扱い

　法の対象事業の中には、公有水面埋立事業のように、地方分権の推進等により事業自体に対する国の許認可がなくなったため、環境影響評価手続の中で国の関与がなくなったケースがみられる。地方公共団体に対するアンケート[18]によると、このようなケースに関して環境大臣の関与が必要という意見がある。総合研究会の議論においても、国と地方公共団体の二重行政の回避といった地方分権の観点から許認可手続が見直されるのは当然のことであるが、広域的な

環境保全等の観点から、手続において環境大臣が関与する機会を設ける必要があるとの多くの指摘があった[19]。地方分権が進められている中で、都道府県の意思決定に対して国の関与を単純に拡大することは適切ではないが、公平性、透明性、信頼性及び手続の適正の確保といった「法の支配」との親和性の観点から、広域的な環境保全を必要とする事業については、環境大臣が関与する在り方について検討する必要がある。

(ⅱ) 方法書段階での環境大臣の関与

法第24条は、環境大臣の関与は、評価書の段階としている。これまで、環境大臣の関与は、免許等を行う者に第三者審査として環境大臣が主体的に必要に応じて意見をいうことで、当該事業に環境行政の立場を反映させるものとしていた。しかし、その時期が免許等を行う者が評価書に意見を述べる段階で述べることとしており、早期の段階のものではなかった。そこで、環境影響評価の初期段階から監視・関与するため、方法書・評価書と2段階で環境大臣意見を提出できるようにする必要がある。この点については、環境影響評価の項目等の選定に当たって事業者が主務大臣に助言を求めることができるとするアセス法第11条第2項の規定を受けて、この段階で環境大臣にも助言を求めることができるようにする工夫ができる[20]とされていたが、改正法において、主務大臣が事業者の求めに応じて技術的助言をする際に、あらかじめ、環境大臣の意見を聴くこととされた（第11条第3項）。

(2) 国の関与の実態

公有水面埋立法では、国以外の者が行う事業については、知事等の免許に先立ち国土交通大臣が認可を行うこととされており、その際、50ヘクタールを超える埋立て及び環境保全上特別の配慮を要する埋立てについては、同法に基づく措置として環境大臣の意見が求められる仕組みとなっている。同法では国直轄の事業については、大正11年の内務省通知により、国が行う事業に対する知事の承認に当たって、国以外の者が行う事業と同様に国の認可を必要とする運用を実施しており、この際に環境庁長官（当時）の意見を求める運用がなされていた。しかし、地方分権法の施行を契機として、2000年4月から上記の通知

による措置が廃止されることになり、国が事業主体の埋立事業については、環境大臣の意見が求められなくなった。公有水面埋立法による公有水面の埋立て及び干拓の事業は、アセス法に基づく手続を要する対象事業として規定されているが、公有水面埋立法の免許権者は知事または港湾管理者の長であり、アセス法上は、すべての事業について、評価書に関する環境大臣に対する意見照会は行われないのが実態であった。そこで、公有水面埋立事業の大臣関与が議論となった事例[21]では、環境大臣の関与の手続が必要ではないかという指摘[22]がなされた。

改正法では、これまで免許等許認可権者に係る評価書について、その写しの送付や環境大臣の意見は内閣総理大臣等を経由するとされてきたが、内閣総理大臣に加えて、新たに各省大臣を経由して述べることになった（第23条）。また、免許等許認可権者が地方公共団体等である場合、当該都道府県の長は、評価書の写しを環境大臣に送付して、助言を求める努力義務が課せられた（第23条の2）。

4．許認可への反映・事後調査・リプレース

(1) 許認可への反映

環境影響評価結果の許認可等への反映について指摘された事項は、許認可等を行うに当たっての「環境の保全についての適切な配慮」に係る審査基準を明確化すべきという指摘がある。しかし、最低限クリアーすべき審査基準の明確化については、現行法ではベスト追求型の評価の視点を取り入れていることを踏まえれば、現行法の趣旨にそぐわないといえる。また、許認可等権者が許認可等に関する判断を下した場合に環境保全をどのように考慮したかについては、どのように配慮したかを公表することは環境影響評価手続の実効性の担保にも資すること等から、許認可等の際の環境保全への配慮と他の公益との比較考量の検討経緯について、事業の内容に応じ公表させる必要性について検討の余地がある。

（2） 事後調査

　事後調査の統一的な制度化については、環境影響評価の結果を共有することは環境影響評価の質の担保や今後の環境影響評価技術の発展に有効であり、事前に実施した環境影響評価に関してその実際の結果を評価する視点は必要であって、前向きに検討すべき課題であった。今後行われる環境影響評価に対して知見を活用し、環境影響評価の質を担保するためには事後調査の結果は公表すべきであるが、複数の地方公共団体にまたがる事業の場合、事後調査について統一的な取り扱いがなされないので、国の関与が必要となる。

　また、環境影響評価の結果を許認可等に確実に反映させることとし、許認可の段階で手続が完結する現行法の仕組みの中、許認可等がなされた後の段階でどのような法的根拠によって事後調査を義務づけるかについては、以下のような考え方があった。

① 許認可等を行う際に、予測の不確実性等を理由に事後調査の実施及び報告を許認可等の附款という形で義務づける
② 事後評価によって事前評価の問題を見出して、それを改善していく評価のサイクルの観点から、事後調査を許認可等の附款ではなく法で一律に義務づける

　また、事後調査を導入する際、事後調査の結果が事前の予測と大きく違っていた場合にどのような保全措置を講じるのかをあらかじめ明らかにしておく必要がある。

　さらに、予測の不確実性について社会的な受容性があるのかという点についても十分な議論が必要とされる。

　改正法では、事後調査については、事業者が事業の実施において講じた環境保全措置等を報告書として作成することを義務づけ（第38条の2）、当該報告書を評価書の送付を受けた者に送付するとともに、これを公表し（第38条の3）、この報告書に対して、環境大臣は必要に応じて意見を書面で述べる（第38条の4）ものとされた。

(3) リプレース等への対応

　老朽化した施設をリプレースする場合等について、環境影響評価手続期間を短縮する必要があるのではないかということが議論になった。火力発電のリプレースは温室効果ガスの削減にも資することから、このような事業に対する環境影響評価手続期間の短縮の可能性を引き続き検討していく必要があるが、その一方で、閣議決定要綱に基づく環境影響評価では保全目標クリアー型の評価が基本となっていたが、環境影響評価法ではベスト追求型の評価の視点が取り入れられており、方法書手続におけるスコーピングを通じて効率的でメリハリのある環境影響評価を行うこととしている[23]。

　そこで、リプレースのようなケースについても、手続の簡略化を行うことはベスト追求型の環境影響評価を進める観点からみると、必ずしも適当とはいえない。そこで問題となる所要期間の短縮については、方法書手続の活用により対応すべきである。これらについては、改正法では規定されていないが今後の政省令で検討すべきである。

　次に改正法の目玉である計画段階配慮事項についての検討（配慮書）の手続については、以下の第2節で触れる。

第2節　戦略的環境影響評価をめぐる議論

　SEAもしくは戦略アセスの制度的な捉え方については、1990年に公表された環境省の戦略的環境アセスメント総合研究会報告書が参考になる[24]。そこでは、SEAの意義と目的について、SEAとは、政策（policy）・計画（plan）・プログラム（program）という事業に先立つ3つのPを対象とする環境アセスメントと定義し、環境に影響を与える施策の策定に当たって環境への配慮を意思決定に統合し、事業の実施段階での環境アセスメントの限界を補充するものと意義づけている。また、SEAの原則として、諸外国の制度の研究結果から、

以下のように整理している。①計画等を決定するための既存の手続とSEAとの関係としては、環境面に焦点を絞り関係者を適切に位置づけた独立した手続であり、SEA結果の計画等策定者の意思決定（最終判断）への確実な反映等が求められていること、②評価の手続等に関する原則としては、評価の主体は計画等の策定者であるが、公衆や専門家、環境の保全に責任を有する機関（部局）の関与等が必要であること、③スコーピング及び評価に関する原則としては、立地を含めた複数案の比較評価、広域的な視点から環境改善効果も含めた評価及びスコーピングで目的や制約条件の明確化等が必要であること、などが明らかにされた。また、今後、SEA導入に当たっての留意点として、①対象とする計画等の内容やその立案プロセス等に即した弾力的な対応を図ること、②対象の抽象性からくる不誠実性を前提とした評価にならざるを得ないこと、③環境情報を提供する評価文書は分かりやすく記載すること、④事業の実施段階での環境アセスメントとの重複を回避する工夫が必要なこと、などがあげられた。

さらに、今後の方向としては、当然のことながら、まずできるところからの取り組みが求められており、環境影響評価法（平成9年法律第81号）で導入されたスコーピング手続を活用しつつ、各種の計画等の策定主体となることが多い地方公共団体における取り組みの支援をするため、各計画等の策定主体の参考となるガイドラインの整備を推進することとなった。

1. 最近の戦略的環境影響評価への取り組み

(1) 国の動向

ここ数年の動きを時系列的に整理すると、以下のようになる。

まず、2006年の第3次環境基本計画[25]において、「上位計画や政策の決定における環境配慮のための仕組みである戦略的環境アセスメントについては、近年、欧州各国や後進国においてその推進が図られ、わが国でも、環境影響評価法において港湾計画に係る環境影響評価が定められている。欧州連合等の加盟国や一部の地方公共団体において、上位計画が及ぼすおそれのある環境影響への配慮に関する評価書等の作成や環境部局と関係機関との協議等が制度化され

ていること等から、それらの進展状況や実施例を参考にし、国や地方公共団体における取り組みの有効性、実効性の十分な検証を行いつつ、わが国における計画の特性や計画決定プロセス等の実態に即した戦略的環境アセスメントに関する共通的なガイドラインの作成を図る。これらの取り組みを踏まえ、欧州等諸外国における戦略的環境アセスメントに関する法令上の措置等も参考にしながら、上位計画の決定における戦略的環境アセスメントの制度化を進める。さらに、政策の決定における戦略的環境アセスメントに関する検討を進める。」と位置づけられた。

2007年4月にSEAの共通的な手続等を示す「戦略的環境アセスメント導入ガイドライン」（上位計画のうち事業の位置・規模等の検討段階）[26]が取りまとめられ、（ⅰ）ガイドラインの目的、（ⅱ）対象計画、（ⅲ）実施主体について、以下のように整理された。なお、図4-1にガイドラインと公衆や地方自治体との関わりについて示した[27]。

（ⅰ）ガイドラインの目的

このガイドラインは、事業に先立つ早い段階で、著しい環境影響を把握し、複数案の環境的側面の比較評価及び環境配慮事項の整理を行い、計画の検討に反映させることにより、事業の実施による重大な環境影響の回避または低減を図るため、上位計画のうち事業の位置・規模等の検討段階のものについてのSEA（戦略的環境アセスメント）の共通的な手続、評価方法等を定めるものであり、これによりSEAの実施を促すことを目的とする。

（ⅱ）対象計画

このガイドラインの対象とする計画は、アセスメント法に規定する第一種事業を中心として、規模が大きく環境影響の程度が著しいものとなるおそれがある事業の実施に枠組みを与える計画（法定計画以外の任意の計画を含む。）のうち、事業の位置・規模等の検討段階のもの（以下、「対象計画」という。）を想定している。本ガイドラインに基づきSEAの導入を検討するに当たっては、対象計画の特性や事案の性質、地域の実情等を勘案しつつ、検討するものとする。

(ⅲ) 実施主体

　意思決定者の自主的環境配慮という環境アセスメントの原則及び環境配慮を意思決定に円滑に組み込むという目的に鑑みれば、SEAは、対象計画の検討経緯、設定可能な複数案、検討すべき配慮事項及びそれらを検討すべき適切な時期等について最も知見を有し、また各方面から必要な情報を適時に収集できる対象計画の策定者等（以下、「計画策定者等」という。）が行うことが適当であるとする。

　また、2008年に国土交通省は、5年経過を目途に見直しを行う内容の「公共事業の構想段階における計画策定プロセスガイドライン」[28]を取りまとめている。さらに、2009年、環境省は「最終処分場における戦略的環境アセスメント導入ガイドライン」（案）[29]を取りまとめている（図4-1）。

（2） 地方における SEA 制度の動向

　地方公共団体における取組みとしては、現在、東京都・埼玉県・千葉県[30]・広島市[31]・京都市[32]の5都県市において SEA 制度が導入されているが、その他の道府県及び政令市の約半数近くにおいて SEA 制度が検討されている状況にある[33]。

　要綱としての取り組みとしては、2002年4月1日に実施された埼玉県要綱があげられる[34]。これは事業アセスとは別の独立したものであり、多段階型アセスメント制度である。計画書を公表して、「環境の保全と創造の見地からの意見を有する者」の意見を聞き、修正を加えて報告書として再び公表し、意見を求め、公聴会を経て知事が審査意見を計画策定者に送付するというものである。制度の目的は、環境に著しい影響を及ぼすおそれのある道路、鉄道、廃棄物処理施設などの計画等の案を作成する段階において、計画策定者が、社会経済面の効果や環境面の影響を予測評価した内容を県民等に開示し、情報交流をすることにより、幅広く環境配慮の在り方を検討するものとされている（なお、表3-3参照）。

　このように、複数の計画案等について環境面からの比較考量等を原則としつつ、関連する社会経済面の影響の推計と連携させながら環境アセスメントの実

第2節 戦略的環境影響評価をめぐる議論

図4-1 戦略的環境アセスメント導入ガイドライン（上位計画のうち事業の位置・規模等の検討段階）

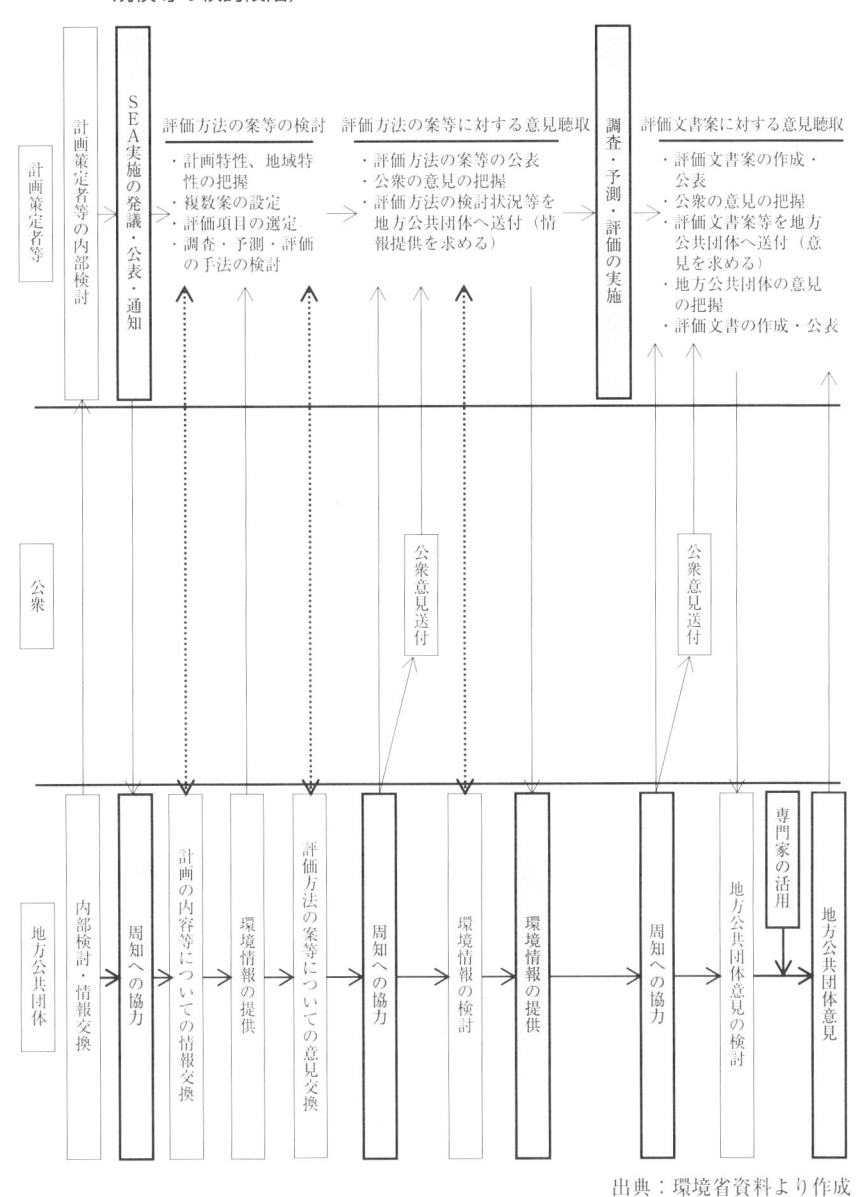

計画策定者等

- 計画策定者等の内部検討
- SEA実施の発議・公表・通知
- 評価方法の案等の検討
  - 計画特性、地域特性の把握
  - 複数案の設定
  - 評価項目の選定
  - 調査・予測・評価の手法の検討
- 評価方法の案等に対する意見聴取
  - 評価方法の案等の公表
  - 公衆の意見の把握
  - 評価方法の検討状況等を地方公共団体へ送付（情報提供を求める）
- 調査・予測・評価の実施
- 評価文書案に対する意見聴取
  - 評価文書案の作成・公表
  - 公衆の意見の把握
  - 評価文書案等を地方公共団体へ送付（意見を求める）
  - 地方公共団体の意見の把握
  - 評価文書の作成・公表

公衆

- 公衆意見送付
- 公衆意見送付

地方公共団体

- 内部検討・情報交換
- 周知への協力
- 計画の内容等についての情報交換
- 環境情報の提供
- 評価方法の案等についての意見交換
- 周知への協力
- 環境情報の検討
- 環境情報の提供
- 周知への協力
- 専門家の活用
- 地方公共団体意見の検討
- 地方公共団体意見

出典：環境省資料より作成

施を図るものとされている。また、累積的影響・複合的影響を検討するために計画等の種類や内容、対象地域に応じた、効果的・効率的な戦略的環境アセスメントの予測・評価手法を採り入れている[35]。環境の範囲についても、従来の埼玉県環境基本条例の理念に基づき、県の環境基本計画で扱う範囲なども踏まえつつ、現行の環境影響評価制度における調査、予測及び評価の項目より幅広い領域（安全、防災を含む）を扱っている。予測・評価手法の具体例や手法の選定については、その考え方をまとめたガイドラインを整備し、定期的に更新し、また、戦略的環境アセスメントの実施に役立つ環境情報の整備も行うこととしている。

　条例段階のものとしては、2002年の改正東京都環境影響評価条例による計画段階と事業実施段階におけるアセスメントを一体一連とする計画段階アセスメント制度があげられる[36]。これは、個別計画、広域複合開発計画についてより早期の段階で環境への影響について、あらかじめ調査・予測・評価を行い、その結果を公表して広く意見を求めることで、事業者が環境に配慮したよりよい計画をつくるための仕組みを目指している。2003年1月1日から施行されているが、具体的な計画段階のアセスの案件は、2004年10月の「豊洲新市場建設計画」や「国分寺都市計画道路3・3・8号府中所沢線計画」の2事例[37]がある。前者は施設の配置計画を主体として複数案（3案）を提案し、後者は特例環境配慮書による都市計画道路の複数案を提示するものである。後者の特例環境配慮書の場合には、図4-2に示すように、計画段階のアセスメント時に評価書案相当の内容を行うことで、事業段階アセスメントの評価書案作成の免除を受けることができるというティアリング制度を導入したものである。ただし、東京都の条例では、事業者から提出された特例環境配慮書について、その後のどの段階の環境図書を免除するかを判定する手続的な仕組みが用意されていない。そのため、評価書案の段階までの免除申請が提出された場合、条例で定める住民関与の手続は特例環境配慮書の段階の1回にとどまり、手厚く住民関与を定めた条例の仕組みが形骸化するおそれがある。この点は、運用上も含め、今後の検討課題として残されている。地方自治体の取り組みについては、

表4-2　上位計画等に対するSEA制度

	埼玉県 (戦略的環境影響評価実施要綱) 平成14年4月1日実施	東京都 (環境影響評価条例) 平成15年1月1日実施	広島市 (多元的環境アセスメント実施要綱) 平成16年4月1日実施	京都市 (計画段階環境影響評価要綱) 平成16年10月1日実施
主旨・目的	環境配慮が目的	環境配慮が目的	環境配慮が目的	環境配慮が目的
対象計画	個別事業の構想・基本計画が対象	複数の事業等を総合した地域全体の開発計画及び個別事業の構想・基本計画が対象	個別事業の構想・基本計画が対象	上位計画及び個別事業の構想・基本計画が対象
SEA実施主体	対象計画等の策定主体	対象計画等の策定主体	対象計画等の策定主体	対象計画等の策定主体
対象計画等策定プロセスとの関係	環境配慮が計画等の意思決定プロセスと独立した手続	環境配慮が計画等の意思決定プロセスと独立した手続	環境配慮が計画等の意思決定プロセスと独立した手続	環境配慮が計画等の意思決定プロセスと独立した手続
環境面の評価文書作成	環境面からの評価結果を取りまとめた評価文書を作成	環境面からの評価結果を取りまとめた評価文書を作成	環境面からの評価結果を取りまとめた評価文書を作成	環境面からの評価結果を取りまとめた評価文書を作成
環境面の評価項目の選定(スコーピング)	環境面及び社会・経済面からの評価結果を取りまとめた評価文書を作成	環境面からの評価結果を取りまとめた評価文書を作成	環境面及び社会・経済面からの評価結果を取りまとめた評価文書を作成	環境面からの評価結果を取りまとめた評価文書を作成
複数案の比較評価	対象計画等の立案段階で検討している複数案について相対的に評価	対象計画を策定しようとするとき複数の対象計画の案を策定し環境配慮書を作成	複数案について比較検討	複数案について比較検討
累積的・複合的影響の評価	(規定なし)	その実施が複合的かつ累積的に環境に著しい影響を及ぼすおそれのある開発計画として「広域複合開発計画」を対象	(規定なし)	(規定なし)
公衆・専門家の関与	意見書の提出、公聴会の開催(公衆)	意見書の提出、説明会、意見を聴く会の開催(公衆)	意見書の提出、説明会・公聴会の開催(公衆)	意見書の提出、説明会の開催(公衆)
	知事の求めにより戦略的環境影響評価技術委員会を設置(専門家)	知事の付属機関として東京都環境影響評価審議会を設置(専門家)	専門家で構成する環境影響評価審査会を設置(専門家)	専門家で構成する環境影響評価審査会を設置(専門家)
環境部局の関与	関与する	関与する	関与する	関与する
具体例	・地下鉄7号線延伸計画(浦和美園～岩槻)[鉄道の建設] ・所沢市北秋津地区土地区画整理事業(基本構想)[土地区画整理事業] ・彩の国資源循環工場第Ⅱ期事業基本構想[廃棄物処理施設の設置・工業団地の造成]	・豊洲新市場建設設計画[卸売市場の設置・自動車駐車場の設置] ・国分寺都市計画道路3-3-8府中所沢線建設事業[道路の新設]		・プラスチック製容器包装中間処理施設整備計画[ごみ処理施設](第二種計画) ・伏見区総合庁舎整備事業計画[建築物の新築](第二種計画) ・下京消防署新築整備事業計画[建築物の新築](第二種計画) ・京都市立病院再整備基本計画[建築物の新築(増設)](第二種計画)

出典:拙稿「戦略的環境影響評価」[39)

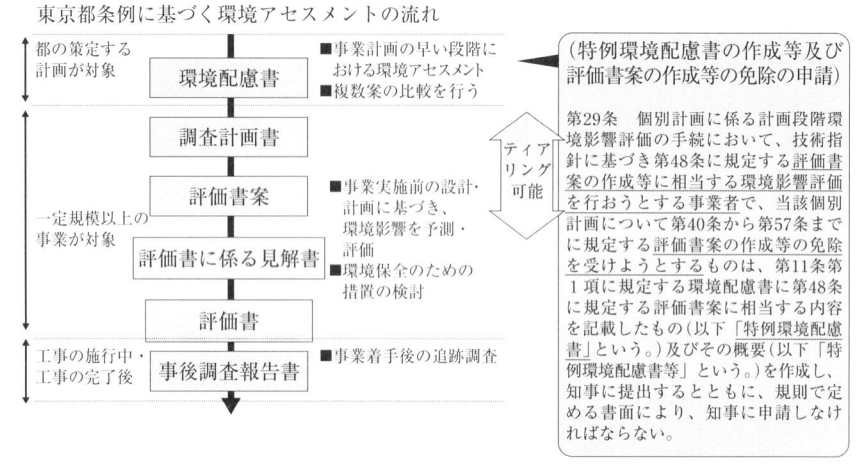

図4-2　東京都の制度とティアリング

東京都条例に基づく環境アセスメントの流れ

```
都の策定する              ■事業計画の早い段階に    （特例環境配慮書の作成等及び
計画が対象    環境配慮書      おける環境アセスメント   評価書案の作成等の免除の申請）
                            ■複数案の比較を行う
              調査計画書                          第29条　個別計画に係る計画段階環
                                         ティア   境影響評価の手続において、技術指
              評価書案       ■事業実施前の設計・   リング  針に基づき第48条に規定する評価書
                            計画に基づき、        可能   案の作成等に相当する環境影響評価
一定規模以上の                環境影響を予測・            を行おうとする事業者で、当該個別
事業が対象    評価書に係る見解書 評価                      計画について第40条から第57条まで
                            ■環境保全のための            に規定する評価書の作成等の免除
                            措置の検討                  を受けようとするものは、第11条第
              評価書                                  １項に規定する環境配慮書に第48条
                                                      に規定する評価書案に相当する内容
工事の施行中・                                         を記載したもの（以下「特例環境配慮
工事の完了後  事後調査報告書   ■事業着手後の追跡調査    書」という。）及びその概要（以下「特
                                                      例環境配慮書等」という。）を作成し、
                                                      知事に提出するとともに、規則で定
                                                      める書面により、知事に申請しなけ
                                                      ればならない。
```

出典：拙稿「戦略的環境影響評価」[39]

表4-2にとりまとめたので参照されたい。

（3）　改正法案にみるSEAの位置づけ

　2000年の総合研究会報告書でのSEAの設計イメージは、上位計画段階における事業段階アセスと同様の手続を導入するというプロトタイプ型のものであった。図4-3参照。しかし、2007年のSEAガイドラインでは、いわば、現行の事業実施段階の手続を少し前倒しし、位置・規模の検討段階において複数案を検討する、現行EIA拡張型とでもいえる設計イメージになっている。今回のアセス法の改正案もそれを踏襲しているといえる。

　図4-4と図4-5及び図4-6（P105）に示す改正アセス法のSEAフロー及び計画段階配慮事項の検討手続にみるように、計画段階配慮事項の検討手続を新たに導入し、第一種事業を実施しようとする者は、事業計画の立案段階の実施区域等の決定を行う段階でこの手続を実施するとしている（改正法案第3条の2）。

　すなわち、改正法案では、「第一種事業を実施しようとする者は、第一種事業に係る計画の立案の段階において、当該事業が実施されるべき区域その他の事業の種類ごとに主務省令で定める事項を決定するに当たっては、事業の種類

第2節　戦略的環境影響評価をめぐる議論

図4-3　SEAの設計イメージ

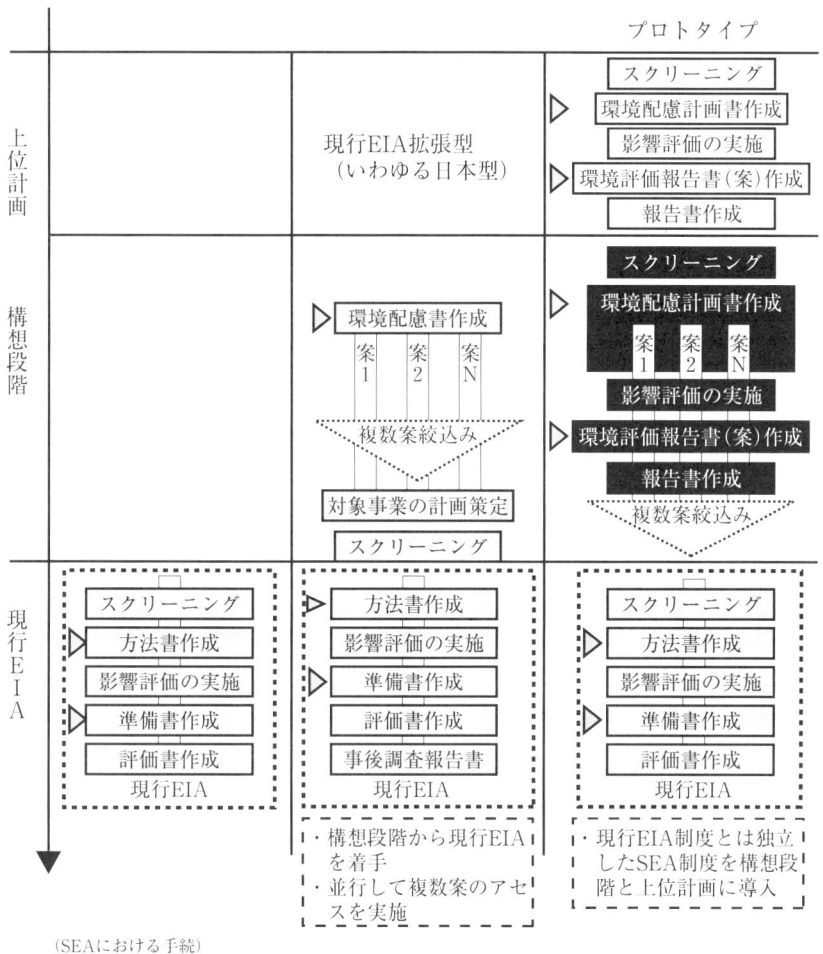

		現行EIA拡張型 (いわゆる日本型)	プロトタイプ
上位計画			▷ スクリーニング 　環境配慮計画書作成 　影響評価の実施 ▷ 環境評価報告書(案)作成 　報告書作成
構想段階		▷ 環境配慮書作成 　案1　案2　案N 　複数案絞込み 　対象事業の計画策定 　スクリーニング	▷ スクリーニング 　環境配慮計画書作成 　案1　案2　案N 　影響評価の実施 ▷ 環境評価報告書(案)作成 　報告書作成 　複数案絞込み
現行EIA	スクリーニング ▷方法書作成 影響評価の実施 準備書作成 評価書作成 現行EIA	▷方法書作成 影響評価の実施 準備書作成 評価書作成 事後調査報告書 現行EIA	スクリーニング ▷方法書作成 影響評価の実施 準備書作成 評価書作成 現行EIA
		・構想段階から現行EIAを着手 ・並行して複数案のアセスを実施	・現行EIA制度とは独立したSEA制度を構想段階と上位計画に導入

(SEAにおける手続)
▷：SEAにおける公衆、専門家等の関与
□：評価等の深さ小（文献調査等によるものが中心）
■：評価等の深さ大（EIAレベルのもの）

出典：環境省資料に加筆修正

第4章 環境影響評価法をめぐる最近の議論

図 4-4 改正アセス法案の SEA フロー

出典：環境省資料より作成

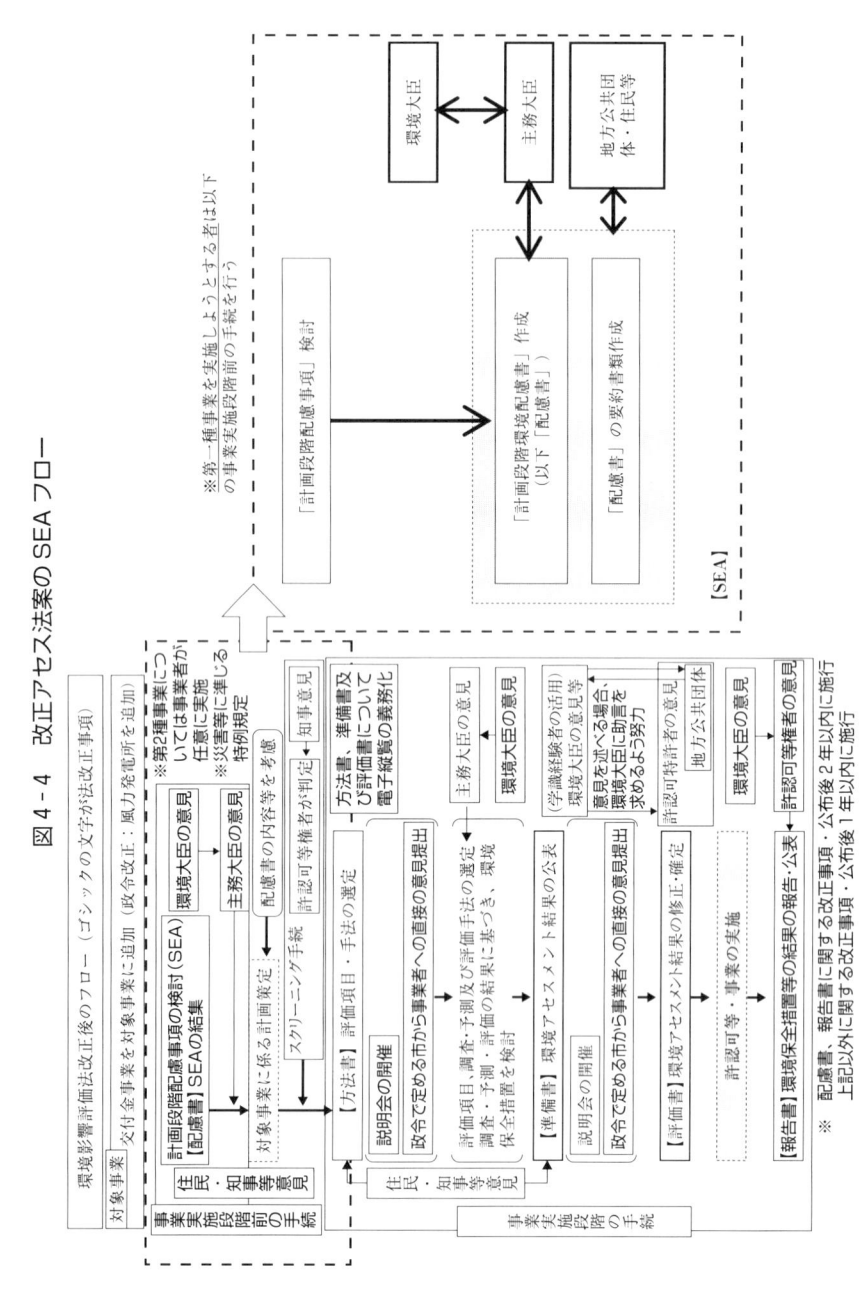

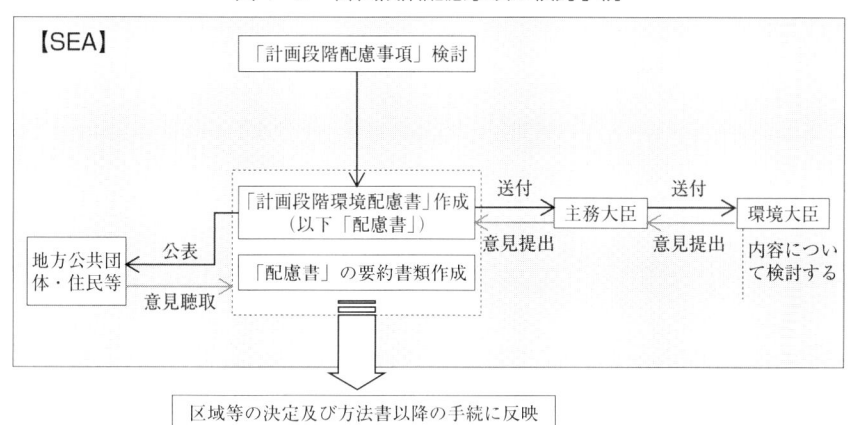

図4-5　計画段階配慮事項の検討手続

出典：環境省資料より作成

ごとに環境大臣と協議して定める主務省令で定めるところにより、1又は2以上の当該事業の実施が想定されるべき区域（以下、「事業実施想定地域」という。）における環境の保全のために配慮すべき事項（以下、「計画段階配慮事項」という）についての検討を行わなければならない。」と規定する（第3条の2）。

　これにより、第一種事業実施者は、計画段階配慮事項の検討を行った計画段階環境配慮書を作成し、(第3条の3)、当該配慮書及びその要約書類を公表して（第3条の4）、都道府県知事及び一般（国民）の環境保全の見地からの意見を聴取し（第3条の7）、また、主務大臣は配慮書の送付を受けた場合、速やかに環境大臣に当該写しを送付して意見を求め、環境大臣は当該配慮書に対する環境の保全の見地からの意見を書面で主務大臣に述べるとされた（第3条の5）。主務大臣は環境大臣の意見を勘案し、第一種事業実施者に環境保全の見地からの意見を書面で述べる（第3条の6）。この手続を経て、第一種事業実施者は、当該配慮書に付された意見に配意して、対象事業に係る区域等を決定し、事業実施段階での方法書以降の手続に反映させるというものである。この手続の結果、第一種事業の廃止や修正により規模要件等満たさない場合には、第一種事業実施者は、その旨を公表することが義務づけられた(第3条の9)。なお、

第二種事業実施者も同様の手続を任意で選択することができる（第3条の10）。

第一種事業実施者の作成する配慮書は、環境大臣が定めて公表する基本的事項に基づき（第3条の8）、主務大臣が主務省令で定める。主務省令としては、①事業が実施されるべき区域その他の事項（第3条の2第2項）、②計画段階配慮事項の選定ならびに当該計画配慮事項に係る調査、予測及び評価の手法に関する指針（第3条の2第1項、第3項）、③配慮書に対する意見の聴取に係る措置に関する指針（第3条の7第2項）等であるが、環境大臣と協議して策定される。

以上に述べた改正法案の事業実施段階前の手続はそのままの規定ぶりで制定されているので、項を改めて記述しないことをお断りしておきたい。

2．わが国で検討された戦略的環境アセスメントの位置づけ

わが国におけるSEAの位置づけは、図4-5に示すように個別の事業実施に先立つ「戦略的な意思決定段階」、すなわち個別の事業の計画・実施に枠組みを与えることになる計画を対象とする環境アセスメントとされている。

それは、図4-6にみるように、SEA段階は、EIA段階や事後調査段階に比べて事業内容の熟度が低く、環境保全に係る検討は、複数案の比較評価を踏まえた環境配慮事項を検討する段階にあり、評価の視点や調査の方法については、広域的・長期的視点で既存の資料調査によるものと位置づけられるものである。なお、複数案に関して、改正法では、計画の立案段階において、1または2以上の事業実施想定区域についての検討を行う（第3条の2）とされている。

しかし、今回の改正法案は、環境基本法第20条の枠組み[38]での整理にとどまっているため、SEAといっても諸外国のそれとは異なり、図4-7に示すように2007年の共通ガイドラインのレベルまでは到達せず、事業段階の早期レベルにおける複数案検討を目指した制度であると位置づけるほうが正鵠を得ているかもしれない[39]。

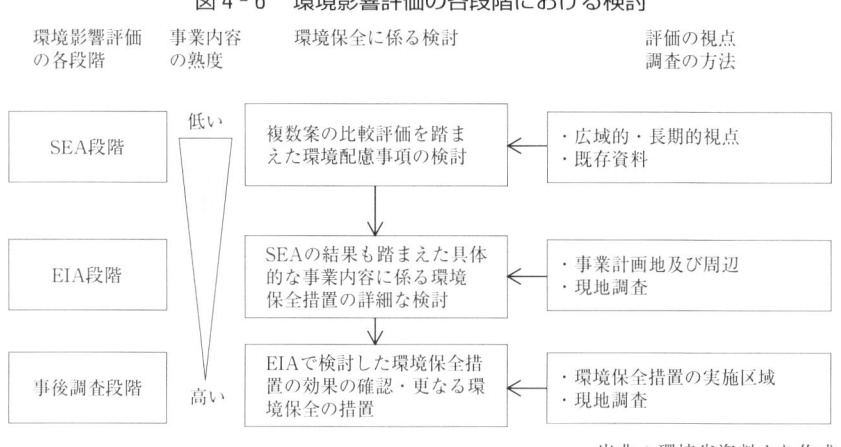

図4-6 環境影響評価の各段階における検討

環境影響評価の各段階	事業内容の熟度	環境保全に係る検討	評価の視点・調査の方法
SEA段階	低い	複数案の比較評価を踏まえた環境配慮事項の検討	・広域的・長期的視点 ・既存資料
EIA段階	↓	SEAの結果も踏まえた具体的な事業内容に係る環境保全措置の詳細な検討	・事業計画地及び周辺 ・現地調査
事後調査段階	高い	EIAで検討した環境保全措置の効果の確認・更なる環境保全の措置	・環境保全措置の実施区域 ・現地調査

出典：環境省資料より作成

3．わが国における戦略的環境影響評価の将来的課題

　改正法におけるSEAは、先に述べたように環境基本法第20条の枠組みの中、検討されたものであり、事業実施区域等の決定段階のものである（第1フェーズと第2フェーズの中間にあたる）。

　そこで、今後、環境基本法第19条に基づく、計画策定段階の上位段階における環境配慮の仕組みを導入するためには、地方自治体の計画段階アセスの実績も踏まえながら、各種計画策定システムの研究が不可欠である。それによって、計画策定システムを統一化ないし規律化していくことが、計画ごとにSEA制度をあてはめるべき段階や組み込み段階を明確化できることになると思われる。

　また、諸外国のSEA制度に見られる環境配慮の側面のみならず、社会・経済的側面を踏まえた持続可能性を向上させるための仕組み（第3フェーズ）を導入するためには、今後の改正法の下での取り組みによる蓄積を踏まえ、環境基本法の環境配慮の射程の見直しを法改正も視座に入れて検討し、評価軸についても環境面・社会面・経済面を統合した評価軸へと再構築を図る必要がある。

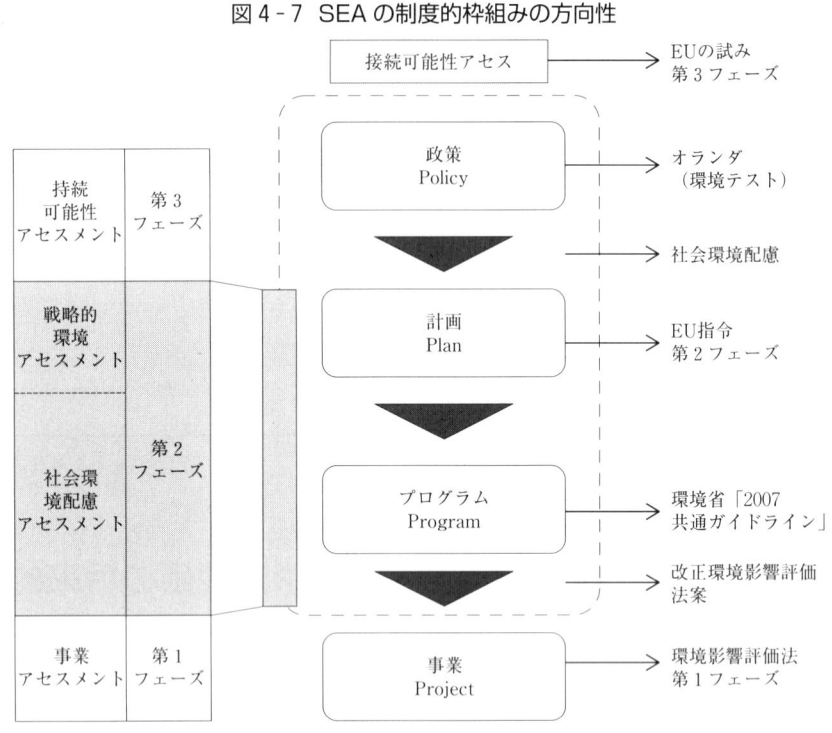

図 4-7 SEA の制度的枠組みの方向性

出典:拙稿「戦略的環境影響評価」39)

＊　　　　　　　　　　　　　　＊

　検討された改正法案の内容をつぶさに検討し、その制度の諸要素(対象事業、スコーピング、国の関与、許認可への反映・事後調査・リプレース) に係る個別事項を検討し、その考え方を明示した。また、SEAが提案されたが、それは環境基本法第20条の枠組みの中で検討されたものであり、事業実施区域等の決定段階のものである。わが国の制度は、第1フェーズと第2フェーズの中間に当たるものと位置づけることができる。

　そこで、今後、環境基本法第19条に基づく、計画策定段階の上位段階における環境配慮の仕組みを導入するための課題として、各種計画策定システムの研究の必要性、それによって、計画策定システムを統一化ないし規律化していく

必要性がある。また、計画ごとにSEA制度をあてはめるべき段階や組み込み段階を明確化することが課題である。

　また、第2章及び第3章での検討を踏まえ、環境配慮の側面のみならず、社会・経済的側面を踏まえた持続可能性を向上させるための仕組み（第3フェーズ）を導入するためには、行政主導型戦略アセスとして、制度構築を行う必要性と、今後の取り組みによる蓄積を踏まえ、環境基本法の環境配慮の射程の見直しを法改正も視座に入れて検討し、評価軸についても環境面・社会面・経済面を統合した評価軸へと再構築を図るという第2フェーズにおける課題が残っている。

1）　北村喜宣『自治体環境行政法（第5版）』163頁（第一法規・2009）
2）　道整備、汚水処理施設整備、港整備の3分野において、国土交通省、農林水産省、環境省の所管する補助金を一本にして、内閣府の下に一括して予算計上するものであるが、事業に関する地方の自主性・裁量性を格段に高めるものである。①一本の交付金の下、地域再生計画に基づき、地方の裁量により自由な施設整備が可能となる、②計画の申請、予算要望等の手続は、内閣府の下に窓口を一本化することにより大幅に簡素化される、③地方は、事業の進捗等に応じ、事業間での融通や年度間の事業量の変更を行うことが可能となる。
3）　環境影響評価制度総合研究会「環境影響評価制度総合研究会報告書」24頁（2009）
4）　経済産業省産業技術環境局二酸化炭素回収・貯留（CCS）研究会「CCS実証事業の安全な実施にあたって」（2009）では、環境アセスメントを実施する場合の留意事項について述べている。
5）　具体例として、CCS回収までであるが、四国電力石炭火力発電所計画がある。
6）　前掲報告書 p.24-25
7）　牛山泉／監修　日本自然エネルギー株式会社／編著『風力発電マニュアル2005』（エネルギーフォーラム・2005）
8）　NEDO「風力発電のための環境影響評価マニュアル（第2版）」（2006）
9）　環境省「環境影響評価等の項目、手続等についてアンケート調査（2008年2月〜3月）」稼働年月が2003年4月〜2008年3月（平成15年度〜平成19年度）の期間内であり、総出力が500kw以上の風力発電施設を設置する事業者を対象に、風力発電施設の設置に当たって実施している。
10）　NEDO「日本における風力発電設備・導入実績（2008年3月末現在）」
11）　環境省「国立・国定公園内における風力発電施設設置のあり方に関する基本的考え方」（平成16年2月）の内容を受け、風力発電施設の新築、改築及び増築に関する許可の審

査基準を新たに定めること等を内容とする自然公園法施行規則（省令）の一部改正がなされている。また、環境省では、2010年10月から「風力発電施設に係る環境影響評価の基本的考え方に関する検討会」を設置して検討をしている。

12) 前掲報告書 p.26-27
13) 国土交通省「構想段階における市民参画型道路計画プロセスのガイドライン」（平成15年）
14) 前掲報告書 p.27-29
15) 北村・前掲書154頁（第一法規・2009）は、スコーピングによって「定食型アセスメント」から「オーダー・メイド型」になったと指摘する。
16) 環境省「戦略的環境アセスメント導入ガイドライン（上位計画のうち事業の位置・規模等の検討段階）」（2007）
17) 前掲報告書 p.29
18) 環境省「平成19年度環境影響評価制度に関するアンケート調査」
19) 前掲報告書 p29-30, p.51
20) 環境庁環境影響評価研究会『逐条解説環境影響評価法』109頁（ぎょうせい・1999）
21) 沖縄県中城湾港泡瀬地区公有水面埋立事業（平成12年環境影響評価手続終了案件）は、上記の通知による措置が廃止された後の事業であるため、環境影響評価手続及び公有水面埋立法に基づく承認・免許の手続において、環境省の関与の機会は設けられていない。
22) 衆議院環境委員会（平成21年3月17日）岡崎トミ子議員等
23) 環境影響評価法に基づく基本的事項（最終改正：平成17年3月30日環境省告示第26号）
24) 環境省 SEA 総合研究会報告書（平成12年8月）
25) 平成18年4月7日閣議決定
26) 戦略的環境アセスメント総合研究会「戦略的環境アセスメント報告書」（平成19年3月）、SEAに関する最近の論考として、倉阪秀史「戦略的環境アセスメント（SEA）」環境影響評価制度研究会編『環境アセスメントの最新知識』146頁（ぎょうせい・2006）、浅野直人「環境影響評価（環境アセスメント）と SEA（戦略的環境アセスメント）」環境影響評価制度研究会編『戦略的環境アセスメントのすべて』（ぎょうせい・2009）、同「戦略的環境アセスメントと学会の役割」『環境アセスメント学会誌』5巻2号2頁（環境アセスメント学会・2007）、環境アセスメント研究会編『実践ガイド環境アセスメント』（ぎょうせい・2007）所収各論文や原科幸彦「戦略的環境アセスメント（SEA）制度化の動向」『環境と公害』37巻1号（岩波書店・2007）、村山武彦「戦略的環境アセスメントの動向と導入に向けた課題」『環境技術』35巻12号8701頁（環境技術学会・2006）、大塚路子「戦略的環境アセスメント」ISSUE BRIEF 677号（国立国会図書館・2010）などがある。
27) 各都道府県知事・政令指定都市市長あて環境省総合環境政策局長通達（平成19年4月5日環政評発第070405002号）
28) 国土交通省「公共事業の構想段階における計画策定プロセスガイドライン」（平成20年4月）、「国土交通省所管の公共事業の構想段階における住民参加手続きガイドライン」

第 2 節　戦略的環境影響評価をめぐる議論

(平成15年 6 月30日国土交通事務次官通知)。

29)　環境省「一般廃棄物：最終処分場における戦略的環境アセスメント導入ガイドライン (案)」(平成21年 3 月) において、都道府県廃棄物処理計画、ごみ処理広域化計画、循環型社会形成推進地域計画、一般廃棄物処理基本計画、一般廃棄物処理実施計画を対象とした取り組みが示されている。なお、環境省「廃棄物分野における戦略的環境アセスメントの考え方」(平成13年 9 月) 参照。

30)　千葉県「計画段階環境影響評価実施要綱」(平成20年 4 月)

31)　広島市「広島市多元的環境アセスメント基本構想—持続可能な社会を目指して」(平成15年 3 月)、広島市環境局「廃棄物最終処分場整備計画の策定における多元的環境アセスメントガイドライン」(平成16年 3 月)、「広島市多元的環境アセスメント実施要綱」(平成16年 4 月)

32)　京都市「京都市計画段階環境影響評価 (戦略的環境アセスメント) 要綱」(平成16年10月)

33)　最近の環境省の調査によれば、条例または要綱で導入済み、導入を検討中、関連する取り組みを実施している自治体は、62団体中それぞれ 5 団体、25団体、18団体である。拙稿「政策アセスメントと環境配慮制度」増刊ジュリスト66頁 (1999)。なお、浅野直人監修、環境影響評価制度研究会編『戦略的環境アセスメントのすべて』(ぎょうせい・2009) 所収の田中充「地方自治体における SEA　制度の構築に向けた課題」、勢一智子「環境影響評価条例—地域環境管理における条例アセスメントの意義」『環境影響評価』環境法政策学会編 (商事法務・2011) などを参照されたい。

34)　埼玉県戦略的環境影響評価実施要綱 (平成14年 3 月27日知事決済)。黒岩努「SEA」に関する埼玉県の取り組み」『環境アセスメント学会誌』 5 巻 2 号、39頁 (環境アセスメント学会・2007)。

35)　埼玉県「戦略的環境影響評価技術指針」(平成14年 6 月27日環境防災部長決裁)

36)　東京都環境影響評価条例 (昭和55年10月20日条例第96号、改正平成11年 6 月)

37)　なお、現在手続中の案件として、「(仮称) 東京港臨港道路南北線建設計画」があり、これは、東京都が計画する臨港道路 (延長・区間：約2.5km～約4.2km、車線数・道路規格：往復 4 車線) である。東京都「(仮称) 東京港臨港道路南北線建設計画環境配慮書参照。

38)　発電所に関しては、2007年戦略的アセスメント共通ガイドラインでは対象から外れているが、今回の改正法は対象を第一種事業の13業種としているため、発電所の新増設はすべて対象になる。

39)　この図の社会環境配慮アセスメントについては、「JICA 社会環境配慮ガイドライン」(2010) を参照されたい。拙稿「戦略的環境影響評価 (地方自治体も含む)」環境法政策学会編『環境影響評価』14-29頁 (商事法務・2011)。

第5章
諸外国における環境アセスメント制度

第1節 米国の環境アセスメント制度の運用と実態

1. 国家環境政策法によるアセスメント制度

(1) NEPA制定の背景

　米国国家環境政策法（The National Environmental Policy of Act of 1969、以下「NEPA」という。）は、環境保護をもっと積極的に進めるべきだという世論の強い要請に応えるために、1970年1月1日、当時のニクソン政権において制定された[1]。NEPAの制定により、連邦行政機関は、環境保護に関する各種規制や政策を積極的に実施すべき義務を議会で正式に認められた。NEPAは、いわば、米国の環境行政の基本的憲章であり、国家の環境政策を確立し、連邦行政機関間に対し、総合的な環境保護に関する指針を示すものである[2]。とりわけ、その第102条は、「人間環境に著しい影響を及ぼす連邦の行為については、その行為が及ぼす環境に対する影響について報告書を提出させる」と規定し、連邦の意思決定に際して、環境に対する配慮を徹底させる、いわゆる環境アセスメント制度（図5-1）を導入し、それに伴い、各州においても州法で制度を導入している。

(2) NEPAの目的

　NEPAが掲げる目的は、以下に掲げる4つである[3]。
- 人間と環境の創造的で良好な関係を構築する国家政策を宣言すること
- 環境に対する影響を防ぎ健康や福祉の増進を促進すること
- 国家にとって重要な生態系や資源への理解を深めること
- 環境問題諮問委員会（Council on Environmental Quality：CEQ）を設置すること

これを受け、6つの国家の環境政策が以下のように定められている。
① 将来の世代のために、良好な環境の受託者として、現世代の責任を果た

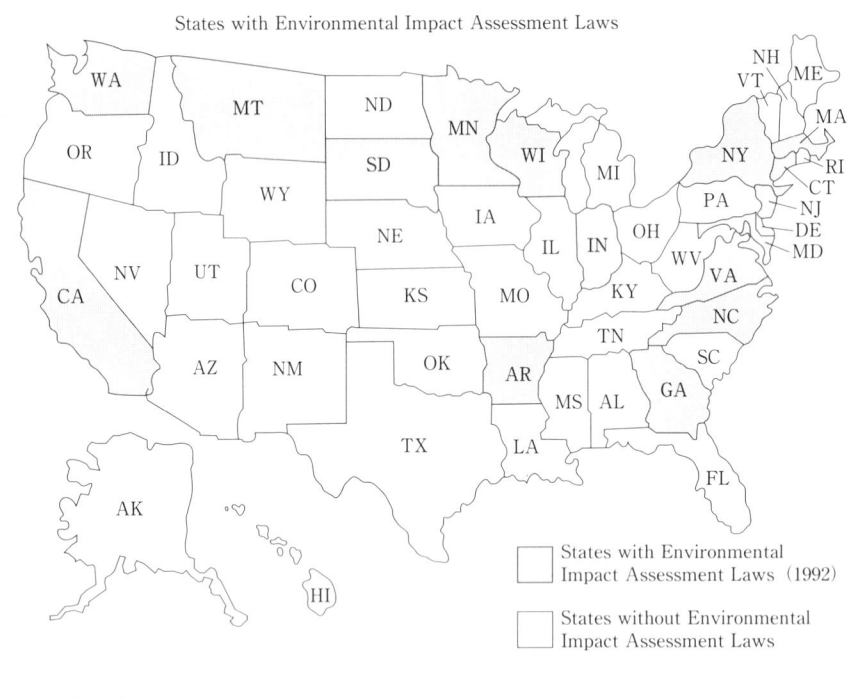

図5-1 アメリカにおける環境アセスメント制度
States with Environmental Impact Assessment Laws

☐ States with Environmental Impact Assessment Laws（1992）

☐ States without Environmental Impact Assessment Laws

すこと
② すべての国民に対して、安全で、健康的で、生産的で、そして美しく文化的な環境を保証すること
③ 環境破壊や人体への悪影響等を回避し、幅広い環境の有効利用を図ること
④ 歴史的、文化的な国家遺産を保全し、可能なかぎり、個人の選択の多様性を支える環境を保持すること
⑤ 高い生活水準や生活の快適性を享受するための資源の利用との均衡を達成すること
⑥ 再生可能な資源の質を高め、最大限の資源のリサイクルの達成を図ること
　このようにNEPAは、他の環境関連の法律と異なり、すべての環境要素を包括して保全することを求めている。特に、連邦政府の意思決定に際して、環境保全に有機的・学際的なアプローチをとることを要求している。

こうして、NEPAは、環境行政に新しい概念を導入し、米国の各州の環境行政にも大きな影響を与えた。ちなみに、1992年当時、17の州が環境アセスメント制度を有していた。

これらの制度の細部については、各州の地域特性によって多種多様であるが、NEPAの基本的な理念はそれぞれの制度の中に生かされているといえる。

その基本理念は、以下の7点に要約することができる。

① 政府の行為を実施する前に、その環境上の影響を明らかにすること
② 行為を様々な角度から評価すること
③ 意思決定に際しては、鍵となる点に着目すること
④ すべての代替案を考慮すること
⑤ 環境への影響を避けるための方策を取り入れること
⑥ 公衆参加を促進すること
⑦ 政府内部での調整を積極的にはかること

この基本的理念を各制度に取り入れることによって、意思決定の際に、環境に適切に配慮することが必要不可欠な社会的合意事項として認識されている。

米国では、環境保全上からみて、より厳しい制度を採用することとし、連邦行政機関と自治体の担当部局が協力して、そのどちらの制度をも満足させる環境影響評価書等を作成するようである。また、制度上も可能な限り、双方のすべての要素を取り込んでいるようである[4]。

（3） NEPAの手続の概略

NEPAに基づく環境影響評価書（Environmental Impact Statement：EIS）作成手続は、大別すると、（1）適用除外行為の判定、（2）環境調査、（3）環境影響評価の3つの段階の手続に分けられる[5]。以下、図5-2にその手続フローを示す。

1） 適用除外行為の判定（Categorical Exclusion：CA）

NEPA第102条によれば、人間環境に著しい影響を及ぼすおそれのある法案または連邦の主要な行為の提案に対してNEPAの規定が適用される。その判断基準は以下の通りである。

図 5-2 EIS の手続フロー

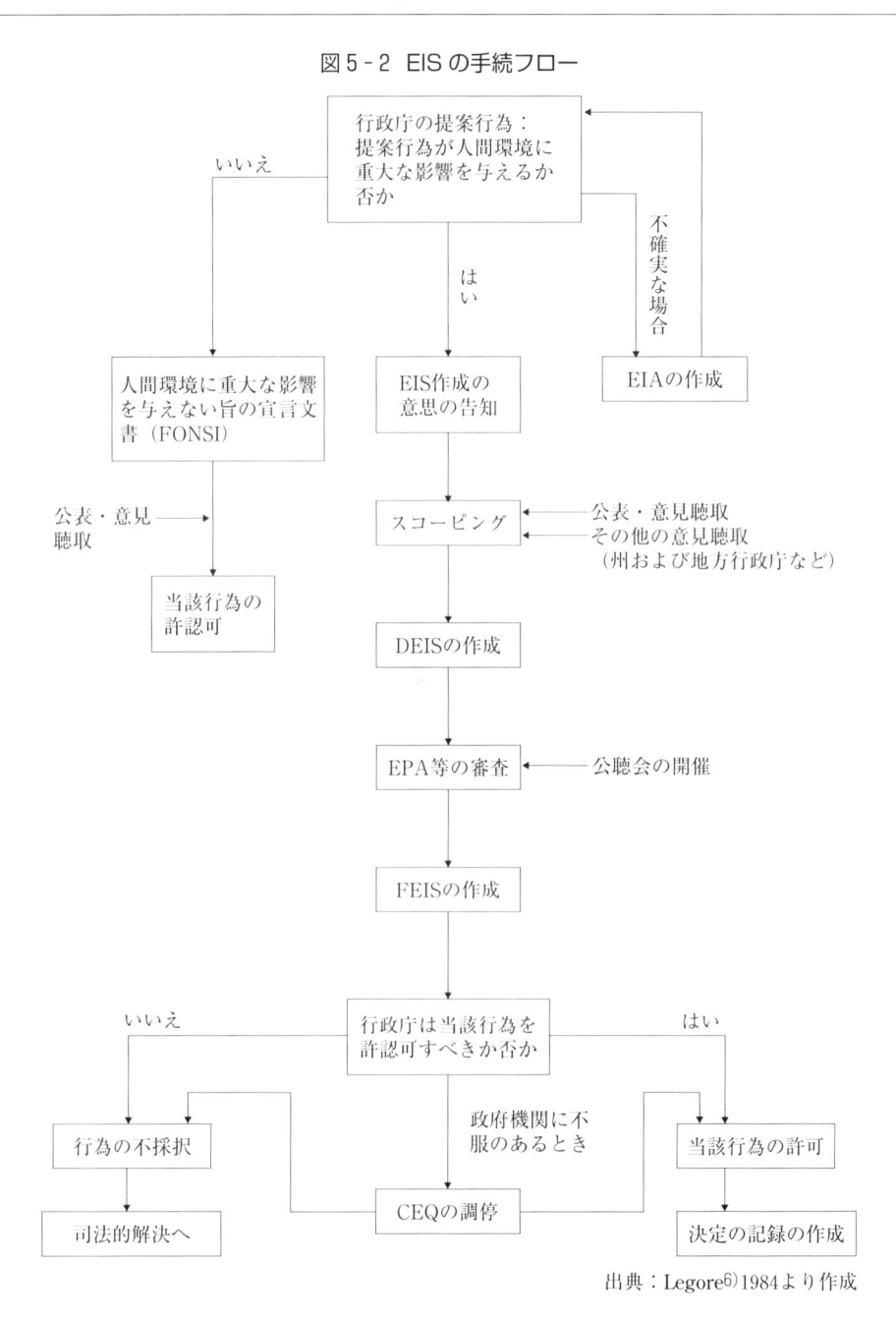

```
                    行政庁の提案行為：
          いいえ    提案行為が人間環境に    不確実な場合
      ┌───────────  重大な影響を与えるか  ───────────┐
      │            否か                               │
      │             │はい                             │
      ▼             ▼                                 ▼
  人間環境に重大な影響   EIS作成の                 EIAの作成
  を与えない旨の宣言文   意思の告知
  書（FONSI）
      │             │
  公表・意見         ▼                    公表・意見聴取
  聴取 ──────→  スコーピング  ←────── その他の意見聴取
      │                                 （州および地方行政庁など）
      ▼             │
  当該行為の         ▼
  許認可        DEISの作成
                    │
                    ▼
              EPA等の審査  ←──── 公聴会の開催
                    │
                    ▼
              FEISの作成
                    │
                    ▼
     いいえ    行政庁は当該行為を    はい
   ┌────────  許認可すべきか否か  ────────┐
   │                                          │
   ▼              政府機関に不                  ▼
 行為の不採択     服のあるとき              当該行為の許可
   │                   │                      │
   ▼                   ▼                      ▼
 司法的解決へ        CEQの調停            決定の記録の作成
```

出典：Legore[6] 1984 より作成

第1は、当該行為が連邦の適切な提案行為であるかどうかである。

NEPA は、法案や連邦の主要な行為が、「提案」となって初めて適用される。一般に、この提案行為とは、その計画プロセスの中にあって、単なるアイデアではなく、その行為の目標を明確に設定した行為またはその目標に向けていくつかの代替案の検討を始めた行為と解されている。

第2は、その行為が連邦の主要な行為であるかどうかである。連邦の行為の中には、連邦政府が直接行う行為等だけではなく、連邦政府からの出資を受けた行為や連邦政府の許可を要する行為も含まれる。したがって、州政府や地方自治体の行為、また民間の行為も NEPA の適用を受ける可能性がある。

第3は、その行為が、人間環境に著しい影響を及ぼすかどうかである。連邦行政機関は、環境に著しい影響を与えない行為として適用除外行為を定めている。

例えば、連邦道路局（Federal Highway Administration：FHWA）では、以下の行為の適用を除外する原則を設けている[7]。

① 土地利用等に大規模な改変を伴わない行為
② 大規模な土地収用を伴わない行為
③ 自然環境や文化的遺産等に影響を与えない行為
④ 大気や水質に影響を及ぼさない行為
⑤ 交通体系に影響を及ぼさない行為
⑥ その他単独的においても複合的においても環境に著しい影響を与えない行為

この原則をもとに、FHWA では、歩道の整備や防音壁の設置など20の適用除外行為を定めている。しかし、適用除外行為に該当する行為であってもその周辺の特殊な事情等により、NEPA が適用される場合もある。また、「機能的に NEPA と同様の効果をもたらす行為」についても、NEPA の適用は免除される。これは判例上確立された理論[8]で、大気清浄法や水質汚濁防止法等に基づく環境基準の設定やプログラムの作成過程では、連邦環境庁（US Environmental Protection Agency：EPA）は、NEPA とほとんど同様の手続を取ってい

ることから、このようなEPAの行為をNEPAの適用から除外している。なお、現在では、環境問題の複雑化等を考慮し、EPAは、NEPAの手続に準じて非公式のEISを作成することにより、環境基準の設定や環境保全計画などがより実効性をもつためへの努力がなされている。

　NEPAは、原則的には、連邦政府の国外での行為には、適用されないが、1979年の大統領行政命令では、南氷洋などその管轄がどの国にも属さない地域における連邦の行為については、NEPAを適用することとした[9]。また、その他の地域での連邦の行為についても、他の国々と協力した上で、NEPAを適用するか、もしくはNEPAに準ずる手続を行うこととしている。1991年には、合衆国政府は、EC諸国との間で国際的に環境に著しい影響を与える行為については、両者で適切な行動をとることを取り決めている。この他、法律で適用を除外されている行為や非常事態における行為は、原則として、NEPAの適用を受けない。

2） 環境調査（Environmental Assessment：EA）

　提案行為が、適用除外行為に該当せず、また、環境に著しい影響を及ぼすか否かが明らかではない場合には、連邦機関がEAを作成する。そして、その調査結果により、その行為が人間環境に著しい影響を与えるかどうかを審査し、環境影響評価書（Environmental Impact Statement：EIS）を作成するかどうかを判断する。しかし、実際には、EAの後で、人間環境に著しい影響があるとしてEISを作成する事例は稀であることから、EAは、人間環境に対して著しい影響がないことを明らかにし、EISの手続を回避するために作成されるとの批判もみられる[10]。

　CEQ（Council on Enviroment Quality）が1993年に行ったアンケート調査によると[11]、毎年50,000件前後のEAが作成され、連邦行政機関の約20％は、年間101件から1,000件のEAを作成している。特に、住宅都市開発省（Department of Housing and Urban Development）は約8,500件、森林局（the Forest Service）は約12,500件、土地利用局（Bureau of Land Management）は約10,000件、陸軍工兵隊（The Army Corps and Engineers）は、約7,800件ものEAを毎年作成

している。

　EAの結果から、人間環境に著しい影響が認められるとしてEISを作成したとする割合については、連邦行政機関の約7割がゼロまたは1％未満と回答している。一方、EAの結果によって行為を変更したか、という質問に対しては、ほとんどすべての機関がEAの作成過程で影響緩和措置の追加など、なんらかの変更を行ったと回答している。これらのことから、EAの手続は環境影響の著しさの程度を判断するために行われるのではなく、計画立案過程の一環として、EAを実施しているとみることができる。

　連邦行政機関がEISではなく、EAを作成する理由の1つに、EAに関して、CEQが、その公表制度や公衆参加を詳細に規定していない点を挙げることができる。連邦行政機関は独自にこの公表制度を定めるが、先のアンケート調査結果によれば、公衆参加の手続を定めているのは、約6割の機関にとどまっている。また、その手続もEAのすべてについて一律に行われるわけではなく、行為の重要度によって参加の手続も異なるとの結果が出ていることは注目したいところである。

　次に、EAの中で人間環境に著しい影響を与えるかどうかの判断基準は、"Context & Intensity"である。

　「Context」とは、いわば、行為の背景であり、行為の環境影響の程度は、その地域や社会の特殊性に応じて判断される。

　「Intensity」とは、行為が及ぼす環境影響の程度である。この影響の程度とは、単に行為が環境に及ぼす影響だけではなく、以下に示すような行為から派生する様々な影響が含まれる。すなわち、行為の有益性、市民の健康及び安全性、地域の特殊性、住民反対運動の程度、不確実な環境影響、当該行為から派生する将来の事業からの影響、地域の複合影響、文化的、歴史的遺産、貴重な動植物への影響、その他の法規制への適合性、などである。

　これらに対する影響の程度と地域の特殊性等を考慮して、人間環境に影響を与えるかどうかを判断する。

　EAにより、当該行為が人間環境に影響を与えないと主務官庁が判断（Findings

No Significant Impact：FONSI）して、EIS を作成しない時は、その理由を公表し、最低30日間縦覧に供しなければならない。前述した通り、ほとんどの EA は人間環境に影響がないと結論づけられているが、人間環境に影響があると結論づけたとしても、適切な影響緩和措置を講ずることによって、その影響の程度が著しいレベルには達しないとして、EIS を作成しない場合がある。これは、「Mitigated FONSI」と呼ばれている。

この Mitigated FONSI の判断に当たっては、次の4つの基準が守られなければならない。

① 環境影響の調査結果を適切に行ったことが証明されること
② 影響緩和措置が環境影響を相当程度（著しくない程度）まで軽減することを示すこと
③ 影響緩和措置が特定されていること
④ 適正な EA 手続を実施すること

ところで、Mitigated FONSI についての社会的な評価は、その効果を認める説と認めないとする説に分かれる[12]。

Mitigated FONSI の効果を認めるとする説は、「EIS では、その環境影響が軽減されるかどうかを言及する必要はないが、Mitigated FONSI は、環境影響が軽減できることを証明しなければならないので、環境上望ましい行為が実施される」というものである。

これに対して、Mitigated FONSI の効果を認めない説は、「Mitigated FONSI では、公衆参加が不十分である。また、影響緩和措置が実際に行われるかどうか明らかでないし、代替案の評価が行われない。さらに、計画の内容について裁判所が過度に介入する恐れがある」とする。

Mitigated FONSI に対しては、CEQ も当初は否定的であったが、現在では、多くの裁判所で認められるようになった[13]。先の CEQ の調査によると、ほとんどの連邦行政機関の EA の半数以上、なかには80～95％の EA が Mitigated FONSI であると結論づけている。この点については、連邦行政機関によると、EA は計画立案段階の早期に行われるため、EA の結果をもって提案行為に影

響緩和措置を盛り込むことが可能であることによるとしている。

一方、Mitigated FONSI をほとんど行わない行政機関では、影響緩和措置は計画立案段階から既に考慮されているので、EA の段階で環境に著しい影響があることは稀であり、ほとんどの EA は FONSI となるとしている。

いずれにしても、ほとんどすべての機関にとって、EA の作成過程において影響緩和措置の追加など、なんらかの変更が生じていることを理解できる。このような意味で、EA は、その本来の目的とは別に、計画立案過程における行為の環境影響を的確に評価し、環境影響の未然防止に役立っているという点で、有効な手段であると評価できる。

3) 環境影響評価書（Environmental Impact Assessment：EIS）

連邦の行為が、人間環境に著しい影響を与えると認められる場合、または、EA の結果により、人間に著しい影響があると認められる場合は、連邦政府は、EIS を作成しなければならない。1979年以来、EIS の数は減少傾向にあるといえるが、近年、徐々にではあるが増加傾向にあり、1992年には、385件の環境影響評価書案と128件の環境影響評価書が作成されている[14]。

EIS は、連邦政府が、環境に著しい影響を与える行為の計画立案段階で作成される。また、許認可権者等の意思形成に影響を及ぼす程度に早い段階に作成されなければならず、既に行われた意思決定を追認するためのものではないことに注意する必要がある。

以下、EIS 手続の段階を一瞥する。

（ⅰ）　EIS 作成の公表（Notice of Intent）

EIS を作成する連邦行政機関（提案行為の主務官庁）が決定された後に、当該主務官庁は、できるだけ早期に、EIS を作成する旨を公表しなければならない。

（ⅱ）　スコーピング

スコーピング作業は、EIS において調査・検討されるべき事項の範囲を決めるための手続である。スコーピングは、他の行政機関や住民から、EIS において検討されるべき項目（EIS で検討される行為の種類、代替案、環境影響の種類）についての意見を把握するために行われる[15]。

(ⅲ) 環境影響評価書案（Draft EIS：DEIS）の作成

スコーピングで検討された事項を中心に、提案行為の主務官庁は DEIS を作成する。

(ⅳ) DEIS の内容

DEIS に盛り込まれる事項は、以下の通りである[16]。

・DEIS の概要
・事業の目標
・代替案
・行為に必要なすべての許認可
・環境に対する影響の予測及びその評価
・影響緩和措置
・その他

(ⅴ) 代替案の検討

EIS の核心（The heart of EIS）といわれるのが、代替案についての検討である。代替案の範囲は、行為の目的や必要性に応じて決められる（合理性の基準 = rule of reason）。

したがって、EIS を作成する運輸省の担当者の言葉を借りれば、この行為の目的と必要性の設定も代替案の検討以上に重要な要素であるということになる。このことを具体的な事例に即してみてみよう。1993年の5月に作成された「Route 9 A 改築事業」に係る DEIS では、その事業の目的は以下のように設定されている。

事業は、ニューヨークマンハッタン島の西側を走る Route 9 A（通称 West Side Highway；延長約 8 km）を拡幅することである[17]。事業の目的は、以下の通りである。

（ア）効率的で、安全な交通の確保
・地域コミュニケーションの関係を確保し、様々な交通政策に合致した円滑な交通の確保
・自動車や歩行者等の安全性の確保

・道路建設作業中の交通量の流れの確保
（イ）経済的な交通の確保
　・事業費の予算の範囲内での抑制
　・公共施設や民間の施設に与える影響の最小化
　・渋滞や事故の最小化
（ウ）事業効果の最大化と影響の最小化
　・環境への悪影響の抑制
　・大気汚染の改善
　・歩行者の利便性の最大化
　・周辺の他の道路計画への影響の最小化

このような目的に合致するように、合理的な範囲内で代替案を設定するが、その中には、事業を行わない（NO-ACTION）という代替案も含めなければならない[18]。この事案における代替案を以下にあげてみよう。

・公共交通に関する代替案……バス路線の追加など、他の交通手段の代替案である。この代替案は、円滑な交通量の確保等の事業目的には適合しないとされ、詳細な検討は行われていない。

・交通システムに関する代替案……交通量削減のための政策、例えば、HOV Lane（搭乗者が複数ある乗用車専用レーン）の追加などの導入等である。ラッシュ時の交通量の削減には若干の効果を及ぼすものの、事業の目的を達成するものではないとして、詳細な検討は行われていない。

・道路建設の代替案……これまでのソフト面での対策ではなく、実際に道路を改築するという代替案である。この中では、建設を行わないという代替案を含め、道路の構造の違う5つの代替案が検討されている。この5つの代替案は、建設に係る費用等も含め、詳細に検討されている。その結果は、図表を用い、住民等が簡単にその影響や事業の効果を比較できるようになっている。ここで注目すべきは、建設を行わない代替案に対する評価であるが、それは事業の目的に合致していないだけでなく、環境上、大気汚染や交通対策などから、環境上望ましい代替案とはなっていない点である。

（vi）　予測評価項目

　DEISにおいて、予測される項目は、大気汚染や水質汚濁といった影響の事象ごとに分類はされていない。CEQ規則では、環境に対する影響を以下のように分類している。
- 行為からの直接的な影響
- 行為からの間接的な影響
- 複合的な影響
- 他の計画との整合性
- その他
  - 回避不可能な環境影響
  - 短期的な環境への影響と長期的な行為の効果
  - 再生不可能の資源
  - エネルギー需要
  - 都市のクオリティー、歴史的文化的遺産
  - 事業に係る費用
  - 経済的、社会的影響、など

　この影響のカテゴリの中から、行為が著しい影響を与えるものについて、スコーピング等を通じて、提案行為の主務官庁は予測評価項目を選定する。先のRoute 9 A改築事業では、周辺の土地利用計画、人口や住宅事情等の社会的影響、雇用や地価の上昇等の経済的影響、文化的遺産、景観、交通量、歩行者等に対する影響、公共交通事情、大気汚染、騒音、水資源、沿岸地域管理に対する影響、上下水道等社会基盤に対する影響、汚染物質、自動車の燃料消費等エネルギーに関する影響、工事から派生する影響、事業の利便性などを予測・評価している。

（vii）　影響緩和措置（ミティゲーション）

　予測される環境影響のそれぞれに対して、影響緩和措置が検討されている。連邦の行為をより環境保全上好ましいものにするために、DEISの中で、すべての適切な影響緩和措置が記載される。CEQ規則によると、影響緩和措置は、

以下の5つのカテゴリに分類される。
- 行為の一部を不実施とすることによる影響の回避
- 行為の程度を制限することによる影響の最小化
- 影響を受けた環境を回復することによる影響の調整
- 行為を実施する際の環境保護による影響の縮小
- 失われる環境資源の新規創出や代替による影響の補償

以上のことがEISの手続を通して検討され、行為に修正がなされ、環境に対する悪影響を排除することが期待されている[19]。しかし、実際には、しかるべき行政機関と協議を行い、より一層の調査や環境保全のための計画の準備、環境保全のための努力や環境影響の監視などといった影響緩和措置が取られることが多いようである。

先ほどの道路の事例では、騒音など比較的に影響緩和措置が実施しやすい影響については、遮音壁の設置や路面の改修などが影響緩和措置として検討されている。しかし、大気汚染に関しては、当該事業によって大気汚染は改善されるとし、影響緩和措置は必要ないと述べている。また、EPAの担当者によると、影響緩和措置の効果を監視する制度は、NEPAには規定されていないので、その実効性については疑念の余地があるとされている。

（viii）公衆参加

提案行為の主務官庁は、DEIS作成に当たって、住民をその手続に参加させるためにできるかぎりの努力をしなければならない。具体的には、DEISについて、連邦の官報や州の公報、地元新聞等を利用し、DEISについての概要等を公表し、意見を求め、公聴会などを行っている[20]。特に、それまでのスコーピング等に参加した住民には、名簿を作成し、DEISを送付しているが、DEISが膨大な量になる場合には、その概要等を送付するなど、きめ細かな対応を行っている。また公聴会は、特に利害の対立が激しい場合や住民や連邦の他の行政機関から要求があったときに開催されている[21]。

（ix）DEISの縦覧

提案行為の主務官庁は、DEISを住民だけでなく、その行為に許認可権をも

つ連邦行政機関や地方自治体の環境部局に送付し、DEIS に対する意見を求める。この意見提出の期間は最低45日間とされ、延長は可能であり、その方法等は大統領行政命令により、各州ごとに定める。ほとんどの州では、各州の広報担当部局がその役割を果たしている。

（x）　最終環境影響評価書（Final EIS：FEIS）の作成

DEIS を縦覧し、住民や関係機関からの意見を聴取した後、提案行為の主務官庁は FEIS を作成する。FEIS には、DEIS に寄せられた意見に対する回答を掲載する。FEIS を作成した後、DEIS の場合と同様に、住民や関係各機関に送付する。特に、DEIS に意見を提出した市民にも FEIS を送付する。そして、最低30日間の縦覧に付される。

（xi）　決定の記録の作成（Record of Decision：ROD）

FEIS の縦覧終了後、提案行為の主務官庁は、以下の項目を記載した決定の記録を作成する[22]。

・決定内容の説明

・検討された代替案の説明

・影響緩和措置についての説明

・影響緩和措置の実施状況の調査

この ROD の公表については特に定めはないが、住民から要求があれば、閲覧は可能である。

（4）　EPA の役割

EIS の手続において EPA の主要な役割は、大別すると、EIS の審査、EIS のファイリング及び公表、EIS を作成する連邦行政機関への協力、の3つである。なお、EPA は、NEPA の成立後の1970年に設立されたため、NEPA の条文上では、連邦環境庁の役割に関する言及がない。

1）EIS に対する審査

1970年に制定された大気清浄法の第309条は、EPA 長官に EIS の審査権を付与し、NEPA の手続の中での EPA の役割を明確に位置づけ、EPA が他の連邦機関の意思決定にも影響を及ぼし得ることを明確にしている。EPA 長官に付

与されたこの権限は、OFA（Office of Federal Activities）に委譲され、その審査過程に評価システム（RATING SYSTEM）を導入している。これは EPA が提案行為の主務官庁に意見を述べる際の基準となっている。

この RATING SYSTEM は、連邦行為に関するものと DEIS に関するものとの2つのカテゴリに分けられる。

1つは、連邦行為に対する EPA の評価に関するものであり、以下の4つに分類される。

① 環境影響への問題なし（Lack of Objections：LO）

環境への著しい影響は認められず、提案行為の大幅な変更を必要とする影響緩和措置の必要性は認められない。

② 環境影響に懸念あり（Environmental Concern：EC）

環境保全上、回避されるべき環境に対する影響が認められる。提案行為の変更を必要とする影響緩和措置等の適切な対応が求められる。

③ 環境保全上支障あり（Environmental Objection：EO）

環境保全上、環境基準に合致しないなど回避されるべき環境に対する著しい影響があると認められる。また、提案行為の変更を必要とする影響緩和措置等の導入や他の代替案の選択など適切な対応が求められる。

④ 環境保全上不適切（Environmentally Unsatisfactory：EU）

環境基準に合致しないことが長期間にわたり、国家の環境政策と相反するなど EPA が容認できない環境へ著しい悪影響があると認められる。

2つ目は、DEIS に対するものである。これは、DEIS に必要な環境情報が適切に記載されているかどうかの評価であり、以下の3つの評価基準がある。

［レベル1］　適切（Adequate）……提案行為やその他の代替案から派生する環境影響が適切に記載されており、新たに予測、評価等を行う必要は特にないと認められる。

［レベル2］　情報不足（Insufficient Information）……環境保全上回避すべき影響について十分な予測・評価を行っていない、もしくは他に環境保全上好ましいと認められる合理的な代替案が存在すると認められる。

［レベル3］　不適切（Inadequate）……環境に対する著しい影響に対する予測・評価が行われておらず、また、他に環境保全上好ましいと認められる合理的な代替案が存在すると認められる。ここで指摘された事項については、公式に補足DEISを作成し、新たな予測・評価を行わなければならない。

これらの評価に基づき、EPAは、提案行為の主務官庁を指導するが、EU-3やレベル3の評価を受けたものは、CEQへの不服申し立ての対象となる。

制度開始以来、これまでに24件のDEISについて、CEQへの不服申し立てが行われた。しかし、1989年以降は、申し立てが行われた事例はなく、提案行為の主務官庁とCEQやEPAとの非公式の協議により、問題点が解決されているようである。

2）EISに関する記録

1978年に、CEQはEISの記録に関する業務をEPAに移管した。そのため、EPAが受理したすべてのEISについての公式記録とその公表がNEPAの手続の中でのEPAの主要な役割の1つとなっている。

3）　関係機関としてのEPAの役割

EPAの第3の役割として、DEISの作成時における提案行為の主務官庁に対する協力があげられる。EPAは、その所掌事項や大気汚染、水質汚濁等の科学的知見に基づいて、提案行為の主務官庁がDEISを作成する際に適切な情報提供等の協力を行っている[23]。

(5)　CEQの役割

CEQは、NEPAの規定に基づき設立され、国家の環境政策の立案や連邦各機関のNEPAの実施を監視する役割を果たしている。NEPAによれば、大統領は3名の委員を指名するが、近年では事務の効率化に伴い、1名のみを指名している。

NEPAは、CEQに関する以下の8つの役割を規定している。

すなわち、

① 環境白書の作成に当たって、大統領に助言を与えること
② 環境に関する情報を収集、分析すること

③ NEPA の定める環境政策に基づき、連邦各機関の活動を評価すること
④ 環境問題に関する政策について大統領に助言を与えること
⑤ 生態系や環境問題に関する調査研究を行うこと
⑥ 自然環境についてその現況を報告すること
⑦ 環境の現況について定期的に大統領に報告すること
⑧ 環境に関する政策や環境保護に関する立法について大統領に助言を与えること

である。
また、特に、NEPA に関する権限としては、以下の事柄が規定されている。
① NEPA の手続に関する規則を制定すること
② どの機関が提案行為の主務官庁になるか明らかではない場合に、調整を行うこと
③ 環境保全に関する施策について、連邦機関の間で争いがある場合に調整を行うこと
④ NEPA の運用について連邦政府の職員の研修を行うこと

このように、CEQ には、米国の環境政策について多大の権限が与えられているにも関わらず、その影響力は政権の交代に伴って常に変動している[24]。最も CEQ の影響力が強かったのは、カーター政権の時である。この1976年から1980年までは CEQ の全盛期と呼ばれ、予算も毎年35億ドル近く獲得し、常勤の職員も30名近くいた。前述した24件の CEQ への回付の半数は、この時期に集中している。また、この時期は、NEPA そのものが米国の環境保護政策を推進する上で最も重要視されていた時期でもある[25]。しかし、レーガン政権に変わり、その役割は急速に衰退し、予算、人員とも約半数に削減された。その後、環境政策を重視するブッシュ政権になり、予算、人員とも1980年レベルまで回復するに至った。しかし、クリントン政権に変わり、財政再建のため、すべての大統領諮問委員会の見直しが図られ、CEQ の予算、人員は大幅に削減された。ただし、貧困層やマイノリティコミュニティへの配慮[26]の観点から、いくつかの行政機関は、当該連邦行為について、人の健康や社会的、経済

的影響について評価し、実行可能な範囲で環境影響緩和措置を講じるようになった。なお、1994年の CEQ の予算は、およそ37万5千ドル、常勤の職員は3名までに削減されたことがある。

（6） 公衆関与

道路整備事業を例にとると、連邦政府が補助金交付という形で関与しているのは、州際（州間）高速道路（Interstate Highway）である。国立公園等の連邦政府所有地内の道路は、連邦政府が直轄で整備している。連邦州政府及び都市圏計画機構（MPO）[27]が計画策定・事業実施主体となり、総合陸上交通円滑化法（ISTEA）[28]の規定に基づき、「州長期交通計画（SLTP）[29]」「州交通改善プログラム（STIP）[30]」を策定している。また、主要プロジェクトについては、課題の解決に資する代替案の立案と分析を行い、「主要投資調査（MIS）」の実施が義務づけられている。連邦政府の交通省連邦道路庁がこれらの計画を審査・承認し、計画に位置づけられている州際高速道路に対して補助金を交付する。ISTEA には、州政府及び MPO の責務として「計画策定前に住民、コミュニティ、各種関係主体、他の公的機関などが、計画に対して適切にコメントできる機会を与えること」と規定されており、この規定に基づいて SLTP、STIP の策定、MIS の実施等の重要な意思決定を行う段階ごとに PI を実施している[31]。ところで、アメリカにおいては、PI 的な取り組みは、事業実施段階では1950年代から、計画初期段階では1970年代から実質的には実施されてきたという経緯がある。事業認可の意思決定以降の異議申し立てについては、わが国と同様に、連邦裁判所が最終的な判断を行っている[32]が、訴訟による事業着手の遅延を回避するため、「Assisted Negotiation」手法[33]が導入されている。なお、土地利用計画に関する全国共通の行政体系は存在しない。いくつかの州を除いて地方自治体に土地利用計画の策定を義務づけていないため、土地利用に関する規制は市町村等の地方自治体が zoning（地区指定）で行っている。

2．米国における政策型戦略的環境アセスメントの事例

　米国が規則制定の際にアセスメントを行った事例を紹介する。それは、動植物健康検査局によるメキシコからの非製品木材の輸入に関する規則の提案[34]に関する政策型 SEA である[35]。

（1）　事案の概要

　米国と国境を接するメキシコ国内の州から米国への非製品木材の輸入は、ほぼ何のチェックも行われずに実施されてきた。背景に、米国とメキシコは同じ樹木種を有するため、同様な害虫が生息しているという前提があった。ところが、農務省（USDA）の害虫リスク影響評価の結果、異なる害虫が米国に侵入する可能性が指摘されたため、動植物健康検査局（APHIS）は、新たな防除処理を可能とする規則を作成することとなった。APHIS は、外来種の侵入を防止するため、商品を検査するとともに、化学的及び非化学的防除手法を活用して防除を行う機関である。

　APHIS の提案した規則の提案では、メチルブロマイドの使用が提案されており、それによる累積的な環境への影響の懸念が環境保護庁から指摘された。

（2）　EIS の作成

　害虫を防ぐため化学物質（メチルブロマイド）の使用による累積的な影響と、その他の対策手法の採用によるオプションとの比較について、EIS が作成された。

（3）　代替案の検討

　APHIS の提案に加え、以下の5つの代替案が検討された。APHIS 提案は、メキシコからの輸入非製品木材（一部個人用途除く。）に対する防除の規則の変更である。主な変更点は、メキシコ国境州への例外措置の排除にある。すなわち松、モミの産業用製材、鉄道枕木に対してメチルブロマイド消毒が活用される場合で、かつ100％の樹皮処理が行われた場合に輸入が許可される。それに対する代替案は以下の5つである。

① 現状維持案（ノーアクション案）
② 非製品木材（一部個人用途除く。）に対しメキシコ国境州への例外措置の排除：米国と国境を接しないメキシコ国内の州と同様な制度をメキシコ全土に適用。すなわち、国境を接する州には特別に害虫リスクが低いとみなした特例措置を排除する（メチルブロマイドの使用は想定されていない。）。
③ 松・モミ製材及び鉄道枕木へのメチルブロマイドの使用の許可
④ 上記APHIS案、②及び③の組み合わせ：非製品木材に対するメキシコ国境州への例外措置の排除であるが、メチルブロマイド処理の鉄道枕木、松、モミ製材への適用とともに、松・モミへの熱処理及び鉄道枕木への加圧処理も処置の方法として認められる。
⑤ メキシコからの非製品木材の輸入制限

（4） 影響評価

各複数案の各々について、環境の影響評価が行われた。

① 現状維持案：外来種の侵入による米国の森林への影響が残る。これにより、気候変動、生物多様性、オゾン層などの環境項目に影響を及ぼす恐れがある。
② 非製品木材に対しメキシコへの例外措置の排除：外来種の侵入の危険性が減少。木材の熱処理の増加に伴うエネルギー消費の増加が想定されるが、その影響は小さい。
③ 松・モミ製材及び鉄道枕木へのメチルブロマイドの使用の許可：メチルブロマイドの使用に伴う影響が懸念される。なお、メチルブロマイド使用の場合の累積的影響の分析は、独立の章としてとりあげられて記述されている。メチルブロマイドの使用により、オゾン層破壊が引き起こされる可能性があり、それにより、地表への紫外線量の増加、それに伴う農業、生態系、人間の健康などへの影響が懸念される。
④ 上記APHIS案、②と③の組み合わせ：前述②と③の両方の影響が懸念される。
⑤ メキシコからの非製品木材の輸入制限：貿易ルール上、そもそも実施

困難。

最終的には、案④が最適とされた。なお、メチルブロマイド以外の防疫手段が現状ではないにもかかわらず、公衆の関心がさらなる環境にやさしい防疫の代替手段の開発にあることから、連邦政府がその開発に対し協力することが必要であると述べられている[36]。

(5) 公衆関与

DEISに対して14のコメントが提出された。主なコメントとしては、国際貿易ルールの遵守との関係、米国・カナダ・メキシコで検討中の木材包装に関する国際規格との関係、複数案の分析内容、DEISで選定した案に対する反対意見などに関するものであった。

3．制度の比較考察—米国とわが国（東京都環境影響評価条例）

これまで、NEPAの制度をその運用面から概括したが、ここで、東京都の環境影響評価条例と比較することにより、それぞれの制度の特徴を明らかにする。

(1) 制度の目的

NEPAに基づく環境アセスメント制度の目的は、「意思形成の合理化」といわれる。すなわち、NEPAの制度は、それ自身により、環境を改善し、行為に許認可等の権限をもつものではない。NEPAの制度はあくまでも手続であり、様々な角度から行為を評価し、その結果を基に意思決定権者が環境面から合理的な判断を下すことをその目的としているのである。したがって、意思決定権者は、住民意見等も考慮に入れながら、環境保全上最も好ましい案を選択することが期待されている。一方、たとえ環境に著しい影響があったとしても、その他に合理的な事情がある場合には事業者にとって好ましい案を選択することもあり得る。

これに対し、東京都を始めとするわが国の制度は、環境に著しい影響を及ぼす事業を実施する際に、事前にその影響を予測し、それを最小限に押さえることをその目的としている。したがって、環境影響評価書案が公表された段階で

は、既に十分環境配慮が検討されているはずであり、手続を通して、計画変更を行う可能性は少ない。この両者の目的の違いは、以下のように制度の各段階で重要な影響を及ぼす。

(2) 対象事業

NEPAの目的を、環境面からの合理的な意思形成とすれば、開発行為だけではなく、環境に影響を及ぼす政策行為等も含めたすべての連邦政府の行為に環境配慮を内生化することは当然である。

一方、東京都の制度においては、環境影響の事前評価をその目的とするため、直接には環境に影響を及ぼさない政策行為やマスタープラン等の行政の基本方針をその対象とすることは困難である。

(3) 実施時期

NEPAの手続において環境面から合理的な意思形成を達成するためには、その計画段階の早期から必要な環境情報を集める必要がある。また、スコーピング等により、関係省庁や住民から様々な環境情報を入手することは合理的な意思形成に資するとともに、事業者の負担の軽減という側面も有する。

一方で、環境影響の事前評価という観点からは、早い段階からの情報収集ということよりも、環境に与える影響をできるだけ正確に予測する方に重点が置かれる。その結果が環境基準等に合致するか否かが問題である。

(4) 公衆参加

地域の環境をよく知る住民の意見や関係省庁の意見を聴き、必要な情報を収集することは合理的に意思決定を行う上で重要な要素である。そのため、NEPAの運用上は、意見書の提出期間等は一応の定めがあるが、非公式に、住民意見を聴く機会を設けている例も少なくない。また、すべての住民からの意見が合理的な意思決定に寄与するとは限らないため、そうした場合にその住民意見を取り込まない理由を明らかにすることもNEPAの目的に沿った公衆参加であるといえる。なお、第7章で触れるように、世界銀行のアセスメントの場合、住民移転を伴うプロジェクトには現地コミュニティの参加を促すコンサルテーションなど新たなアプローチが必要であり、また、先住民がプロジェクトに情

報を得て参加し、社会・経済的な便益を増大させ得ることが極めて重要であると認識している。

東京都の制度での公衆参加は、その機会はNEPAよりも回数、期間とも多いが、その役割はNEPAに比べかなり制限されている。東京都の制度では、住民意見は事業者が技術指針に沿って作成した環境影響評価書案等に対する意見である。したがって、条例上、住民からの意見を基に事業者が計画を変更することは期待されていない。

(5) 予測・評価項目

行為を合理的に評価するためには、環境面からだけではなく、行為の社会的影響や経済的影響も考慮することも必要である。NEPAでは、評価書案等において、環境に対する影響と社会・経済的影響が同じレベルで比較されている。その結果を基に意思決定権者が、合理的に決定を行うのである。一方、東京都の制度では、社会・経済的影響は予測評価の対象とはなっていないため、対象事業が環境面の側面のみで評価されてしまう危険性がある。

第2節 カナダにおける環境アセスメント

1. カナダの環境影響評価制度

カナダでは、2003年の改正環境影響評価法が現行法である。これまでの経緯については、以下のようである。1973年12月の閣議決定によって環境影響評価制度を初めて導入し、1984年6月に政府組織法 (Government Organization Act) に基づくガイドライン指令 (guideline order) により制度の強化を図った[37]。同指令は、連邦環境影響評価・審査プロセス (EARP：Environmental Assessment and Review Process) と呼ばれ、10年間の運用を重ねたが、厳格な法的解釈に耐え得る形で起草されていなかったために、その法的拘束力や運用上の適用条

件等について行政上の種々の問題が生じ、法廷でもこれらの点が指摘された。さらに、連邦政府と州政府で異なる環境影響評価制度が存在するために、重複手続による遅延や費用の増加などの混乱が生じ、関係機関の緊密な連携とこれらの制度間の調和を図ることが必要となってきた[38]。

そのため連邦政府は、1987年にEARPの再編に関する国民からの意見聴取を開始したが、参加者からは、効果的、効率的、公平かつオープンで、法的責任の所在が明確であり、管理が容易なプロセスが要求された[39]。

このため、連邦政府の環境影響評価制度の再編と明確な手続を定めた制度の必要性が論議され、1990年6月に連邦政府はカナダ環境影響評価法案を発表した。同法案は約2年間にわたる国会での審議と、全土から100人を超える参考人の意見聴取を経て、1992年6月に女王の承認を受けた(カナダ環境影響評価法:CEAA:Canadian Environmental Assessment Act)。連邦政府はその後、同法を施行するために最低限必要な4つの規則の案を作成・公表し、国民の意見聴取等を行って必要な修正を加えた。1995年1月19日に、連邦政府は規則を告示し、同日同法は施行された[40]。

CEAAが施行されてから5年後(2000年)に、CEAAの見直しに関してカナダ全土にわたる大規模な国民の意見聴取が環境大臣により実施された。その見直しにおいて、CEAAの基本的な目的や指導原理は、持続可能な発展(Sustainable Development)の目標、説明責任、及び意思決定における公衆参加を支持しているため理論的に妥当であることが判明した[41]。また、連邦環境影響評価プロセスは、様々な方法で改善することができると多様な利害関係者の間で一般的に認識されていることが明らかとなった。そこで、2001年3月に環境大臣は改正案を国会にかけた。同改正案は、2003年6月11日に女王の承認を受け、2003年10月30日に施行された[42]。

2. 環境影響評価の4つの制度

環境アセスメントのプロセスをみると、事業の特性、環境影響への重大性により、要求されている環境影響評価の形式が異なっており、CEAAのもとでは

第2節 カナダにおける環境アセスメント

図5-3の通り自己管理型環境影響評価（self-directed assessment）及び独立型環境影響評価（independent assessment）の2種類がある。

自己管理型環境影響評価は主務省庁の責任のもとで実施されるものであり、スクリーニング式環境影響評価（screening）と包括的調査（comprehensive study）の2つの形式が存在する。CEAAに基づく環境影響評価は、この2つの形式によって開始される[43]。

独立型環境影響評価は、環境大臣により任命された調停者または審査委員会により実施されるものであり、連邦省庁から独立した人員によって行われ、助言を行う役割を果たすのが特徴である。この中には、調停（mediation）と審査委員会（review panel）による審査の2つの形式が存在する。

調停または審査委員会への付託手続は、スクリーニング式環境影響評価及び包括的調査の中で、すべての適切な環境保全対策の実施を考慮しても事業が環境へ重大な悪影響を引き起こすことが不確実かまたは引き起こすと考えられる場合（すなわち、重大な環境影響が懸念される場合）や、事業に対する公衆の関心[44]から判断して詳細な調査が必要であると考えられる場合などにおいて、以下の要件に該当したときに開始される（図5-3）。

- スクリーニング式環境影響評価において、スクリーニング式環境影響評価書等を考慮し、主務省庁が環境大臣に対し調停または審査委員会への付託の要請を行ったとき（CEAA第20条（1））
- スクリーニング式環境影響評価の任意の時点で、緩和措置を考慮しても環境に重大な影響がある、または、公衆の懸念が調停や審査委員会による審査に付託するのが適当なほど大きいと主務省庁が判断した場合であって、主務省庁が環境大臣に対して調停または審査委員会への付託の依頼を行ったとき（CEAA第25条）
- 包括的調査において、スコーピング報告書の提出時における包括的調査を継続するか、調停または審査委員会による審査へ付託するかについての主務省庁からの提言を踏まえ、環境大臣が調停または審査委員会への付託を行うべきと判断したとき[45]（CEAA第21.1条（1））

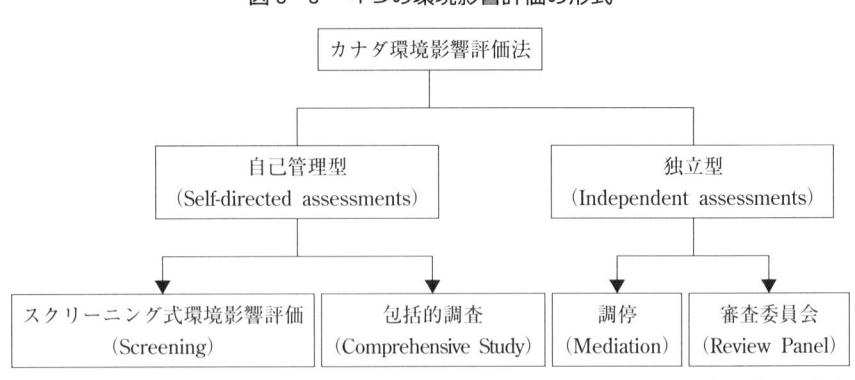

図5-3　4つの環境影響評価の形式

```
                    カナダ環境影響評価法
                   ┌──────┴──────┐
              自己管理型              独立型
      (Self-directed assessments)  (Independent assessments)
          ┌──────┴──────┐      ┌──────┴──────┐
   スクリーニング式環境影響評価   包括的調査      調停         審査委員会
       (Screening)      (Comprehensive Study) (Mediation)  (Review Panel)
```

出典：連邦環境評価局資料42)より作成

・スクリーニング式環境影響評価及び包括的調査の任意の時点で、緩和措置を考慮しても環境に重大な影響がある、または公衆の懸念が調停や審査委員会による審査に付託するのが適当なほど大きいと環境大臣が判断したとき（CEAA第28条（１））

上記の要件は少し分かりにくいが、実際には以下の４つの段階に大別できる。

・スクリーニング式環境影響評価の開始段階（主務省庁が環境大臣に要請）
・スクリーニング式環境影響評価書作成後（主務省庁が環境大臣に要請。通常は上記の開始段階）
・包括的調査のスコーピング報告書作成後（主務省庁が環境大臣に提言し、環境大臣が決定）
・環境影響評価の任意の段階（環境大臣が決定）

従来の制度では、調停または審査委員会による審査への付託は、スクリーニング式環境影響評価書及び包括的調査報告書の作成後に位置づけられていたが、スクリーニング式環境影響評価の開始段階及び包括的調査のスコーピング段階にその判断が行われるように手続の変更が行われた。理由は、従来の制度では、環境影響評価の実施後にさらに、審査委員会による審査の手続が入る可能性があり、事業開始までにかなりの期間を要するリスクがあったため、本改正によって、そのリスクを少なくするとともに、早い段階での配慮を行うよう

な制度を目指したためである[46]。

現行法において、4種類の環境影響評価が存在し、その実施者、期間及び評価内容について異なっている。そのうち、スクリーニング式環境影響評価のプロセスが簡易環境影響評価に相当する。

図5-4に示すように、スクリーニング式環境影響評価[47]（Screening）は、包括的調査リスト規則及び除外リスト規則に該当しない事業に対して実施される。大半の事業は、スクリーニング式環境影響評価によって評価される。スクリーニング式環境影響評価は、事業の内容、環境影響によって、実施期間、分析の深さが異なる。いくつかの定められた事業のスクリーニング式環境影響評価では、クラス・スクリーニング式環境影響評価書（特定の種類の事業に対して、過去の知見に基づいた情報を整理したものであり、起こり得る環境への負の影響を低減または排除する対策を明記しているもの）を利用することができ、これにより、スクリーニング式環境影響評価手続の省略が可能である（主務省庁ガイド[48]（self-direct assessment））。

包括的調査（Comprehensive Study）事業は、CEAAにおける包括的調査として環境影響評価が行われなければならない。これらの事業は大規模でかつ複雑であり、環境へ重大な悪影響を及ぼす可能性の高い事業である。したがって、包括的調査はスクリーニング式環境影響評価よりも厳格な環境影響評価のプロセスである。例えば、公衆参加や事後調査プログラムの実施は、スクリーニング式環境影響評価では任意であるが、包括的調査では必須となっている（主務省庁ガイド（self-directed assessment））。

調停（Mediation）は、利害関係者への意見聴取の後に、環境大臣により任命された中立・独立の立場をとる調停者が、利害関係者間の問題解決に力を貸す交渉プロセスである。審査委員会による審査と同様に、調停は合意形成プロセスというよりは、助言という位置づけである。ただし、今まで実施された例はない。

審査委員会（Review Panel）は、環境への重大な悪影響を及ぼすおそれを有する場合や、公衆の懸念が当然であると考えられる場合の事業を、公平で事実

図5-4 事業の環境影響評価手続きフロー

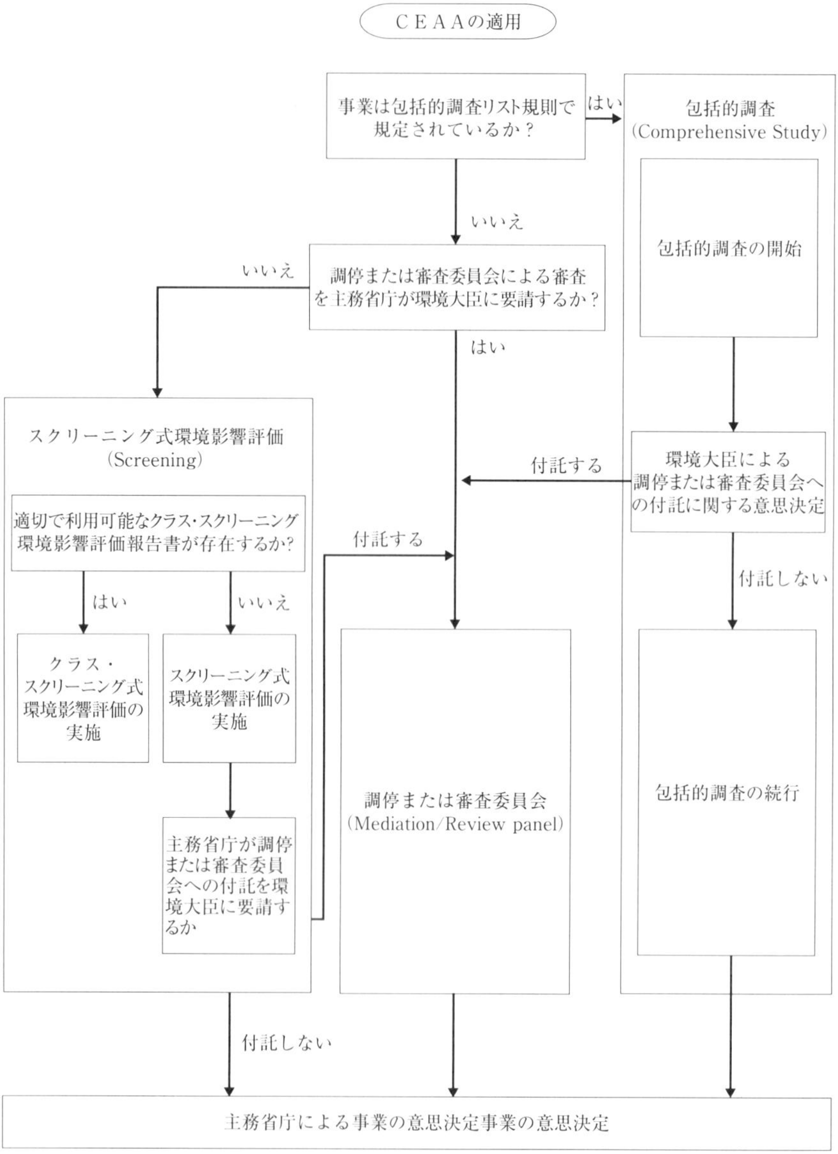

（CEAAの適用）

```
                    ┌─────────────────────────┐  はい   ┌──────────────────┐
                    │ 事業は包括的調査リスト規則で    │────────→│ 包括的調査          │
                    │ 規定されているか？         │        │ (Comprehensive Study)│
                    └─────────────────────────┘        │                  │
                              │ いいえ                  │ 包括的調査の開始    │
                              ↓                        └──────────────────┘
                    ┌─────────────────────────┐                │
         いいえ      │ 調停または審査委員会による審査   │                ↓
         ←─────────│ を主務省庁が環境大臣に要請するか？│        ┌──────────────────┐
         │          └─────────────────────────┘        │ 環境大臣による      │
         │                    │ はい                   │ 調停または審査委員会へ │
         ↓                    │           付託する      │ の付託に関する意思決定 │
┌────────────────────┐       │         ←──────────────└──────────────────┘
│ スクリーニング式環境影響評価 │                                 │ 付託しない
│ (Screening)         │                                 ↓
│ ┌──────────────┐    │                        ┌──────────────────┐
│ │適切で利用可能なクラス・│    │  付託する                    │                  │
│ │スクリーニング環境影響 │────┼─────────→                   │                  │
│ │評価報告書が存在するか？│    │                        │ 包括的調査の続行    │
│ └──────────────┘    │                        │                  │
│    │はい    │いいえ    │                        └──────────────────┘
│    ↓       ↓         │
│ ┌─────┐ ┌─────┐    │        ┌──────────────────┐
│ │クラス・  │ │スクリーニング│    │        │ 調停または審査委員会  │
│ │スクリーニング││式環境影響 │    │        │ (Mediation/Review panel)│
│ │式環境影響 │ │評価の    │    │        └──────────────────┘
│ │評価の実施│ │実施     │    │
│ └─────┘ └─────┘    │
│           │          │
│           ↓          │
│     ┌──────────┐    │
│     │主務省庁が調停  │    │
│     │または審査委員 │    │
│     │会への付託を環 │    │
│     │境大臣に要請す │    │
│     │るか      │    │
│     └──────────┘    │
└────────────────────┘
            │ 付託しない
            ↓
┌─────────────────────────────────────────┐
│ 主務省庁による事業の意思決定事業の意思決定              │
└─────────────────────────────────────────┘
```

出典：諸外国の環境影響評価制度調査報告書（環境省・2005）より作成

に基づく方法によって審査を実施する目的で設立される。審査委員会による審査は、合意形成プロセスというよりは助言である。審査委員会は環境大臣及び主務省庁に審査委員会報告書を提出し、それに対して主務省庁は、審査委員会の報告書への対応について総督による承認を得なければならない。

3．カナダにおける戦略的環境アセスメントの事例

　エネルギー政策を管轄するカナダ自然資源省（NRCan）は、風力発電の運営のみに対して補助を行う風力発電インセンティブ（WPPI：Wind Power Production Incentive）の予算措置を決定し、2002年から2007年までに新たに1000MWの風力発電を建設することを目標とした（2005年予算において、2010年までにWPPIの計画を4倍にすると発表)[49]。

　風力エネルギーの開発を促進することで直接的な温室効果ガスの排出を削減することを目的に策定したもので、所轄官庁は、このプログラムに関連した影響評価課題及び要件を特定するためにこの戦略的環境アセスメントを実施したものである。

　WPPIは内閣に提出され、また、重大な環境影響をもたらすおそれがあることから、1999年SEA閣議指令31に基づくSEAが実施され、以下のことが確認された。

① 温室効果ガスや大気汚染の削減による環境及び健康面でのメリットがある
② 主要な負の影響（累積的影響を含む。）は、鳥類（渡り鳥)、蝙蝠の数、騒音、景観（土地の価格の変化なども含む。)、電磁波（2005年版WPPIのSEAで追加）である
③ 影響及び緩和措置の重要性は、事業の立地に依存するものであり、景観、騒音、鳥、絶滅危惧種、敏感な生息域などの評価が行われる
④ 絶滅危惧種リスク法（Species at Risk Act)、渡り鳥に関する法（Migratory Birds Convention Act)、漁業法（Fishery Act）などの他の連邦法も考慮される
⑤ 影響の重大性は、重視される環境的要素（環境変化に敏感な地域、渡り鳥

の移動経路、人間の居住地など）及び事業実施場所との相対的な位置関係に左右される。

WPPI に基づいた風力発電事業者に対する財政的支援は、CEAA に基づく環境影響評価の適用対象となる連邦省庁が行う。これはスクリーニング式環境影響評価として行われる。これまでは、審査委員会による審査に付託されたものはないが、今後は、オフショアで行われるような規模の大きい風力発電は、審査委員会による審査に付託される可能性はある。この戦略的環境アセスメントの結果は、今後のカナダにおける風力発電所の建設に影響全般における影響を及ぼすと考えられる。カナダ環境アセスメント法の下、すべての風力発電プログラム（WPPI）開発事業は、環境評価の対象となっている。

第3節　欧州における環境アセスメント制度

1. 環境政策と環境アセスメント

EU[50]の環境政策は1972年のパリ首脳会議での合意に始まり、これを受けて1973年以来作成されている環境行動計画（Environmental Action Programme）（現在は2002年版の第6次）の中で明らかにされている。環境影響評価に関して、政策目標として初めて明確に述べられたのは1977年の第2次行動計画であり、「未然防止が対症療法よりも有効」という原則が採用された。1975～76年には、環境影響評価指令を提案するために予備調査が実施され、1980年に欧州委員会（European Commission）案として作成された。その後、1985年に欧州閣僚理事会（Council of Ministers、以下、「欧州理事会」という。）[51]において最終的に採択され、85EC 指令は1988年7月に発効している[52]。85EC 指令に基づき、加盟国は、同指令に適合するための国内措置を3年以内（本指令が発効する1988年7月まで）に実施することとされた。85EC 指令の解釈・実施をめぐり、対象事

業、報告書の内容、モニタリング等について、各加盟国によってばらばらの対応がなされていることが課題となり、これを受けて、1997年3月3日に、改正指令である「特定の公共及び民間事業の環境影響アセスメントに関する欧州閣僚理事会指令 85/337/EEC の改正 EC 指令」（以下、「EC 指令（97/11/EC）」または「97EC 指令」という。）が採択された[53]。97EC 指令に基づき、各加盟国は1999年3月14日までに国内法を整備することとされた。97EC 指令では、1991年に採択された ECE（国連ヨーロッパ経済委員会）越境環境影響評価条約（Espoo Convention）との整合性も考慮された。さらに、意思決定への公衆関与や環境情報へのアクセスに関するオーフス条約との整合性を図るために、2003年3月26日には、EC 指令を部分的に改正する「環境に関連する計画及び実行計画の立案に関連する公衆参加並びに公衆参加と公正へのアクセスに関する EC 指令 85/337/EEC 及び96/61/EC の改正に関する EC 指令」（2003/35/EC、以下、「2003EC 指令」という。）[54]が採択された。2003EC 指令は、2003年6月25日に発効した。

2．EC 指令（97/11/EC）の運用の実態

97EC 指令[55]は、加盟国に対して一定の環境影響評価制度の導入を促し、その内容を調和させることを目的とするものである。この環境影響評価は、事業が承認され、実行される前に考慮されるものである。97EC 指令は、短い法規であり、全14条と4つの付属書から成っている。97EC 指令の内容は以下の3点に集約できる[56]。

① 公的部門か民間部門かを問わず、環境に重大な影響をもたらすおそれのある一定の事業の事業者は、当該事業及びその環境への影響に関する一定の情報を、権限ある機関（以下、「所轄官庁」という。）に対して提出する[57]。

② 所轄官庁は、申請及び97EC 指令第5条にしたがって収集された情報について公衆が利用できるものとするとともに、指定環境当局及び利害関係のある公衆が、事業の承認に関して事業者から提出された情報に対して意見を提出する機会を確保する[58]。

③ 所轄官庁は、計画されている事業の承認に関して決定を行う場合には、事業者から提出された情報、指定された環境当局、公衆及び影響を受ける他国から提供された情報と意見を考慮しなければならない[59]。

97EC指令は指令であることから、一定期間内に加盟国は当該指令に関する国内措置の導入が義務づけられているが、それを達成するための制度化の仕方は各国の裁量に任されている。97EC指令においては、具体的な公衆の定義が規定されていなかったが、2003EC指令第3条第1項によって、新たに「公衆」と「関係する公衆」の定義が付け加えられた。「公衆」とは、1人または複数の自然人及び法人ならびに、国内法の規定や実践によって定められている組織、機関、グループを指す[60]。「関係する公衆」とは、環境に関する意思決定手続により影響を受けるおそれのある、もしくは影響を受ける、又は関心のある公衆である[61]。

(1) 環境影響評価のプロセス

1) 対象事業

97EC指令では、環境に対して重大な影響をもたらすおそれのある事業を対象とし、事業者が行う所轄官庁への開発承認（development consent）申請に対する承認を与える前に、環境影響評価を行うための必要な措置を加盟国が採らなければならないとしている[62]。具体的には、対象事業を環境影響評価の必要性に応じて2つに分類[63]している。付属書Ⅰの事業は必ず環境影響評価[64]の対象となる[65]。

付属書Ⅱの事業は、加盟国が、事業ごと（a case-by-case examination）に、または加盟国があらかじめ設定した範囲（thresholds）や基準によって、評価の対象とするかどうか決定する[66]。その際に、付属書Ⅲで示された関連する選択基準を参考にする[67]。

なお、この環境影響評価が除外または免除されるのは以下の限られた場合であり、具体的には国防上の目的に資する事業[68]、各加盟国の国内の法によって定められている事業[69]、例外的な事業[70]が該当する。越境汚染に関する調整[71]に抵触しない限り、各加盟国は例外的な事業を定めることができる。な

お、例外的な事業と定めた場合、各加盟国は、他の影響調査の方式を適用することが適切かどうかを考慮し、適当な場合には他の影響調査の方式で得られた情報、及び例外とした決定についての情報と例外にする理由を利害関係のある公衆に知らせなければならない[72]。また、承認を与える前に、例外にする正当な理由をEC委員会に知らせるとともに、利用可能な情報とともに例外とした決定についての情報を国民に知らせなければならない[73]。

ちなみに、直径800mm以上、長さ40km以上のガス、石油、化学品のパイプラインは、付属書Iに分類され、必ず環境影響評価の対象となる。しかし、その他のガス、石油のパイプライン施設は、付属書IIに分類される。また、エネルギー生産のために風力発電を利用する施設は、付属書IIに分類されていない。なお、ダムの撤去や自然を再生する事業については、対象事業となっていない。

2) スクリーニング

加盟国は、付属書IIに掲げた事業について、事業ごとの検討、または加盟国が設定した範囲や判断基準によって、環境影響評価を実施するかどうか決定しなければならない[74]。事業ごとの検討、または範囲や判断基準を設定する際、付属書IIIで示されている選択基準を考慮に入れなければならない[75]。加盟国は、所轄官庁が行ったスクリーニングの結果を公衆が縦覧できるようにしなければならない[76]。

欧州委員会の作成したEIAガイダンス(スクリーニング編)は、2章構成である[77]。A章では、どのように国内法に反映させるのかを述べており、B章では、スクリーニングをする際の手順について詳述している。また、事業の重要性を判断するためのチェックリストなどを紹介している。

3) スコーピング

環境影響調査に必要な環境情報の内容や範囲を特定する過程がスコーピングである。97EC指令で新たに導入された第5条第2項では、事業者が開発承認の申請を提出する前に事業者が要請する場合には、所轄官庁が、同第5条第1項の規定に従い、事業者から提供されるべき情報について意見を提出しなけれ

ばならないことを保障するための必要な措置を加盟国は講じる責務があるとし、また、加盟国は、事業者の要望の有無にかかわらず、上記の意見の提出を所轄官庁に対して求めることができると定めている。また、所轄官庁は、意見を提出する前に、第6条第1項に定める機関（利害関係をもつ可能性のある環境当局）及び事業者と協議を行わなければならない。これらによって、任意であるが、スコーピング段階が正式にEC指令の中で位置づけられることとなったが、所轄官庁から事業者に提出される情報の提出形式及び事業者が提出するスコーピング文書の形式には特段の定めがない。

4) 環境影響評価書

各加盟国は、付属書Ⅳで示される情報について、事業者から適当な形で提供されるよう必要な措置をとる[78]。必要がある場合、関連情報を有している機関は、事業者が環境影響評価の対象となる関連情報を利用できるようにしなければならない[79]。

97EC指令では、事業者が所轄官庁に提出する環境情報の書式は定めていない。しかし、多くの加盟国では、事業者は、環境影響評価書の形式で環境情報を提出している。環境影響評価書の対象となる環境要素については、97EC指令第3条で以下のような要素が規定されている。

- ・人間及び動植物相
- ・土壌、水、空気、気候、景観
- ・有形的資産及び文化遺産
- ・以上の項目に述べられる諸要素間の相互作用

なお、付属書Ⅳにおいて、97EC指令第5条第1項において定める情報に含まれる内容が整理されている。

第5条第1項に基づき事業者が提出しなければならない最低限の情報としては、次のものが定められている[80]。

- ・当該事業の場所、設計及び規模に関する情報を含む当該事業の記述
- ・重大な悪影響を回避し、減少させ、かつ可能な場合には回復するために予想される措置の記述

- 当該事業が環境に対してもたらす可能性のある主要な影響を特定し、評価するために必要なデータ
- 環境上の影響を考慮に入れた上で、事業者によって研究された主要な代替案の概要、及び当該開発事業者が行う選択の主要な理由
- 以上の項目に述べられる情報の非専門的な要約
- 第5条第1項の情報に含まれる内容（表7-4）

5）　環境部局の関与

　各加盟国は、当該事業によって関係する環境に対して特別な権限を有する機関が、事業者が提供した情報に対して意見を提出する機会を与えられるように、必要な措置を講じなければならない。また、第5条の遂行に当たって収集した情報は、これらの機関に提供される。この協議プロセスに関する詳細な事項は、加盟国が決定する[81]。

6）　審査

　97EC指令では、事業者が所轄官庁に提出した環境情報の適切さについて審査する明確な規定はみあたらない。しかし、欧州委員会では、「EIS審査に関する手引書[82]」を作成しており、この中でEISの適切な審査のために、意思決定のために必要な情報を明確化すること、EISを用いて公衆と協議される側が効果的に意見を協議し、事業や環境影響について意見を表明できるようにすることが位置づけられている。

7）　意思決定への反映

　開発の承認機関は、事業者が提出する情報、環境当局・関係する公衆・関係国との協議の結果として提出された情報の両方を、承認手続の中で考慮することが求められている[83]（97EC指令第8条）。

8）　他国の関与

　97EC指令第7条は、事業が他の加盟国の環境に重大な影響をもたらすおそれがある場合に、影響が及ぶおそれのある国に対して協議する際の手続内容について規定している。本条は、越境環境影響評価条約（The Espoo Convention）との整合を図るものである。各加盟国は、他加盟国に対して深刻な環境影響が

及ぶおそれのある場合、事業の概要、起こり得る越境影響に関する入手可能な情報、及び想定される決定内容の情報を送付しなければならない。また、他国が環境に関する意思決定手続の参加を希望するかどうか表明することができるよう、十分な猶予を持ってこれらの情報を送付しなければならない。(97EC 指令第 7 条第 1 項)

仮に、他国が環境に関する意思決定手続への参加を希望した場合には、環境影響評価手続に沿って集められたすべての情報が送付されるものとする (97EC 指令第 7 条第 2 項)。また、当該事業の影響が及ぶ可能性のある他国において、環境機関及び関係する公衆に情報を公開し、意見を表明する機会を与えなければならない (97EC 指令第 7 条第 3 項)。関係する他国は当該事業の影響や対応策について協議に参加する (97EC 指令第 7 条第 4 項)。詳細な取り決めは、関係する加盟国の決定に基づくものである (97EC 指令第 7 条第 5 項)。

9) モニタリング、事後調査

EC 指令では、環境影響評価後のモニタリングについて、特に規定していない。

(2) 公衆関与の仕組み

公衆関与の仕組みについては、EC 指令 (2005/35/EC) において拡充された。公衆は、告示 (public notice) またはその他の適切な手段 (例えば、利用可能な場合には電子媒体) によって、環境に関する意思決定の出来るだけ早く、かつ情報が提供されうるできるだけ早い段階で、以下の事項について情報を知らされる[84]。

- ・事業承認に対する申請の内容
- ・当該事業が環境影響評価手続に従う事実及び、97EC 指令第 7 条が適用される場合にはその事実
- ・関連情報の提供元であり、かつ意見や質問の提出先である、意思決定に責任を有する所轄官庁の詳細ならびに意見や質問の提出のスケジュールに関する詳細
- ・可能性のある意思決定の内容、または仮にある場合には、その意思決定案

- 97EC指令に基づいて収集された情報の活用可能性に関する内容
- 関連情報が将来公開される時間、場所、手段に関する内容
- 公衆参加の仕組みの詳細

また、加盟国は、合理的な期間内において、関係する公衆に対して以下の事項を公開することを確実にする措置を採らなければならない[85)86)]。

- 97EC指令第5条の遂行にあたり収集したすべての情報
- 加盟国の国内の法律に調和した上で、関係する公衆に対して97EC指令第2条に掲げる環境影響評価プロセスの中で情報が知らされる段階において所轄官庁やその他の官庁に対して提出された報告書や助言（環境影響評価書など環境影響評価プロセスにおいて提出された報告書など）
- EC指令(2003 4 EC)[87)]の規定に従った上で、上述のEC指令(2003 35 EC)第3条第4項に含まれない情報であり、かつ関係する公衆にはじめて公開される情報事業承認申請に対して意思決定がなされた場合には、所轄官庁は適切な手続に基づき公衆に対してその事実を知らせなければならず、加えて以下の情報を公衆に対して公開しなければならない[88)]。
- 意思決定の内容及びそれに付随する条件
- 関係する公衆が表明した懸念や意見を検討した上で、当該意思決定が行われた主な理由とその根拠（公衆関与プロセスに関する情報を含む。）
- 必要な場合には、主たる悪影響を回避、もしくは低減、あるいは可能である場合には、相殺するための主要な手段

3．欧州各国の対応状況

各国の97指令の遵守状況について、2003年に発行されたEC指令実施報告書によって、各国のEC指令遵守状況を整理してみよう[89)]。

(1) 法的手段

97EC指令に基づき、国内法の整備が進んでいるが、いくつかの加盟国では、未だ制度の整備が進んでいない。

（2） スクリーニング

各加盟国は、付属書Ⅱ事業に対して、以下の３つの方式のいずれかを設定してスクリーニングを行わなければならない[90]と定められている。

・個別の事業ごとに判断する（A）方式
・範囲や判断基準を設定する（B）方式
・上記２つの手法を組み合わせる（C）方式

スクリーニングの選択基準については、多くの加盟国は、閾値と事業ごとの判断を組み合わせている。オーストリア、フランス、ドイツ、ギリシャは、付属書Ⅱ事業だけではなく、付属書Ⅰ事業もスクリーニングの対象事業としている。

（3） スコーピング

スコーピング各加盟国で、スコーピングへの対応は大きく異なる。加盟国の内、７カ国（フランス、イタリアなど）がスコーピングを義務づけている。たとえば、フランスでは、工場、特定の農業、採石業に対して、スコーピングを義務づけている。またイタリアの制度にも含まれている。しかし、重要な点としては、これらの国々は、既に97EC指令の導入の以前からスコーピング制度を各国のEIA制度に採り入れていたことである。スコーピング過程に公衆との協議を含めているのは、以下の10カ国であり、そのうちベルギーのブリュッセル地方とワロニア地方、デンマーク、フィンランド、オランダ、スペイン、スウェーデンでは、公衆との協議が法律で定められている。オーストリア、ドイツ、アイルランド、イギリスでは、環境当局が協議に参加する一方、公衆の参加は所轄官庁が決定する。

（4） 審査

加盟国における環境情報の審査方法については、EISの評価に統合された公式な審査プロセスで第三者機関等が審査する手続が位置づけられている加盟国の制度もある。しかし、多くの加盟国では、所轄官庁が環境情報の適切さや完全さを判断するのみであり、他の方法は採られていない。ほとんどの加盟国では、所轄官庁は、事業者に追加の環境情報を要求することができ、その後、環境情報が不十分であると判断する場合には、開発承認申請を棄却することもで

きると明確に位置づけている。

97EC指令では、環境情報の正確性に関する正式な審査を行う規定を設けるようには求めていない。しかし、97EC指令第5条第3項では、事業者が提出しなければならない最低限の情報を定めており、これらの情報をそろえない限り審査に通過しないものと理解できる[91]。

（5） 公衆関与

EC指令には、公衆の関与に関しても規定されているが、具体的な実施方法については、加盟国の裁量に任されている。2003EC指令第3条第1項によって、「公衆」と「関係する公衆」の定義が85EC指令第1条第2項に追加された。公衆は、環境影響評価を告知され、関係する公衆は、協議への参加や意見の表明の機会が与えられなければならない。しかし、加盟国間で「公衆」と「関係する公衆」の解釈は多様である。

（6） 実施状況

環境アセスメントの年間の実施件数は、加盟国間でばらつきが大きいが、これは経済状況や閾値（スクリーニングの範囲・判断基準）のレベルの違いが影響している。ただし、97EC指令の施行期限であった1999年を境にして、付属書Ⅰ事業と付属書Ⅱ事業の種類が大幅に増加している。たとえば、英国では、1999年以前は年間300件から2000年以降は500件に増加している。

（7） 環境アセスメントの質の管理

環境アセスメントの質の管理は、以下の4つの基準を用いて評価される。

① EC指令に従ったスクリーニングが行われているかどうか
② すべての重要な影響が、スコーピング過程において認識されているかどうか
③ 意思決定に環境情報は反映されているかどうか
④ 意思決定後に、モニタリングを通じて、環境アセスメントの質の管理が行われているかどうか

第4節 欧州における戦略的環境アセスメント

1．SEA 指令の枠組み

　EU 諸国では、SEA の制度化を図っている国として、オランダ、ベルギー、フィンランド等があり、オランダでは、「廃棄物処理に関する10ヵ年計画に関する SEA」への取り組みがみられ、そこでは、廃棄物の再利用につながる分離技術を重視する代替案（代替案Ⅲ）が最も好ましいとの結論を導き、それに基づき、廃棄物の選択分離技術を重視する長期的な政策をとることが決定されている。

　欧州では、2001年6月、SEA 導入の2001EC 指令[92]が採択され、同年7月発効となった。その手続については、図5-5に示す。

　この指令は、新規あるいは改定された土地利用計画やプログラムに適用され、廃棄物の地方計画等すべての開発計画を含むとされている。ここでは、計画やプログラムの策定段階において、直接的、間接的な環境影響評価に関する情報を明示した環境影響評価書を準備することが要求され、必要かつ具体的な情報として、①環境脆弱地域を含む計画に関連した現存の環境問題、②計画によって影響を受ける地域の現存の地域特性、③国際水準、欧州目標、国内目標に適合するように課せられた環境上の責務、④計画の実施によってもたらされる重大な環境影響、⑤計画目標を試みるための代替案、⑥計画の実施による重大な環境影響を削減するような環境影響緩和策、などが要求される。EU では EIA 指令によって既に公衆参加が盛り込まれてきたが、オーフス条約では公衆の権利を拡張し、公衆参加について一層明確に規定しているため、SEA 指令によりさらにオーフス条約水準に見合うように改正された。これにより都市計画や都市交通プログラムを策定する際には、環境アセスが義務づけられる。SEA 指令の導入状況に関しては、2006年7月現在では以下の図5-6にみるような

第 4 節　欧州における戦略的環境アセスメント

図 5-5　EC 指令[93)]の SEA 手続のフロー

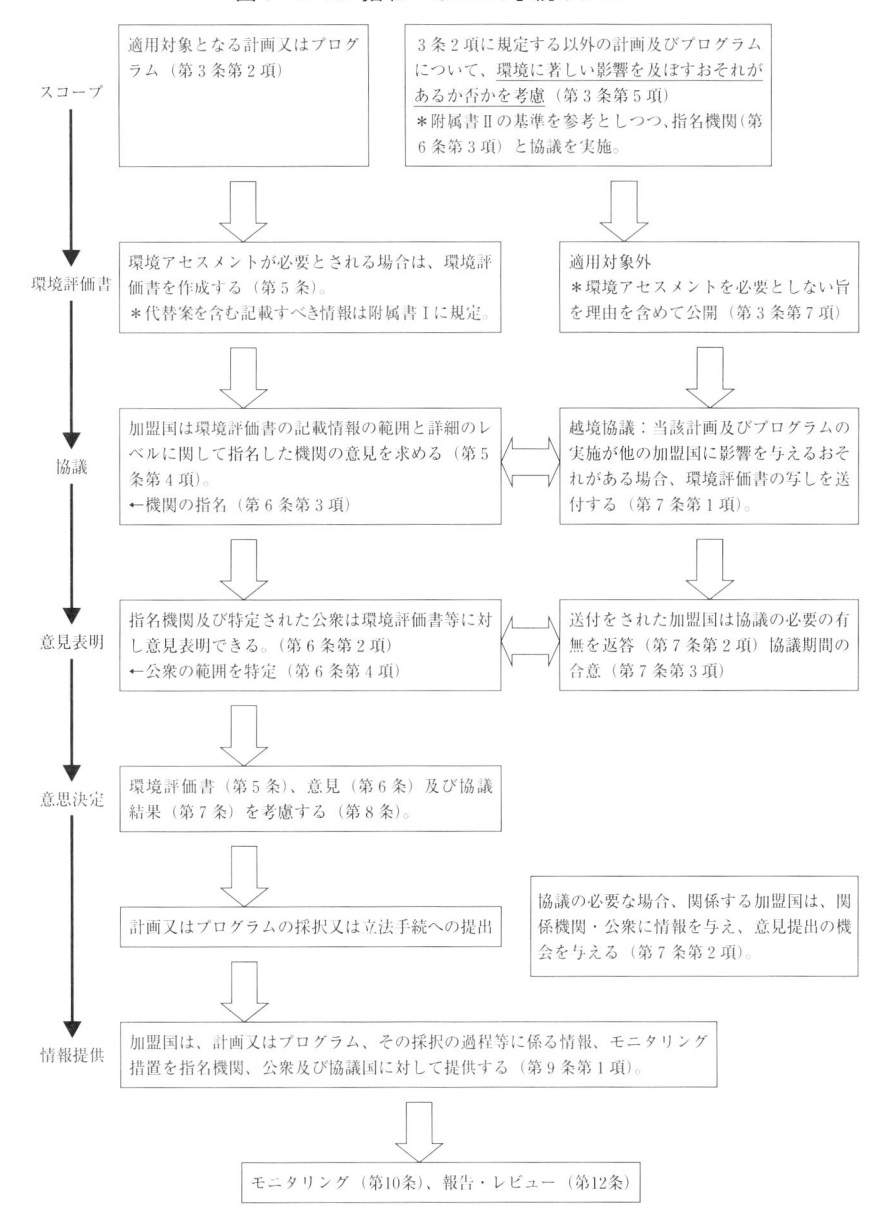

スコープ

- 適用対象となる計画又はプログラム（第 3 条第 2 項）
- 3 条 2 項に規定する以外の計画及びプログラムについて、環境に著しい影響を及ぼすおそれがあるか否かを考慮（第 3 条第 5 項）
  *附属書Ⅱの基準を参考としつつ、指名機関（第 6 条第 3 項）と協議を実施。

環境評価書

- 環境アセスメントが必要とされる場合は、環境評価書を作成する（第 5 条）。
  *代替案を含む記載すべき情報は附属書Ⅰに規定。
- 適用対象外
  *環境アセスメントを必要としない旨を理由を含めて公開（第 3 条第 7 項）

協議

- 加盟国は環境評価書の記載情報の範囲と詳細のレベルに関して指名した機関の意見を求める（第 5 条第 4 項）。
  ←機関の指名（第 6 条第 3 項）
- 越境協議：当該計画及びプログラムの実施が他の加盟国に影響を与えるおそれがある場合、環境評価書の写しを送付する（第 7 条第 1 項）。

意見表明

- 指名機関及び特定された公衆は環境評価書等に対し意見表明できる。（第 6 条第 2 項）
  ←公衆の範囲を特定（第 6 条第 4 項）
- 送付をされた加盟国は協議の必要の有無を返答（第 7 条第 2 項）協議期間の合意（第 7 条第 3 項）

意思決定

- 環境評価書（第 5 条）、意見（第 6 条）及び協議結果（第 7 条）を考慮する（第 8 条）。

- 計画又はプログラムの採択又は立法手続への提出

- 協議の必要な場合、関係する加盟国は、関係機関・公衆に情報を与え、意見提出の機会を与える（第 7 条第 2 項）。

情報提供

- 加盟国は、計画又はプログラム、その採択の過程等に係る情報、モニタリング措置を指名機関、公衆及び協議国に対して提供する（第 9 条第 1 項）。

- モニタリング（第 10 条）、報告・レビュー（第 12 条）

出典：EU 指令より作成

第 5 章　諸外国における環境アセスメント制度

図 5 - 6　EU・SEA 指令の導入及び執行状況

SEA加盟国	1 オーストリア	2 ベルギー	3 キプロス	4 チェコ	5 デンマーク	6 エストニア	7 フィンランド	8 フランス	9 ドイツ	10 ギリシャ	11 ハンガリー	12 アイルランド	13 イタリア	14 ラトビア	15 リトアニア	16 ルクセンブルク	17 マルタ	18 オランダ	19 ポーランド	20 ポルトガル	21 スロバキア	22 スロベニア	23 スペイン	24 スウェーデン	25 イギリス
①導入状況	○	○	○	○	○	○	○	○	(○)	×	○	○	(○)	○	○	×	○	○	○	×	○	△	○	○	○
②ガイドラインの制定状況	(○) /?	△ 1)	△	○ 2)	○	△	○	/?	(○) /?	×	○	○	△	(○)	× (○)	×	× 3)	○	○	△	△	×	△ 4)	○	○
③SEA の適用経験	○	×	○	○	○	△	○	◎	◎ 5)	△	△	△	△	△	△ 6)	?	△	○	◎	△	△	△	○	○	○
④その他の管理手段	●	●	●	●	●	●	●	●	●	○ 7)	● 8)	●	●	●	●	●	●	● 9)	○ 10)	●	●	○ 11)	●	●	●

Status : Jury 2006

① ○：全面導入（例えば、関連法案の成立）
　△：部分導入（または、まもなく導入）
　×：まだ導入していない
　(○)：国レベルでの導入・国・地域が遵守すべき委員会による拡張）

② ○：発行済みのガイドライン
　△：草案・一般的なガイドライン（SEA を言及した可能性がある）
　×：なし
　(○)：国のガイドラインのうち、一部のみ発行した・部分的にまだ編成中　http://www.merlaanderen.be
　1) 国レベルの行政機関が提供したEIA/SEA ホームページ
　2) 失効になった
　3) 国外のガイドライン
　4) 地域のガイドライン

③ ◎：100超
　○：相当多い
　△：1またはは少ない
　×：なし
　5) 小規模土地利用計画と一部州の地方景観計画評価に関する経験
　6) 今編成中

④ ●：その他の手段がある
　○：空間計画の中、環境問題への考慮の要求がある
　●：景観計画
　7) 一部の土地利用計画 EIA
　8) 1980年後期から、SEA に基づいた EIA の交換
　9) 生態地形学研究
　10) 空間計画における環境要素への配慮の要求
　11) 空間計画における環境要素への配慮の要求
　※？は不明

出典：TB.Fischer[94] より作成

状況にある[94]。

SEA指令は、政府の早期段階の戦略決定に適用され、ときには民間セクターも適用される。EU加盟国は、SEA指令の要求に従い、EIAに基づくSEAのプロセスを特定の計画に適用される。これらは行政主導型戦略的環境アセスメントである。

2．指令の適用対象

指令の適用対象範囲は、環境に著しい影響を及ぼすおそれのある以下の計画・プログラムであり、政策は含まれない。

① 農林業、漁業、エネルギー、産業、交通、廃棄物処理、水管理、通信、観光、都市及び農村計画または土地利用の分野の事業実施段階の環境影響評価の対象事業の枠組みを構成する計画

② その立地が及ぼすとみられる影響に鑑み、野生生物の生息域の保全に関する指令に伴う環境影響が必要とされたもの

環境保全の有効性を確保するため、計画やプログラムを実施することによる直接的、間接的な環境影響についての評価に関する情報を明示した環境影響報告書を準備することが要求される。それに必要な具体的な情報としては、以下のものが要求されている。

(a) 環境脆弱地域を含む計画に関連した現存の環境問題
(b) 計画によって影響を受ける地域の現存の地域特性
(c) 国際水準、欧州目標、国内目標に適合するように課せられた環境上の責務
(d) 計画の実施によってもたらされる重大な環境影響
(e) 計画目的を達成するための複数案
(f) 計画の実施による重大な環境影響を削減するような環境影響緩和策
(g) 計画またはプログラムの実施に当たってのモニタリング措置
(h) 提供された情報の非テクニカルな概要

このように環境報告書では、現在の知見、評価方法、計画またはプログラム

の内容及び詳細さの程度、意思決定プロセスでのレベル、評価の重複を避けるために特定の事項についてこのプロセス以外の他の段階で適切に考慮し得るかどうかの可能性の程度等を考慮する上で、合理的に必要とされる情報を含むものとされている。

3．複数案に関する規定

複数案は、アセスの核心とよく言われるが、EC 指令[95]では計画又はプログラムの目的、及び地理的な範囲を考慮した合理的な複数案を明らかにし、評価することとなっている。

したがって、環境影響報告書に記述される情報との関係では、以下の項目が複数案との関係で重要である。

① 計画またはプログラムの概要、主な目的ならびに他の関連の計画及びプログラムとの関係
② 現在の環境の状況及び計画又はプログラムが実施されない場合に予想される状況
③ 計画またはプログラムの実施が環境に与える著しいマイナスの影響を回避し、低減し、できる限り相殺するために講じられる措置
④ 検討された複数案が選択された理由の概要や必要とされた情報を収集する際に、直面した技術的欠陥やノウハウ不足などの困難であった点を含め、どのような評価を行ったかについての記述

4．戦略的環境影響評価制度の動向

SEA 制度は、表5-1に示すように、各国に法制度としてあるが、その内容は様々である。実施件数をみると、米国が年間30～50件、カナダは300件、スペイン及びオランダはともに50件前後である。それに比べると、英国は、SEA が規則によって早期に制度化されていたこともありも、年間400～500の事例がある。ドイツも2007年に従来の環境影響評価法に SEA 制度を追加したことにより、2008年に3,000件といわれている。また、フィンランドが2005年 SEA 法

第4節　欧州における戦略的環境アセスメント

表5-1　諸外国のSEAの手続

国名	法的根拠（導入年）	目的	対象分野	実施件数	スクリーニング 手続の有無	スクリーニング 公衆の関与	スクリーニング 環境第三者機関の関与	スコーピング 手続の有無	スコーピング 公衆の関与	スコーピング 環境第三者機関の関与	審査 手続の有無	審査 公衆の関与	審査 環境第三者機関の関与	事後調査 手続の有無	事後調査 公衆の関与	事後調査 環境第三者機関の関与	ティアリング
米国	国家環境政策法（1969）	環境配慮、関連する社会及び経済的の考慮等	分野は特に規定されていない	（推定）年間30～50件程度（SEAとEIAを合わせた年間実施件数：2004年から2007年で年間540～600件弱）	○	任意	任意	○	○	○	○	○	○	○	任意	任意	○
カナダ	閣議指令（1990）	政策、計画及びプログラムの策定段階における環境配慮、関連する社会及び経済配慮	分野は特に規定されていない	年間300件程度（SEA簡易プロセス2005年から2008年実績）年間約20件（包括的SEA 2005年から2008年実績）	○	×	×	○	×	×	○	×	×	○	×	×	制度なし（限定的事例）
フィンランド	環境影響評価法（2005）	計画及びプログラムを策定し許可する過程における環境への影響に対する評価及び環境からの配慮を得るとともに、公衆の関連情報を得る機会をともに、持続可能な開発を促進すること	農業、林業、漁業、エネルギー管理、工業、運輸、廃棄物管理、観光、地域計画、気候通信、土地利用、環境保全及び自然保護	年間おおよそ1300件（2006年から2008年実績）	○	○	○	○	×	○	○	×	○	○	×	×	制度なし（事例公表なし）
スペイン	環境影響評価法（2006）	計画・プログラムの策定段階における環境配慮の向上	農業、畜産、森林、漁業、エネルギー、鉱山、工業、運輸、廃棄物管理、水管理、電気通信、沿岸域利用及び都市、農村計画及び土地利用	2008年50件 2007年80件	○	○	○	○	○	○	○	○	○	○	×	×	制度なし（限定的事例）
英国	SEA規則（2004）	上位段階における環境保護及び持続可能な開発を促すために計画・プログラムの策定段階において環境配慮を実施することに寄与する等	農業、林業、漁業、エネルギー、工業、運輸、廃棄物管理、水管理、電気通信、観光、都市・農村計画及び土地利用	年間400～500件（2006年から2008年実績）	○	×	○	○	×	○	○	○	○	○	×	○	制度なし（限定的事例）
オランダ	環境管理法及び閣議命令（2006）	上位の取組（initiative）の策定段階において環境配慮を実施することに寄与すること	農業、林業、漁業、エネルギー、工業、運輸、廃棄物管理、水管理、電気通信、観光、土地利用、再開発及び自然保護等	2007年58件 2006年33件	○	○	○	○	△	○	○	○	○	○	×	×	制度なし（事例公表なし）
ドイツ	環境影響評価法（2007）	計画・プログラムの実施によって生じうる環境へのあらゆる影響に対して計画・プログラムの策定段階において言及、配慮すること	交通、空港、水管理、廃棄物管理、自然景観保護計画及び地方開発計画	2008年約3000件（公的な統計はない）	○	○	○	○	×	任意	○	○	○	○	×	×	制度なし（事例公表なし）

△：スコーピング時に決定する

出典：環境省資料49)より作成

157

によって2006年から2008年の間に1,500件の実績がある。

第5節　英国における環境アセスメント

1. 英国の環境アセスメント

　英国では、イングランド、ウェールズ、スコットランド、北アイルランドにおいて、それぞれの政府機関が法整備[96]を行っている。なお、ここでは、イングランドの制度を中心に解説するが、それぞれの地域についても簡単に紹介する。

(1) イングランド

　イングランドでは、英国政府機関である副首相府[97]がEUのSEA指令[98]のイングランド内への制度導入を担当しており、SEA指令の実行に関するイングランド版SEA規則として「計画及びプログラムの環境影響評価に関する規則」[99]（以下、「SEA規則」という。）を作成した。同規則は2004, no.1663とコード化されており、2004年7月20日に施行された。図5-7及び図5-8を参照。

(2) ウェールズ

　ウェールズ政府（The National Assembly for Wales）は、ウェールズ内におけるEUのSEA指令の導入に関する規則の整備に対して責任を有する。ウェールズ版SEA規則はコード化[100]されており、正式名称は「計画及びプログラムの環境影響評価に関する（ウェールズ）規則」[101]であり、2004年7月12日に施行された。

(3) スコットランド

　スコットランド政府（Scottish Executive）は、スコットランド内におけるEUのSEA指令の導入に関する規則の整備に対して責任を有する。スコットランド版SEA規則は2004、no.258とコード化されており、正式名称は「計画及び

第5節　英国における環境アセスメント

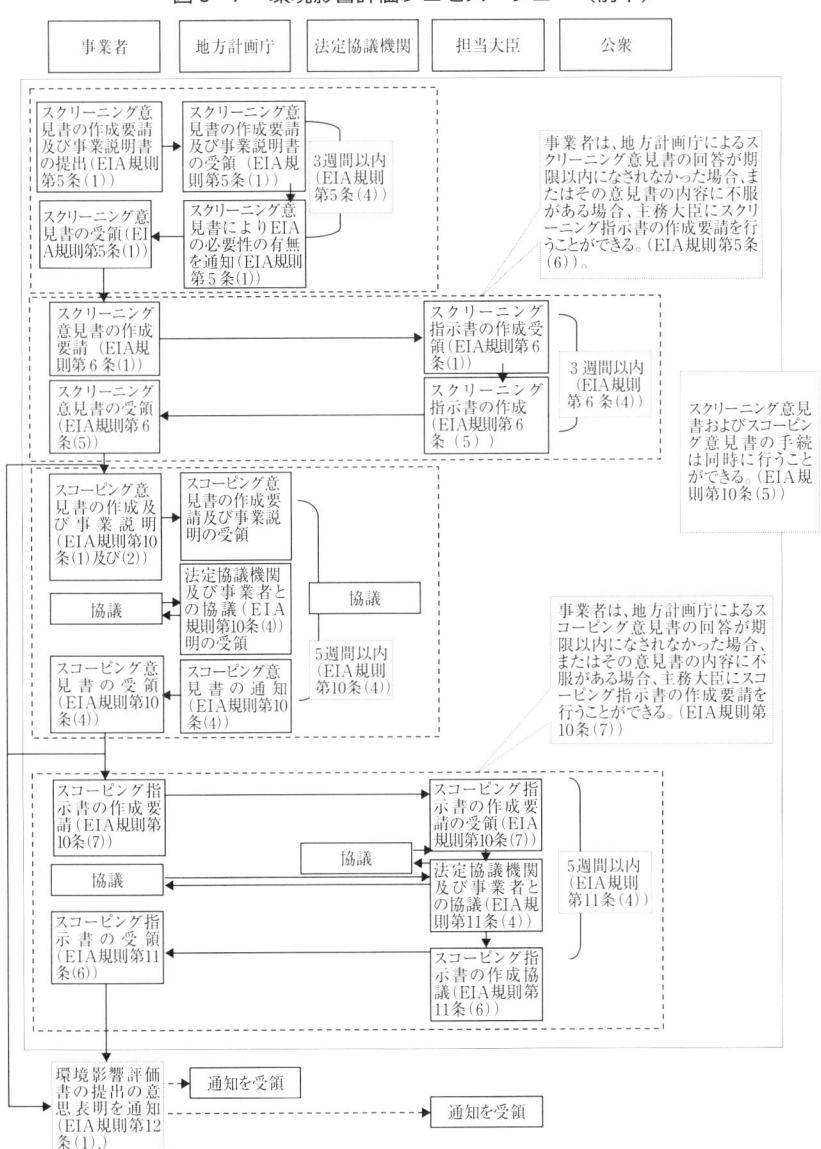

図5-7　環境影響評価プロセス・フロー（前半）

事業者	地方計画庁	法定協議機関	担当大臣	公衆

スクリーニング意見書の作成要請及び事業説明書の提出（EIA規則第5条(1)）→ スクリーニング意見書の作成要請及び事業説明書の受領（EIA規則第5条(1)）

3週間以内（EIA規則第5条(4)）

スクリーニング意見書の受領（EIA規則第5条(1)）← スクリーニング意見書によりEIAの必要性の有無を通知（EIA規則第5条(1)）

事業者は、地方計画庁によるスクリーニング意見書の回答が期限以内になされなかった場合、またはその意見書の内容に不服がある場合、主務大臣にスクリーニング指示書の作成要請を行うことができる。（EIA規則第5条(6)）。

スクリーニング意見書の作成要請（EIA規則第6条(1)）→ スクリーニング指示書の作成受領（EIA規則第6条(1)）

3週間以内（EIA規則第6条(4)）

スクリーニング意見書の受領（EIA規則第6条(5)）← スクリーニング指示書の作成（EIA規則第6条(5)）

スクリーニング意見書およびスコーピング意見書の手続は同時に行うことができる。（EIA規則第10条(5)）

スコーピング意見書の作成及び事業説明（EIA規則第10条(1)及び(2)）→ スコーピング意見書の作成要請及び事業説明の受領

法定協議機関及び事業者との協議（EIA規則第10条(4)明の受領）

協議　　協議

5週間以内（EIA規則第10条(4)）

スコーピング意見書の受領（EIA規則第10条(4)）← スコーピング意見書の通知（EIA規則第10条(4)）

事業者は、地方計画庁によるスコーピング意見書の回答が期限以内になされなかった場合、またはその意見書の内容に不服がある場合、主務大臣にスコーピング指示書の作成要請を行うことができる。（EIA規則第10条(7)）

スコーピング指示書の作成要請（EIA規則第10条(7)）→ スコーピング指示書の作成要請の受領（EIA規則第10条(7)）

協議

法定協議機関及び事業者との協議（EIA規則第11条(4)）

協議

5週間以内（EIA規則第11条(4)）

スコーピング指示書の受領（EIA規則第11条(6)）← スコーピング指示書の作成協議（EIA規則第11条(6)）

環境影響評価書の提出の意思表明を通知（EIA規則第12条(1),）→ 通知を受領　　通知を受領

159

第5章　諸外国における環境アセスメント制度

図5-8　環境影響評価プロセス・フロー（後半）

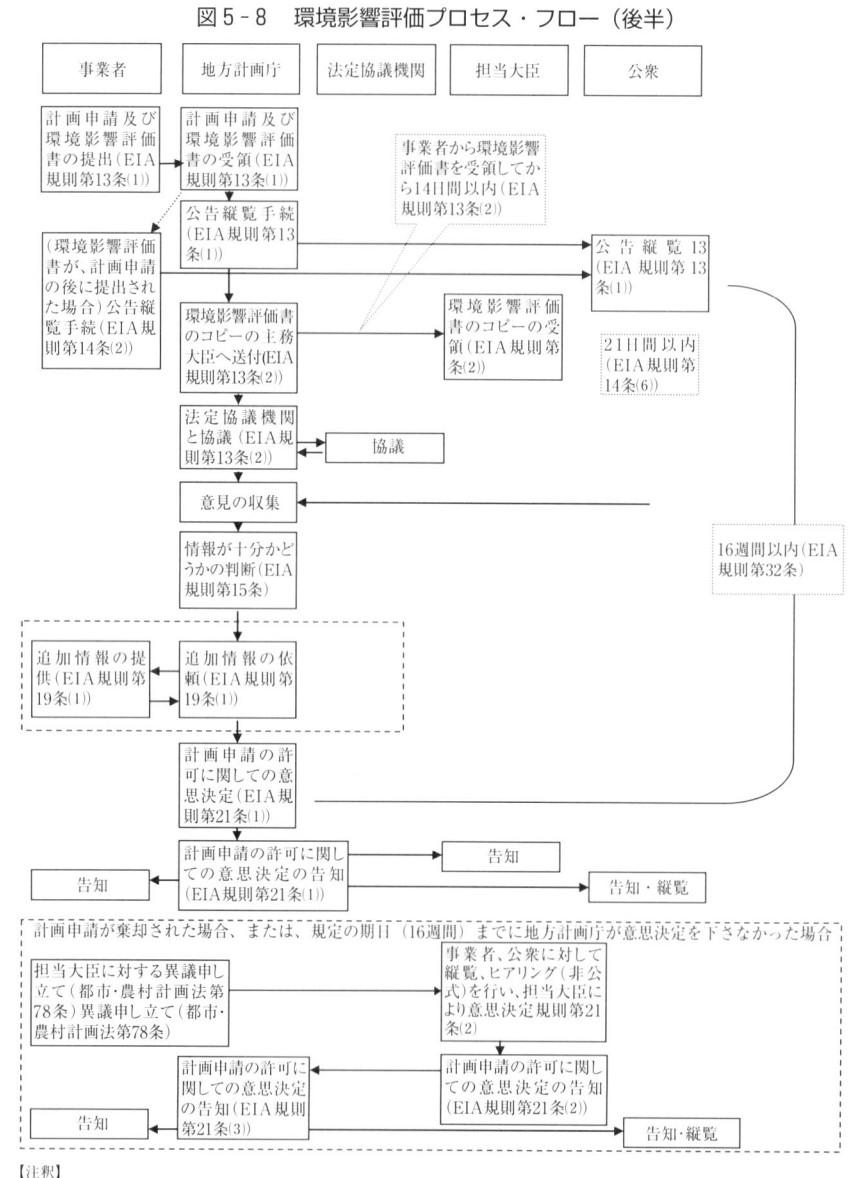

[図：環境影響評価プロセスのフローチャート。事業者、地方計画庁、法定協議機関、担当大臣、公衆の5者間のやり取りを示す]

【注釈】
・点線（----）は、任意の行為を示す。
・「EIA規則」とは「都市・農村計画EIA規則」を意味する。

出典：環境アセスメントの最新知識55)より作成

160

プログラムの環境影響評価に関する（スコットランド）規則」[102]であり、2004年7月20日に施行された。

それに加えて、環境影響評価（スコットランド）法案（Environmental Impact Assessment (Scotland) Bill）が2005年3月2日に議会に提出され、成立した[103]。従来のスコットランドSEA規則は、EUのSEA指令の国内制度化のために作成されたもので、内容的にはイングランド、ウェールズ、北アイルランドの制度と類似であるが、同法は、一歩進んだSEAの導入を目指したものであり、スコットランドSEA規則よりSEAの対象範囲が拡大されている。同法の主な特徴は、以下の通りである。

- 法はEUのSEA指令の国内制度化のために、2004年7月に施行されたスコットランドSEA規則に取って代わるものである。
- 法はSEAの適用範囲を拡大する。現行規則では、特定の計画及びプログラムのみをSEA適用の対象としているが、同法案では、環境に影響がないまたは軽微な計画やプログラムの一部の例外を除いて、すべての計画及びプログラムをSEAの対象とする。
- 法は、戦略（strategies）[104]をSEAの対象とする。

事前スクリーニング（pre-screening）の手続[105]を設け、環境に重大な影響を与えない戦略を含む計画、プログラム等をSEAから除外する。このSEA法に基づき、2009年10月にエネルギー計画に対するSEAのコンサルテーションペーパーを公表している[106]。

（4） 北アイルランド

北アイルランドでは、北アイルランド環境省（the Department of the Environment for Northern Ireland）が、北アイルランド内におけるEUのSEA指令の導入に関する規則の整備に対して責任を有する。同規則は2004no.280とコード化されており、正式名称は、「計画及びプログラムの環境影響評価に関する（北アイルランド）規則（The Environmental Assessment of Plans and Programmes (Northern Ireland) Regulations 2004)」であり、2004年7月22日に施行された。

2．戦略的環境アセスのプロセス

(1) SEA規則で定める対象

英国におけるSEA規則の対象は、計画とプログラムであり、政策（Policy）は対象外である。EC指令[107]の国内法化によるもので、英国も行政主導型の戦略的環境アセスメントである。その計画又はプログラムとは、「法的、制度的、あるいは行政的」必要性に基づくものであり、国家レベル、地方レベルまたは地域レベルの主務省庁により、作成または採択が行われるもの、または、国会もしくは政府による立法手続を通じて、主務省庁が採択のための手続を行うもの[108]である（第2条（1））。

- 具体的には、SEAは下記に該当する計画に対して適用される（第5条（2）及び（3））
- 計画またはプログラムが、農業、森林、漁業、エネルギー、工業、運輸、廃棄物処理、水管理、電気通信、観光、都市／農村計画、土地利用を対象とし、1985EIA指令（85/337 EEC）[109]に記載されている将来の開発に関する合意に対して、「枠組みを設定する」ものである場合
- 「生息環境指令」（92/43 EEC）[110]で保護されている自然環境保全地域に重大な影響を及ぼしそうな場合

ただし、上記の計画で、地方レベルにおいて狭い地域の土地利用を決定する計画またはプログラム、あるいは計画またはプログラムの小規模な変更の場合、SEAの適用の判断は主務省庁に委ねられ、主務省庁が環境に重大な影響を与えるおそれがないと判断した場合、その計画またはプログラムはSEAが適用されない（第5条（6））。

(2) 手続フロー

イングランドのSEA規則に基づく手続は、事業に適用されるイングランドの環境影響評価の手続と類似している。なお、SEA規則においては、「スクリーニング」、「スコーピング」などの用語は使用されていない。ODPM実施ガイド案では、ステージAからステージEでSEAの手続が構成されているが、SEA

実施義務の有無を判断する段階の名称（いわゆるスクリーニング）が定義されていないため、ここでは、各段階を図5-9に示した用語によって説明する。また、SEA規則に基づいた具体的なSEA実施プロセスを図5-10に示す。

手続の概要は、以下の通りである。計画及びプログラムが更新または、新たに作成が検討される際、SEAの適用の検討も同時に開始される。主務省庁は、法定協議機関と協議して、検討中の計画またはプログラムがSEAの適用を受けるかを決定し、当該決定とその理由を明記した文書を作成し（第9条（3））、その決定を下して28日以内に、その文書のコピーを法定協議機関に送付しなければならない（第11条（1））。さらに、主務省庁は、その決定事項及びその理由が述べられた文書のコピーを公衆が閲覧できるように主務省庁の本庁舎に無料で掲示しなければならない（第11条（2）(a)）。

その後、主務省庁は、法定協議機関と協議し、検討中の計画またはプログラムに関するSEAの範囲を決定し、検討中の計画またはプログラムの環境影響評価を行い、戦略的環境影響評価書を作成する。さらに、主務省庁は、その戦略的環境影響評価書を考慮した上で、計画案を作成し、法定協議機関や公衆と協議する（第13条（2））。主務省庁は、戦略的環境影響評価の結果、法定協議機関及び公衆からの意見、及び必要な場合には、EU加盟国との協議結果を考慮した後、その検討中の計画またはプログラムの採択のための立法手続を行う（第8条（2）(b)）。

最後に、主務省庁は、予期できない負の影響を早期に把握するために、計画またはプログラムの施行後、その計画またはプログラムによる環境影響を監視しなければならない（第17条（1））。

1）スクリーニング

主務省庁は、計画またはプログラムがSEAの対象であるかどうかを決定しなければならない（第9条（1））。この決定にあたり、主務省庁は、SEA規則別表1（Schedule 1）で記載された環境に重大な影響を及ぼす程度を決定する基準を考慮し（第9条（2）(a)）、法定協議機関と協議した上で決定を行わなければならない（第9条（2）(b)）とされている。また、主務省庁が、当該計画、

図5-9　SEAのプロセスの名称との関係

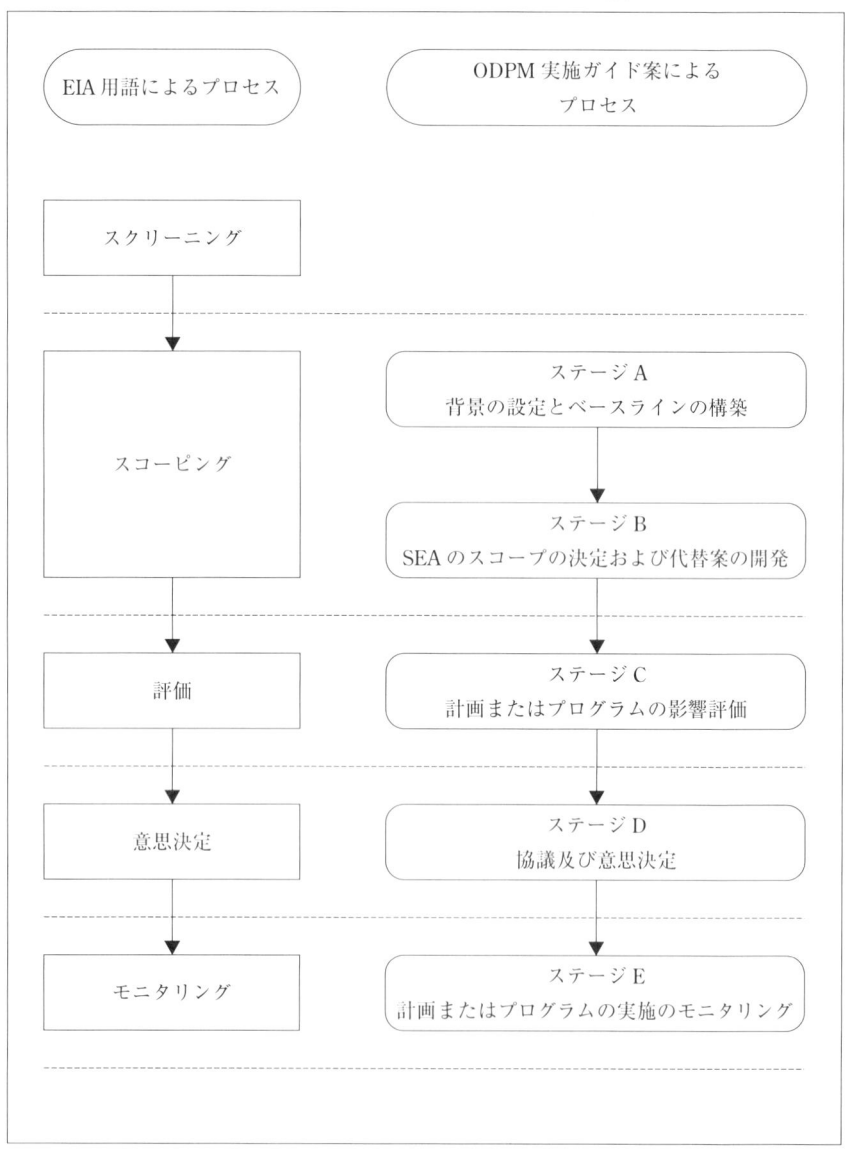

```
EIA用語によるプロセス            ODPM実施ガイド案によるプロセス

スクリーニング

                              ステージA
                              背景の設定とベースラインの構築

スコーピング
                              ステージB
                              SEAのスコープの決定および代替案の開発

評価                           ステージC
                              計画またはプログラムの影響評価

意思決定                        ステージD
                              協議及び意思決定

モニタリング                     ステージE
                              計画またはプログラムの実施のモニタリング
```

出典：ODPMガイド案資料より作成[116]

第5節　英国における環境アセスメント

図5-10　SEA実施プロセス・フロー

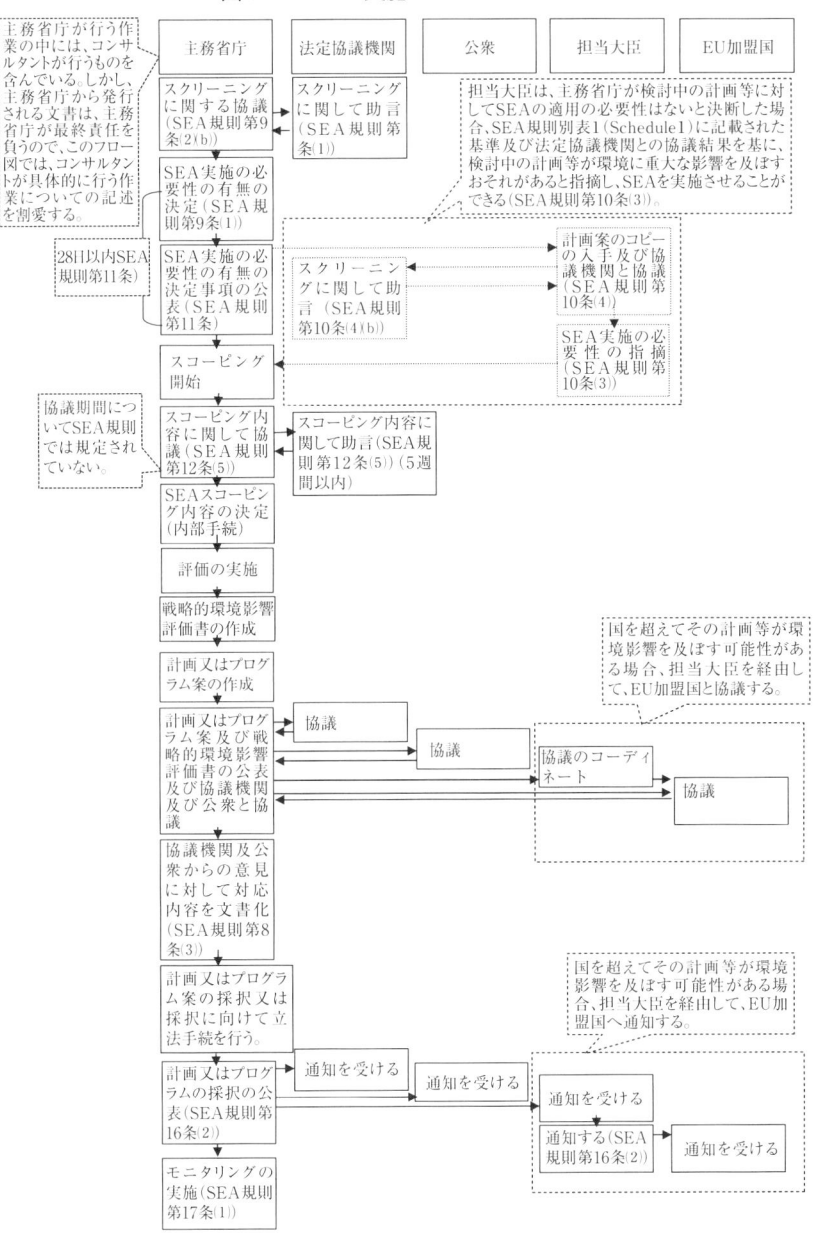

出典：SEA規則資料より作成

プログラムまたはその修正に関して、SEA実施の必要性の有無を決定する前に、それらの計画等は、採択またはその採択のために立法手続へ提出されてはならない（第8条（1）(b)）と規定されており、すべての主務省庁が取り扱う計画等は、計画等が策定される前に、必ずSEA実施の必要性の有無について確認する段階が用意されている。このSEA実施の必要性確認作業の開始が、SEAプロセスの開始地点と考えられる。

　当該計画またはプログラムは環境へ重大な影響を与えるおそれがないと主務省庁が決定し、SEAを実施しない場合には、主務省庁は当該決定とその理由を明記した文書を作成しなければならない（第9条（3））。主務省庁は、その決定を下して28日以内に、その文書のコピーを法定協議機関に送付しなければならない（第11条（1））。さらに、主務省庁は、その決定事項及びその理由が述べられた文書のコピーを公衆が閲覧できるように主務省庁の本庁舎に適当な期間（all reasonable times・具体的な期間は規定されていない）、無料で掲示しなければならない（第11条（2）(a)）。

　なお、主務省庁が、検討中の計画またはプログラムに対して環境への重大な影響がないと判断してSEAを実施しない場合、担当大臣は、いつでも、当該決定及びその理由を記した文書及び問題となっている計画の送付依頼を主務省庁に対して行うことができる（第10条（1））。主務省庁は、その担当大臣からの依頼に対して、7日以内に履行しなければならない（SEA規則第10条（2））。担当大臣（Secretary of State）はSEA規則別表1（Schedule 1）で示された基準を考慮し、さらに法定協議機関との協議の後、検討中の計画またはプログラムが環境に重大な影響があるおそれがあると指摘することができる（第10条（3））。その場合、担当大臣は、指摘を与えた後のできるだけ早い時期に、主務省庁及び協議機関に対して、その指摘のコピー及び指摘の根拠の文書を送付しなければならない（第10条（5））。担当大臣による指摘により、主務省庁による決定は効力を失う（規則解説（Explanatory Note））。

2）スコーピング

　SEA規則では、「スコーピング」という用語が、SEAプロセスの1段階の意

味として明記されていないが、実務者が実際に行う手順がODPM実施ガイド案に示されている。よって、スコーピング段階を便宜上、ODPM実施ガイド案における、ステージA（背景の設定とベースラインの構築）とステージB（SEAの範囲の決定及び代替案の開発）の段階と位置づけて、スコーピングを説明する。

基本的に、これらのステージは、主務省庁に実施の責任があるが、実際には、戦略的環境影響評価書を作成する主体（コンサルタントなど）が実施することになる。

主務省庁は、SEAの範囲を決定するために法定協議機関と協議することが義務づけられており（第12条（5）及び（6））、その際、当該計画等に対するSEAスコーピング報告書（Scoping Report）が、主務省庁から協議機関との協議を目的に発行される場合がある（SEA規則には規定されていない）。また、協議機関は、協議を求められてから5週間以内に主務省庁に返答を行う。

ステージAでは、①他の関連する計画、プログラム及び環境保護目標の把握、②ベースライン情報の収集、③環境問題の把握、④SEAの目標（objective）の設定の作業を行い、ステージBでは、①SEAの目標に対する計画またはプログラムの目的の整合性テスト、②戦略的な代替案の評価、③SEAの範囲に関する協議などを行う。

3）　環境影響評価

この段階は、ODPM実施ガイド案によるステージC（計画またはプログラムの影響の評価）が相当する。計画あるいはプログラムの影響を予測／評価して軽減対策を決定する。計画立案者は、この段階で、SEAの結果をとりまとめた戦略的環境影響評価書について、正式に環境庁や他の専門家、住民と協議を行う（ODPM実施ガイド案（5.C.1））。

ステージCでは、①代替案を含めた計画またはプログラムの影響の予測、②代替案を含めた計画またはプログラムの影響の評価、③負の影響の緩和措置、④計画またはプログラムの実施における環境影響のモニタリング手法の提案、⑤戦略的環境影響評価書の準備などを行う。

4） 意思決定

主務省庁が、当該計画、プログラムまたはその修正に関して、SEA実施の必要性の有無を決定する前に、それらの計画等は、採択またはその採択のために立法手続へ提出されてはならない（第8条（1）(b)）。

また、主務省庁がSEAの実施が必要と決定した計画、プログラムまたはその修正に関して、SEA規則第8条(3)で示された条件を満たしていない場合、それらの計画等は、採択またはその採択のために立法手続へ提出されてはならない（第8条（1）(a)）。

SEA結果を反映するため、主務省庁は、戦略的環境影響評価の結果、法定協議機関及び公衆からの意見、及び必要な場合には、EU加盟国との協議結果を考慮した後、計画またはプログラムの案を作成し、その計画またはプログラム案の採択のための立法手続を行う（第8条（2）(b)）。

なお、SEA規則では、意思決定プロセスにおけるこれ以上の記述がないため、この段階での手続については、ODPM実施ガイド案におけるステージD（協議及び意思決定）によれば、①戦略的環境影響評価書及び計画案またはプログラム案に関する協議、②重要な変更の評価、③意思決定及び情報の規定等の作業を行う。

5） モニタリング、事後調査

主務省庁は、予期できない負の影響を早期に把握するために、計画またはプログラムの実施における環境影響を監視しなければならない（第17条（1））。

(3) 公衆関与と情報公開

SEA規則において、複数の段階における法定協議機関または公衆の関与の機会が規定されている。すなわち、法定協議機関の関与は、スクリーニング段階、スコーピング段階、戦略的環境影響評価書及び計画等の案の完成時で必須であり、計画等の採択後では、情報公開規定（第16条（2）(a)）がある。

公衆関与の機会は、スクリーニング段階において、SEA規則では、計画またはプログラムに対するSEA適用の決定に関する情報公開が規定されているのみであり（第11条（2））、スコーピング段階では、公衆関与の規定はない。

ただし、ODPM 実施ガイド案では、主務省庁は、SEA の範囲の検討に関して、法定協議機関以外のその他の組織や個人と協議を行い、情報や意見を入手することもできる（ODPM 実施ガイド案（5.B.8））としており、スコーピング段階での公衆の関与は運用においては可能である[111]。

なお、SEA 規則では、①SEA 適用の有無の決定時、②計画等の案及び戦略的環境影響評価書の作成完了時、③計画等の採択後、という３つの段階で公衆に対して、情報公開を実施することが義務づけられている。

3．英国の戦略的環境影響評価の民間部門適用の具体例

（1） スコットランド電力会社の送電線計画 SEA

行政主導型 SEA は公共セクターに有効であるが、民間セクターにとっても有効であるが、その事例は少ない。ここでは、スコットランド電力会社の事例を紹介する。以前は公共セクターであったが、現在は民営化されている。想定された便益に基づき、SEA が積極的に電力輸送計画に応用されている事例である。

スコットランド電力会社は1989年電力法の下で、法定許可証を保有する３つのイギリス会社の１つである。当該会社に許可された電力輸送と送電サービスの範囲は、スコットランド南部、イングランド西北部とウェールズ北部である。

スコットランド電力会社は、SEA がいかに便益をもたらすかに関心が高いが、これは民間企業にとっては先決的な条件であろう。また、スコットランド電力会社の SEA の必要性の有無に関する議論の焦点は、SEA がいかに提案された計画もしくはプログラムと連動するかにある。

SEA システムはスコットランド電力会社の現在の計画システム、新たな戦略的経済計画と段階的 SEA を考慮している。このシステムは以下の３つの段階に分けられる。

・SEA の需要の初期段階
・地域送電線網の SEA 段階
・高架送電線の方法段階の SEA

図5-11 地域送電線網計画及びSEA

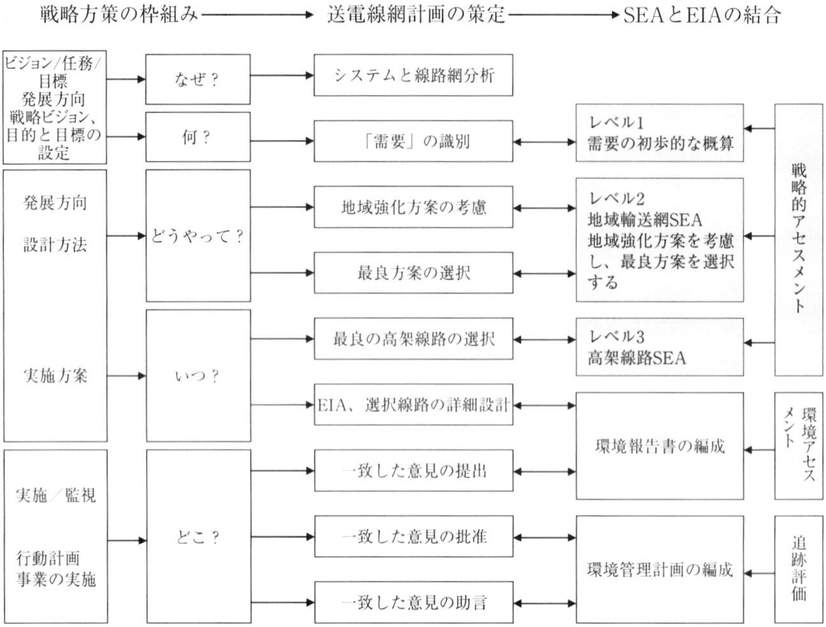

戦略方策の枠組み ───→ 送電線網計画の策定 ───→ SEAとEIAの結合

```
[ビジョン/任務/目標]      [なぜ？]      →  [システムと線路網分析]
[発展方向]
[戦略ビジョン、
 目的と目標の設定]        [何？]        →  [「需要」の識別]       ← [レベル1 需要の初歩的な概算]

[発展方向]               [どうやって？] →  [地域強化方案の考慮]   ← [レベル2 地域輸送網SEA 地域強化方案を考慮し、最良方案を選択する]
[設計方法]                             →  [最良方案の選択]

[実施方案]               [いつ？]       →  [最良の高架線路の選択] ← [レベル3 高架線路SEA]
                                       →  [EIA、選択線路の詳細設計]
                                                                    [環境報告書の編成]

[実施／監視]             [どこ？]       →  [一致した意見の提出]
[行動計画]                              →  [一致した意見の批准]
[事業の実施]                            →  [一致した意見の助言]   [環境管理計画の編成]
```

（右側縦書き：戦略的アセスメント／環境アセスメント／追跡評価）

出典：Marshall et al., 2006[112]より作成

図5-11はSEAと現有の多種類の送電線網計画の異なる段階との結合に関する予測状況を表している。その中には、事業計画段階の環境アセスメントとモニタリング評価も含まれている。

（2） SEAレベル1—需要の初期成立

送電線網計画の初期評価段階では、「需要の初期成立」がまず区別される。この段階では、SEAの適用は最も可能性としては複雑である。最終的には、「需要」は選択した方策について同意するかどうかを判断する基準である。すなわち、「需要目標」の策定の根拠は、以下の通りである。

・計画対象の現状と既存送電線網システムのエネルギーに関する需要の予測
・電力供給の質と安全性
・電力供給施設の現状と寿命
・新しい発電機及び送電線網に組み込む需要

表5-2 送電線網SEAの方法枠組み

手順	特徴	概要
1	評価範囲の確定	問題を識別し、評価のために背景と基準を設定する
2	代替案の記述	PPPの代替方案を識別し、特に最も戦略性のある代替案を選定する
3	評価構成部分の範囲の確定	各種異なる代替案を評価するための環境影響の標準を確定する
4	評価の潜在的な影響	代替案ごとに影響の正負を評価する
5	影響の重要性の確定	識別した影響の変動範囲を確定し、影響の強度あるいは深刻さの程度を累積する
6	各種代替案の比較	優先する戦略案あるいはPPPの発展方向を決定する
7	最良かつ最も確実な選択の確定	可能な代替案と評価基準に基づき全体の行動戦略を発展させる

出典：Marshall et al., 2006[113]；Noble et al., 2001[114]より作成

　計画の初期段階では、以下のことを認識する必要がある。すなわち、民間企業がエネルギー需要の問題に注目した場合、エネルギーの節約や技術もしくは税収措置等では解決できない。これらは、国家レベルの政策レベルにおける決定過程で解決される問題である。こうした制約を認識した上で、電力会社が、内部指導プログラムを設計し、実施グループに対して、第1レベルの企業の在り方を指導する。この「需要の初期評価」手続の目的は、「初期のデータ収集、整理作業を指導し、計画者に計画開始段階から代替案を比較することを促すこと」である。このプロセスで使用する技法は、予測法、検討会と影響マトリックス法等である。

(3) SEAレベル2―地域の送電線網

　第2レベルの計画の目標は、会社にすべて実行可能な戦略的な地域発展の代替案から、特定の1つの地域もしくはユーザ群への電力供給と正常な電力使用の確保の方策を選択するに役立つ。初期段階のSEAの方法は**表5-2**の通りである。

　地域送電線網の評価手続は、まず、評価する問題の範囲を判断する。ここで問題を発掘し、評価の基本と背景を確定する。つぎに、どのような代替案があるかを確定し、それらの潜在的な影響を評価するための基準を策定する。そし

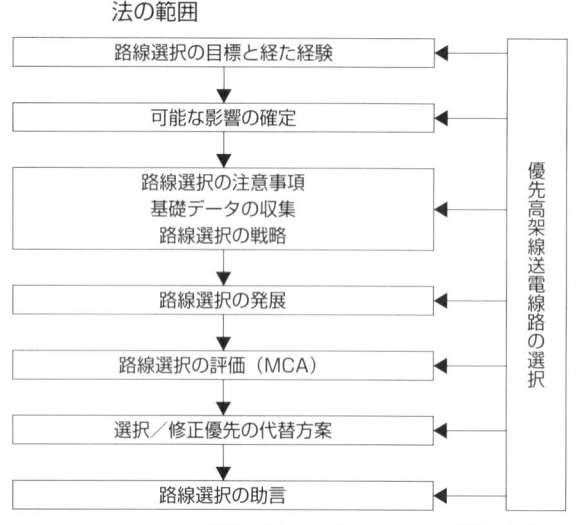

図5-12 スコットランド電力会社線路分布の戦略的方法の範囲

```
路線選択の目標と経た経験
      ↓
可能な影響の確定
      ↓
路線選択の注意事項
基礎データの収集
路線選択の戦略
      ↓
路線選択の発展
      ↓
路線選択の評価（MCA）
      ↓
選択／修正優先の代替方案
      ↓
路線選択の助言
```

優先高架線送電線路の選択

出典：Marshall et al., 2006[115]より作成

て、影響評価と影響の重要性を確定した後、優先的な戦略案を確定する。最後に、環境にとって最善な選択肢を確定する（BPEO）。この7つの評価手続き以外に、SEAは戦略的代替案の選択にその他の技術方法も総合的に使用し、特定の環境基準を用いて代替案を評価することで、戦略行動の措置を講ずる。

（4） SEAレベル3―高架線送電線の設計方法

第3の計画レベルでは、現在の高架線送電線の内部評価方法を利用している。この方法は90年代頃から利用されているものであるが、戦略的視点から、送電線の場所の選定案、最終的な路線網の確定を評価した上で、利害関係人に意見を聴き、EIAを行う必要な送電線建設事業を確定することである。図5-12はこの方法の評価手続である。この手続には前提条件がある。すなわち、送電線網の建設を議論する際、電力会社の最善な選択は、どの路線の建設案が最適であるかを確定することである。この評価を行う目的は、選択した戦略案と最終提出するEIAの最終設計事業案との差異を短縮することである。

第6節 アジアにおける環境アセスメント

1. 戦略的環境影響評価の制度化に関するアジアの動向

　アジアにおけるSEAの整備状況を以下に素描してみよう。まず、2002年10月に中国は環境影響評価法を制定し、2003年9月から施行しているが、土地利用の関連計画、地域・流域・海域の建設と開発利用計画（いわゆる、総合計画）や工業・農業・牧畜業・林業・エネルギー・水利・交通・都市建設・観光・自然資源の開発に関するセクター計画（いわゆる、特別項目計画）を新たにEIAの対象に加え、計画段階アセスメント制度を構築している。

　これにより、あらゆる分野の計画・建設プロジェクトが対象となり、その手続において、関連機関、専門家及び公衆参加を義務づけている。フィリピンでは、個別法であるが、2004年に水清浄法（Clean Water Act：CWA）を制定し、CWAの第17条では計画アセスの実施を規定している。それを実施するための細則を定めるものとして、現在、CWAの施行令である実施ルール及び規則（Implementing Rules & Regulations：IRR）の制定作業が進められている。なお、EIAに関しては法律ではなく大統領令（Presidential Decree）No.1586によっているため、それに基づく行政命令や規則がある。韓国では、環境政策基本法の改正により、政策立案に際して、環境影響評価の指標を示すことを義務づけ、SEA導入に向けてのアプローチがとられている。

　インドネシアでは、1997年に制定された「環境管理法」（1997年法No.27）第15条第2項により、「環境に大きな影響を与える可能性のある事業はすべて、政令に定める方法で環境影響を評価しなければならない」と規定された。これに基づき、「環境影響評価に関する政令」（1999年政令No.27）が1999年に制定された。同政令第8条～第13条に承認委員会の規定があり、具体的な内容は「環

境影響評価承認委員会の運用に関する決定」(2000年環境省令 No.40) を環境省が制定している。また、1997年「環境管理法」は、2009年に「環境保全及び管理に関する法律」(2009年法 No.32) に改正された。この新法に基づき、「環境影響評価に関する政令」も2011年度の制定を目指して改定作業が進行中である。

タイにおいては、以下に述べるように、事業段階のアセスメントは、1975年国家環境質向上法（1975年法）の一部改正により1979年から導入され、1992年の新国家環境質向上法（Enhancement and Conservation of National Environmental Quality Act：B.E. 2535：ECNEQA：1992年、以下、「NEQA」という。) に引き継がれてきたが、2003年5月からEIAプロセスを再構築することを天然資源環境省（Ministry of Natural Resources and Envirmment：MONRE）が承認し、EIAプロセスの再構築に着手することになった。これにより、事業段階の環境アセスメント・システムの中に公衆参加プロセスが明確に導入されるとともに、SEAも導入されることになった。そこで、以下にタイの制度を紹介することにしたい。

2．タイにおける環境アセスメントの現状と課題

(1) タイの環境アセスメント制度の根拠法

アセスメント制度は、1975年法を一部改正し、1979年に導入された。1975年法は、1992年にNEQAとして全面改正された。また、後述するように、従来からその弱体性が指摘されていた環境行政組織を抜本的に見直し、大気、水質、廃棄物などの汚染防除施設の建設・運営への貸付等に用いられる環境基金を創設し、さらに、汚染負担者の原則と厳格責任の原則を導入し、違反者に対する罰則の強化を図ってきた。

また、NEQAは、国家環境委員会（National Environmental Board：NEB）に対し、国の環境保全政策の策定権限を付与し、それに従い、1996年11月に閣議決定により、環境保全政策が策定された。この政策は、1997年から2016年の20年間における国家環境管理指針の全体的な枠組として活用されるものである。

その他にも、NEQAでは、国のこの環境保全政策を実行に移すため、期限

を付した環境管理計画を策定するよう定めている。

現在の環境管理計画(1999年〜2006年)は、1998年6月にNEBにより承認され、関連政府部局と地方に対して環境面での履行指針の枠組として利用されるように官報(1998年9月15日付け)に告示された。これは、第8次国家経済社会開発計画(1997年〜2001年)と第9次国家経済社会開発計画(2002年〜2006年)に反映されている。

また、現在の行政機構は、第9次国家経済社会開発計画に沿った環境保全促進の履行指針によって、実行可能で現状に即した行政機構に整序するため、2002年10月、従来の科学技術環境省(MOSTE)から天然資源環境省(MONRE)に組織替えしている。新たな天然資源環境省は、図5-13にみるように、大臣官房の他、事務総局、天然資源環境政策計画局(ONEP)、地下水資源局、汚染規制局、資源質向上局、海洋・海岸資源局、鉱物資源局、水資源局、自然公園・野生動植物局の一官房、一庁八局からなる。また、環境アセスメント業務は、ONEPの環境影響評価室(Office of Environmental Impact Evaluation：OEIE)が担当している。

(2) NEQAと環境アセスメント

NEQAは、以下の第115条からなる。すなわち、目的・定義規定等(第1〜第11条)、第1章国家環境委員会(第12〜第21条)、第2章環境基金(第22〜第31条)、第3章環境保全(第1部環境質基準(第32〜第34条)、第2部環境質管理計画(第35〜第41条)、第3部環境保全地域(第42〜第45条)、第4部環境影響評価(第46〜第51条)、第4章汚染規制(第1部汚染規制委員会(第52〜第54条)、第2部排出基準(第55〜第58条)、第3部汚染規制地域(第59〜第63条)、第4部大気・騒音(第64〜第68条)、第5部水質(第69〜第77条)、第6部その他の公害及び有害廃棄物(第78〜第79条)、第7部モニタリング、検査(第80〜第87条)、第8部使用料・罰金(第88〜第93条)、第5章奨励策(第94〜第95条)、第6章民事責任(第96〜第97条)、第7章罰則(第98〜第111条)、暫定規定(第112〜第115条)で構成されている。現在のタイ環境法の中核をなしている。

環境アセスメントは、従来、1975年法で制度化が図られ、1981年(科学技術

図5-13 新しい天然資源環境省の組織・機構図

新しい天然資源環境省の組織（2002年10月）

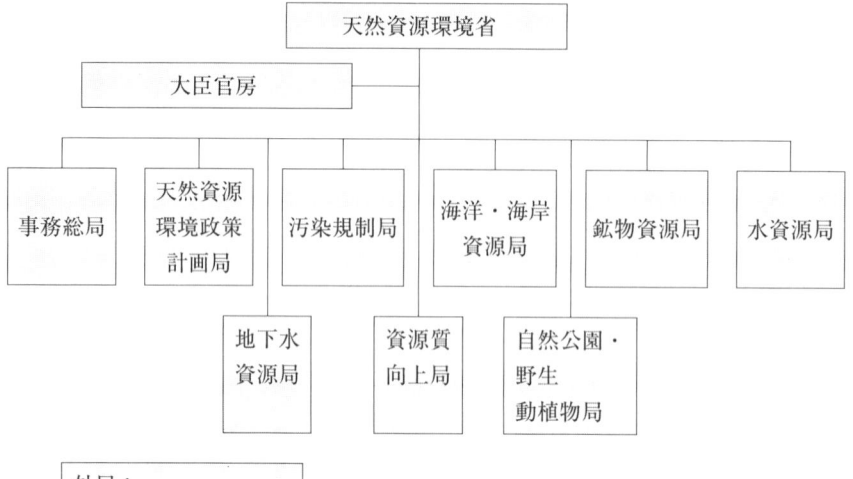

```
                    天然資源環境省
                         │
      大臣官房────────────┤
                         │
   ┌──────┬──────┬──────┼──────┬──────┬──────┐
 事務総局 天然資源  汚染規制局 海洋・海岸 鉱物資源局 水資源局
        環境政策         資源局
        計画局
           │      │      │
         地下水  資源質  自然公園・
         資源局  向上局  野生
                        動植物局
```

外局：
・動物公園センター
・熱帯植物センター
・廃水管理庁

出典：天然資源環境省の資料より

エネルギー省告示、1981.7.14）に具体的な対象事業が公示され、実施されてきたところであるが、NEQAにより全面的に改正され、新たに標準アセスメントや専門家委員会（Expert Review Committee：ERC）の審査等が加わった。環境アセスメントの根拠法規は、NEQAであり、直接関係する組織部局としては、NEB及びONEPである。

天然資源環境大臣（以下、「環境大臣」という。）は、NEBの承認を得て、事業者（政府官庁、国営事業、民間）が環境アセスメントを実施すべき事業・活動（以下、「事業」という。）の類型及び規模を官報に告示し、特定する権限をもつ（第46条）。

その告示には、個々の事業の類型・規模ごとに環境影響評価書を準備すべき手続、規則、手法及び指針が定められている。対象事業規模については、これ

まで環境省の告示のものがあったが、その見直しがなされ、事業対象・活動は、22に整理され、その内訳は、工業（6）、居住建築・コミュニティーサービス（5）、輸送（5）、エネルギー（2）、水資源（2）、流域（1）、鉱業（1）となっていたが、2010年8月31日の閣議決定により、11事業が事業対象となった。11事業種は、①海浜埋立（48ヘクタール以上）、②鉱山、③工業団地、工業用地開発、④石油化学の上流・中流事業、⑤精錬、鍛造（5000トン以上／日）、⑥病院、獣医院での放射性物質の製造、廃棄、⑦危険物廃棄処理、⑧空港（3000メートル以上の滑走路）、⑨港湾、⑩ダム、貯水池（貯水量1億立方メートル以上）、⑪発電所である。

　また、NEQAに基づかず、森林保護地域における事業については、EIAもしくはIEEの報告書を求められる事業がある。その場合には、EIA報告書を要求される事業[116]、IEE報告書を要求される事業[117]、EI（Environmental Information：EI）報告書を要求される事業[118]の3通りがある。このうち、前二者についてのアセスメント手続は、NEQAによる手続と同様である[119]。

（3）　標準アセスメント（standard assessment）

　特定の類型・規模に係る事業のアセスメントを行う場合、または、特定地域において当該事業のための立地選定を行う場合には、そのアセスメントは、同類型・規模または類似の地域特性をもつ地域での事業の立地選定に対して適用可能な標準アセスメントとして利用することができる。その場合には、環境大臣は、NEBの承認を得て、同一または類似の事業の環境アセスメント要件を免除することを官報に告示できる。一方、事業者は、環境大臣の特定する規則及び手法に従って、当該事業のアセスメント基準として適用可能な環境影響評価書に記載された種々の対策に従うことに同意を表明しなければならない（第46条）。

1）　環境アセスメントの対象及び手続

　環境アセスメントの準備を要求される事業とは、政令の告示による規模と類型の事業であり、政府官庁、国営事業または民間の行う事業である。これらの事業者は、法第47条、第48条、第49条に基づき、承認を得るために環境アセス

メントの報告書を準備することが必要である（第46条）。

　当該事業に責任をもつ政府官庁、国営事業は、当該事業のフィージビリティ調査の段階で環境影響評価書を準備する責務がある。

　その評価書は、審査・検討のためにNEBに提出され、NEBのコメントを付して、さらに内閣の認可を得るために提出される。提出された評価書の認可の検討に際して、内閣は、当該検討に係る調査研究や意見を求めるために環境アセスメントの専門家、専門機関を要請することができる。内閣の認可を必要としない政府官庁及び国営事業などの事業の場合には、当該事業に責任をもつ政府官庁、国営事業は、認可を得るため、第48条及び第49条に規定された規則と手続に従って当該事業の着手前に、環境影響評価書を準備・提出しなければならない（図5-14参照）。

　対象事業種として環境アセスメントの準備を要求される事業の場合、許可を申請しようとする者は、環境影響評価書を当該法律の許可権者及びONEPに同時に提出する責務を有する。対象事業によっては、その提出された評価書は、環境大臣の定める規則及び手続に従って、初期環境調査（initial environmental examination：IEE）の形態をとることができる。

2）　ONEPの審査手続

　ONEPは、提出された環境影響評価書及び関連報告書を検討しなければならない。提出された評価書について、第46条によって特定された規則及び手続に正確に準拠していない場合や付属の報告書及びデータが不正確なことが明らかになった場合には、ONEPは、当該評価書の受理日から15日以内に評価書の提出者である許可申請者に、その旨を通達しなければならない。法的な許認可権をもつ官吏は、第49条に従って環境影響評価書の審査関係の検討の結果をONEPから通達されるまで、当該事業の許可を留保しなければならない。

3）　専門家委員会の審査手続

　提出された評価書及び関連報告書がともに適切に作成され、必要なデータが完備され、または適切な修正ないし変更がなされていることが明らかになった場合には、ONEPは、予備意見の付された評価書が更なる検討のために専門

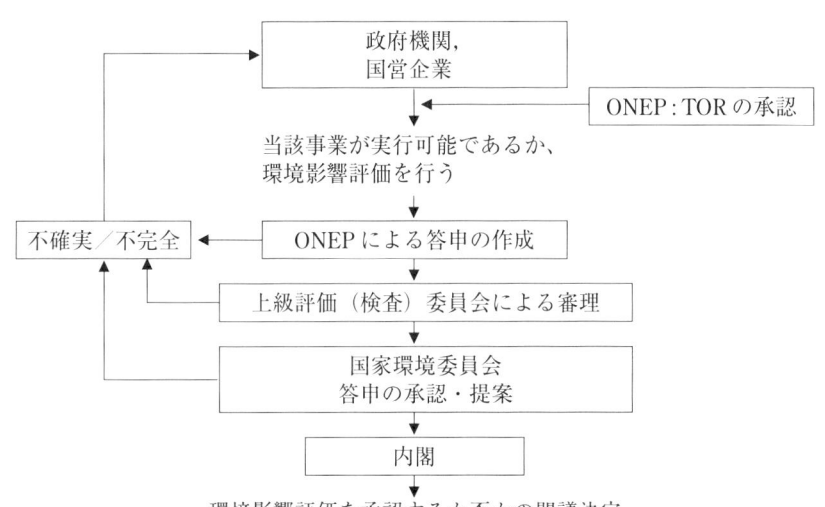

図5-14 政府機関（公的機関）による影響影響評価の承認過程

```
          ┌─────────────┐
      ┌──→│  政府機関，   │
      │   │  国営企業     │←──── ONEP：TORの承認
      │   └─────┬───────┘
      │         ↓
      │   当該事業が実行可能であるか、
      │   環境影響評価を行う
      │         ↓
      │   ┌─────────────┐
  ┌───┴──┐│ ONEPによる答申の作成 │
  │不確実／│└─────┬───────┘
  │不完全 │←─────┤
  └───┬──┘      ↓
      │   ┌─────────────┐
      └──│ 上級評価（検査）委員会による審理 │
          └─────┬───────┘
                ↓
          ┌─────────────┐
          │  国家環境委員会  │
          │  答申の承認・提案 │
          └─────┬───────┘
                ↓
          ┌─────────────┐
          │     内閣       │
          └─────────────┘
      環境影響評価を承認するか否かの閣議決定
```

出典：天然資源環境省の資料より

家委員会へ回付するために当該評価書の受理日から30日以内に評価書について審査をし、予備意見を付さなければならない。

ERCの委員の任命は、NEBの定める規則及び手続によってなされる。ERCは、関連学問分野の諸領域で資格または専門性をもつ専門家（NGO'sの代表も含まれる。）で構成されるが、事業の許認可の所管庁またはその代表者が委員に含まれる。

ERCによる審査・検討は、ONEPから環境影響評価書を受理した日から45日以内に行なわなければならない（第49条）。その期間内に審査・検討の結論が出されない場合には、その評価書は承認されたものとみなされる。

ERCが評価書を承認または承認されたものとみなされた場合には、許認可権をもつ官吏は申請者に許可を適宜に与えなければならない。

ERCが評価書の承認を否定した場合には、許認可権者は申請者がERCの指示により定められたガイドライン及び詳細な要件に従って修正または完全に再作成された環境影響評価書を再提出するまで当該許可を留保しなければならな

い (図5-15)。

　当該申請者が修正または完全に再作成された環境影響評価書を再提出した場合には、ERCは再提出の評価書を受理した日から30日以内に審査し、その検討の結論を出さなければならない。その期間内に審査・検討の結論が出されない場合には、その評価書は承認されたものとみなされ、許認可権をもつ官吏は申請者に許可を適宜に与えなければならない（図5-16参照）。

　環境大臣は相当性があるとみなす場合には、第46条によって発せられた告示により特定された類型及び規模の事業であっても、許可申請に適合するものと同じ手続によって当該事業の許可の更新がなされる申請の場合にもかかわらず、また環境影響評価書の提出が必要であることを官報に告示を出すことができる。

　第48条及び第49条に基づく環境影響評価書の審査・検討及び場所の審査が適切とみなされるために、ERCまたはERCから任命された法的資格をもつ官吏は評価書に特定された事業の場所を審査する権限を与えられねばならない（第50条）。

　ERCが、第49条に従って環境影響評価書を承認した場合、許認可権または許可の更新の権限をもつ官吏は、環境影響評価書に提案されたすべての緩和対策を許可又は更新の条件として明記しなければならない（第50条）。

4） 環境アセスメント専門家の資格付与

　47条及び48条に応ずるために、環境大臣は、NEBの承認を得て、46条に要求される環境影響評価書について、環境アセスメントの専門家としての免許をもつ者によって準備または請負を命ずることができる（第51条）。

　環境影響評価書の準備に適格性をもつ専門家の資格証明、免許の申請及び発行、被免許者の業務の管理、免許の更新、免許の代わりの証明書の発行、免許の停止または取消、免許の申請及び発行に係る費用の納付等は、政令によって規定された規則、手続及び条件に従わなければならない。

(4) EIAの新しいアプローチ

　タイの環境アセスメント・システムは、基本的には、以上に述べた手続によっ

第6節　アジアにおける環境アセスメント

図5-15　私企業（私的事業）における環境影響調査の承認過程

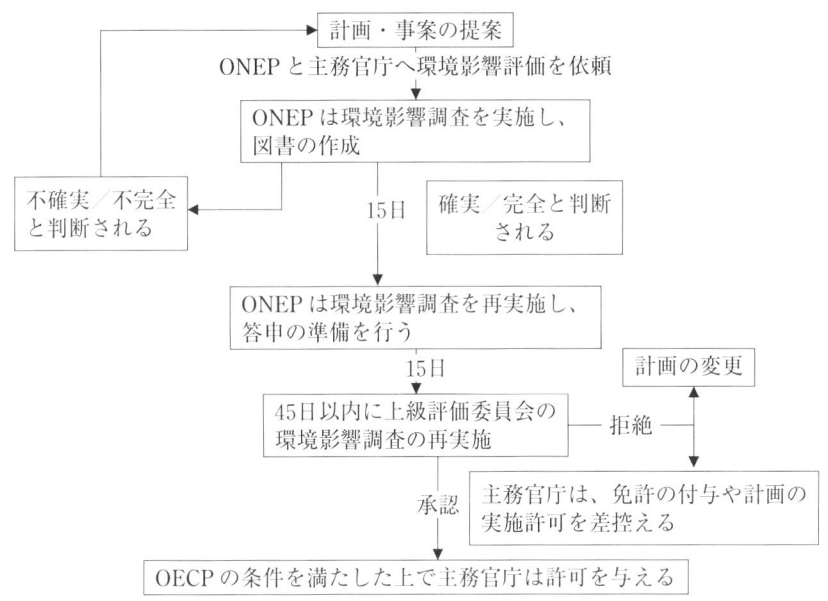

```
                        ┌─────────────────┐
              ┌────────▶│  計画・事案の提案  │
              │         └─────────────────┘
              │   ONEPと主務官庁へ環境影響評価を依頼
              │                 ▼
              │         ┌─────────────────────┐
              │         │ ONEPは環境影響調査を実施し、│
              │         │ 図書の作成              │
              │         └─────────────────────┘
   ┌──────────┴──┐             │
   │ 不確実／不完全 │◀──15日──┤   ┌──────────┐
   │ と判断される   │              ├──│確実／完全と判断│
   └──────────────┘              │   │  される    │
                                 │   └──────────┘
                                 ▼
                      ┌──────────────────────┐
                      │ ONEPは環境影響調査を再実施し、│
                      │ 答申の準備を行う         │
                      └──────────────────────┘
                                 │ 15日
                                 ▼                    ┌──────────┐
                      ┌──────────────────────┐        │ 計画の変更 │
                      │ 45日以内に上級評価委員会の │         └──────────┘
                      │ 環境影響調査の再実施     │──拒絶──┐     ▲
                      └──────────────────────┘         │     │
                                 │ 承認            ┌──────────────────┐
                                 │                 │ 主務官庁は、免許の付与や計画の│
                                 │                 │ 実施許可を差控える     │
                                 ▼                 └──────────────────┘
                      ┌────────────────────────────────┐
                      │ OECPの条件を満たした上で主務官庁は許可を与える │
                      └────────────────────────────────┘
```

出典：天然資源環境省の資料より

図5-16　私企業（私的事業）における環境影響調査の承認過程

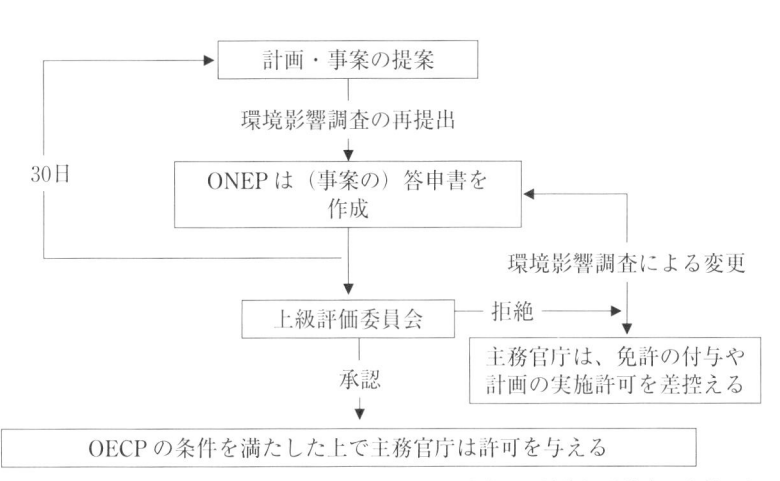

```
                        ┌─────────────────┐
              ┌────────▶│  計画・事案の提案  │
              │         └─────────────────┘
              │         環境影響調査の再提出
              │                 ▼
   30日       │         ┌─────────────────┐
              │         │ ONEPは（事案の）答申書を│◀──┐
              │         │ 作成             │    │
              │         └─────────────────┘    │
              │                 │                │
              │                 ▼              環境影響調査による変更
              │         ┌──────────────┐       │
              └─────────│ 上級評価委員会 │──拒絶──┤
                        └──────────────┘       │
                                 │ 承認    ┌──────────────────┐
                                 │         │ 主務官庁は、免許の付与や │
                                 │         │ 計画の実施許可を差控える  │
                                 ▼         └──────────────────┘
                      ┌────────────────────────────────┐
                      │ OECPの条件を満たした上で主務官庁は許可を与える │
                      └────────────────────────────────┘
```

出典：天然資源環境省の資料より

181

て行われるが、2003年5月からEIAプロセスを再構築することについて、MONREが承認し、EIAプロセスの再構築に着手することになった。これにより、以下に掲げるように新たに環境アセスメント・システムの中に公衆参加プロセスが明確に導入されることになった。参加の機会については、スクリーニング、スコーピング、準備書、EIA審査、意思決定、モニタリングの各段階で公衆参加が確保される。以下にその要点を掲げる。

① 新たなEIAシステムは、初期環境調査（IEE）、環境影響評価（EIA）、事後環境影響評価（Post EIA）、戦略的環境影響評価（SEA）、の4つからなる。
② EIAの提出を義務付けられる対象事業の規模要件等の改善
③ EIAシステムへの外部意見を統合するアプローチの調査
④ モニタリングシステムの効率性の観点からの改善
⑤ EIA評価基金及びEIAモニタリング基金の創設等の支援システム
⑥ EIAプロセスにおける公衆参加
⑦ 現行のEIAシステムの調整

以下のいくつかの課題について、現行のシステムを調整することとしている。

(a) 対象事業のスクリーニング：EIA報告書を要件とする対象事業は、告示によって対象事業リストが明示されている。今回の見直しで除外されたものもある。

(b) スコーピング：EIAを準備するコンサルタントが、ONEPのスコーピングに関するガイドラインを用いるという、スコーピング段階がない。広範な調査による膨大な報告書が常に見られるが、公衆の関心事を射程に入れていない。

(c) 準備書：EIA報告書は、事業者に雇用され、ONEPに登録されたコンサルタント会社によって準備されるが、信頼性に欠くという印象を与えている。

(d) 評価：ONEPとERCは、EIA審査に対応している。しかし、ONEPスタッフの経験、ERCの委員に対する適正な報酬の不足が障害になっている。

また、ERC のメンバーとなっている NGO's の代表者を除くと、公衆の関与がない。

(e) 意思決定：政府機関や国営企業の事業は、内閣が最終的に意思決定を行っている。許認可官庁は、民間企業の事業の意思決定を行っている。許認可官庁は、ERC が EIA 報告書を是認した後に実施のための許可を付与することができる。そのため、EIA 報告書に提案された緩和対策は、法を統治する力のおかげで記述されたものとみなされている。

(f) モニタリング認可を付与する許認可官庁は、EIA のモニタリングに関する権限を有している。許認可官庁によるエンフォースメントは、EIA の有効性の面で問題がある。

＊　　　　　　　＊

諸外国における SEA の先進的な取り組み、特に、米国、英国、EU 諸国の EIA と SEA の制度について、比較研究を踏まえて検討した。比較には、わが国への影響が当初強かったことから、日米を取り上げ、欧州における取り組みの中では、早期からの先進的な取り組みのある英国とドイツとの戦略アセス制度の比較を取り上げた。その検討結果については、繰り返さないが、戦略アセスのプロセスにおける特徴から、対象計画・プログラム、手続、スクリーニング、スコーピング、審査、モニタリングといったアセスの構成要素を比較し、両国の制度の特質を明らかにした。

また、米国、カナダ、英国、ドイツ、欧州などやアジア、タイの EIA 制度と SEA 制度の位置づけとその期待しうる効果の観点から、以下の4点を指摘することができる。

すなわち、①政策決定の早期レベルから、よりシステム的に有効な環境への影響及び環境保全措置を考慮することで、政策の決定とその実施がより有効的になること、②アセスは、持続可能な発展を支援するツールであり、先行的な行動手段であること、③各レベルの政策決定の効率性を高め、事業アセスを推進すると同時に、適切なタイミングで環境保全措置の識別をすることができ、その背景の下で、より早く潜在的な問題を発見し、対処することが可能になる

こと、④戦略的政策決定段階において、ステークホルダーの参加を促し、低コストで知見や情報を得ることができること、などである。

本章で検討した諸外国のEIA制度とSEA制度の法制度を比較分析やSEAの具体的事案の検討から、制度構築の課題を抽出した。そこで、第8章で検討する制度構築の検討課題やわが国の制度的立ち位置を明確化することとする。

---

1) National Environmental Policy Act of 1969, Pub.L. 91-190.
2) ロジャー・W・フィンドレー・稲田仁士訳『アメリカ環境法』27頁（木鐸社・1992）
3) ロジャー・W・フィンドレー前掲書28頁
4) LK Caldwell, 'Implementing NEPA：A Non-Technical Political Task' R Clark and L W Canter(eds), p. 22, Environmental Policy and NEPA：Past, Present, and Future, p35-37, 1997.
5) CEQは、1978年に国家環境政策法施行規則、1981年に質疑応答集及びスコーピングガイダンスを作成し、NEPA施行規則ガイダンスを1983年に発行し、NEPAの円滑な運用を推進してきた。
6) Legore, S (1984) Experience with environmental impact assessment in the USA. In planning and ecology, R.D.Roberts & T.M/Roberts (eds), p103-112.
7) National Report of the United States Strategic, Planning and Environmental Impact Assessment, Scientific Expert Groupe, E 1, Environmental Impact Assessment of Reads.
8) Flint Ridge Development Co. v. Scenic Rivers Association of Oklahoma, 426 U.S. 776 (1976)
9) なお、国際条約の調印及び議会への条約批准の要請には、NEPAは不要である。
10) Jane Holder (eds) Taking Stock of Environmental Assessment, Law, Policy and Practice, p48 (2007). Bear,D (1990), EIA in the USA after twenty years of NEPA, EIA newsletter 4, EIA Centre.
11) CEQ 25th Anniversary Report・Annual Report of the Council on Environmental Quality (1993)・Report-Considering Cumulative Effects Under NEPA.
12) Note (1975) The Least Adverse Alternative Approach to Substantive Review Under NEPA, 88 HARV L.REV.p735, p736-742.
13) Frederick R. Anderson (1973) NEPA in the courts-A Legal Analysis of the National Environmental Policy Act, p73.
14) 前掲高橋論文205頁によると、EISの作成件数のピークは1971年の1,950件とされている。2005年現在では、これまで25,000件のアセスの実績がある。John Glasson, Riki Therivel & Anderrew Chadwick (2005) Introduction to Environmental Impact Assessment (3rd), p28.

15) 42U.S.C.A. 55993 (§1501.7). スコーピングは州の環境行政の経験から導入されたものである。
16) CEQ Guidelines, §1500.10 (a)
17) "Final Environmental Impact Statement, Design Report and Section 4 (f) Statement for Route 9 A Reconstruction Project," U.S. Department of Transportation (1994)
18) 43 Fed.Reg. 55994§1504.14 (d) (1978)
19) Canter, L.W (1996) Environmental impact assessment (2nd), London : McGraw-Hill.
20) CEQ Guidelines, §1500.11 (c)
21) なお、行政手続法は、連邦政府の情報公開について一般規定を置いている (5 U.S.C.A. §552)。
22) 43 Fed. Reg. 55994§1505.5 (1978)
23) 米国大気清浄法 (42U.S.C.A. 7609 (1978)) 及び水質清浄法では、EPAはコメントを義務付けられている。
24) Comment (1978) Reinvigorating the NEPA Process ; CEQ's Draft Compliance Regulations Stir Controvercy, 8 ELR 10045.
25) Orloff, N (1980) The National Environmental Policy Act : cases and materials. Washington, DC : Bureau of National Affaires.
26) White House (1994) Memorandum from President Clinton for all heads of all departments and agencies on an executive order on federal actions to address environmental injustice in minority populations and low income populations. Washington, DC.
27) 道路・鉄道、港湾、空港等すべての交通に関する計画を策定する組織。全米に約340存在し、当該都市圏が属している州・郡・その他自治体の代表等により理事会が構成されている。
28) 1991年に成立した6年間の時限立法。連邦政府予算を決定するための前提となる授権法。1992～97年の間の投資規模を1553億ドルと規定。その後、1998年に21世紀に向けた交通最適化法 (TEA-21、2178億ドル)、2005年に新6カ年法 (SAFETEA-LU、2864億ドル) が成立した。
29) 道路を含むすべての交通機関の20年間の計画を5年ごとに更新する。
30) 3年間の実施計画を4年ごとに更新する。補助申請事業は本プログラムに位置づけられていなければならない。
31) 縦覧の期間等PIの詳細は、連邦政府規則CFR450.212に規定されている。
32) Calvert Cliffs' Coordinating Committee, Inc.v. United States Atomic Energy Com'n, 449 F. 2 d 1109 (D.C.Cir. 1971)。このカルバート・クリフス判決において、NEPAは厳格な遵守を要求しており、その判断には司法が積極的に関与することを明らかにしている。
33) 「Mediation」「Facilitation」「Consensus building」「Partnering」といった手法がある。全米紛争解決協会、米国仲裁協会、州政府単位で整備されている紛争解決事務所等が公共紛争解決を支援している。

34) Proposed Rule for the Importation of Unmanufactured Wood Articles from Mexico-with Consideration for Cumulative Impact of Methyl Bromide Use.
35) NEPA Task Force（2003）Modernizing NEPA Implementation Report to the Council on Environmental Quality. September 2003. Executive office of the President of the United States.
36) この評価を主導したNEPAタスクフォースは、2002年4月に、連邦政府職員など13名から構成されるタスクフォースとして設立されたものである。1997年にCEQが発表した「The National Environmental Policy Act：A Study of its Effectiveness After Twenty-five Years」の内容についての各連邦政府機関でのフォローアップ状況の把握、及びNEPAプロセスのさらなる改良を活動目的としている。
37) カナダの要綱アセスについて、新美育文「カナダ―アセスメント法制度」『各国の環境法』537-543頁（1982）参照。FEARO（1984）The Federal Environmental Assessment and Review Process.
38) FEARO（Federal Environmental Assessment Review Office：1994）The Responsible Authority's Guide to the Canadian Environmental Assessment Act, p 9. Ottawa.
39) FEARO（1986）The Federal Environmental Assessment and Review Process, Initial Assessment Guide. Ottawa.
40) CEAA（Canadian Environmental Assessment Agency：1996）Environmental Assessment in Canada：achievements, challenges and directions. Ottawa.
41) Gibson R（2004）Specification of Sustainability-based Environmental Assessment Decision Criteria and Implications for Determining 'Significance' in Environmental Assessment, Research and Development Monograph Series, 2000, Canadian Environmental Assessment Agency Research and Development Program.
42) Canadian Environmental Assessment Act（October 30, 2003）
43) CEAA第18条（1）
44) 審査委員会による審査へ付託するためには、公衆からの懸念などが多くある場合が相当するが、どのように事業の早期段階で影響があると判断するかについての具体的な規定はない。なお、通常は、事業提案が公表（新聞など）された後に、公衆等からの懸念が多くでる場合があり、そのような場合に通常、審査委員会への審査を付託するかの判断が行われるものとされている。
45) 包括的調査の継続が判断される場合もある。
46) 本制度改正によって新たな手続上の環境アセスメント庁としての懸念がある。包括的調査の場合、最初から審査委員会による審査に付託しようとするものである。例えば、州政府の環境影響評価制度とCEAAの両方の制度が適用される事業の場合、包括的調査では事業者自ら連邦省庁と州政府等との調整を行う必要があるが、審査委員会による審査では、連邦省庁や州政府等との調整は審査委員会が行うため、事業者の手間が軽減されることがありえる。このため事業者が好んでこの方法を選択するように公衆の懸念を創りだし、主務省庁や環境アセスメント庁に要請することがありうる。
47) 環境影響評価で「評価の対象にするかどうかのプロセス」の意味で一般的に用いられ

ている「スクリーニング」とは異なり、ここでは、評価の1つの形式を意味している。
48) カナダ環境アセスメント庁 website。http://www.acee-ceaa.gc.ca/013/0001/0008/contents_e.htm
49) カナダ環境評価局 website。http://www.acee-ceaa.gc.ca/default.asp?lang=En&n=F9D79FCF-1&offset=3&toc=show、環境省『諸外国の環境影響評価制度調査報告書』(平成17年3月)
50) EU加盟国は現在で次のとおり。オーストリア、ベルギー、キプロス、チェコ、デンマーク、エストニア、フィンランド、フランス、ドイツ、ギリシャ、ハンガリー、アイルランド、イタリア、ラトビア、リトアニア、ルクセンブルク、マルタ、ポーランド、ポルトガル、スロバキア、スロベニア、スペイン、スウェーデン、オランダ、イギリス（25カ国）+10カ国
51) EU加盟国の閣僚級から構成される立法機関である。
52) 注43と同じ。ECにおける法的手段は、①規則（regulation：完全な拘束力を持ち、すべての加盟国に直接適用される)、②指令（directive：発せられた加盟国だけを拘束し、それを達成するための制度化の仕方は各国に任されている）等いくつかのタイプがある。
53) EC指令（97 11 EC：Council Directive 97 11 EC amending Directive 85 337 EEC）の主な改正点は、付属書Ⅰ及びⅡの対象事業の拡大、付属書Ⅲのスクリーニング選択基準の一部改正、スコーピング関連規定の追加（第5条第2項)、環境影響評価書に含まれる最底限の内容記載（第5条第3項)、環境影響評価書内に代替案の記載を義務化（第5条第3項)、影響を受けるおそれのある他国の公衆及び環境当局との協議の機会の設置（第7条）など
54) 2003 35 EC：DIRECTIVE 2003 35 EC OF THE EUROPEAN PARLIAMENT AND OF THE COUNCIL of 26 May 2003 providing for public participation in respect of the drawing up of certain plans and programmes relating to the environment and amending with regard to public participation and access to justice Council Directives 85 337 EEC and 96 61 EC
55) 以下、本文の97EC指令とは、EC指令（85 337 EEC）とそれを改正した97EC指令を統合した版をもとに条文番号等を引用する。なお、環境影響評価制度研究会編『環境アセスメントの最新知識』(ぎょうせい・2006）第2章1英国67‐81頁（拙稿）を参照されたい。
56) CEC (1997) Report from the Commission of Implementation of Directive 85 337 EEC on the Assessment of Effects of Certain Public and Private Projects on the Environment. Brussels：CEC.
57) 97EC指令第4、5条
58) 97EC指令第6条第1項～第6項
59) 97EC指令第8条
60) EC指令（2003 35 EC）第3条第1項
61) EC指令：2003 35 EC　第1条第1項
62) 97EC指令第2条第1、2項

63) 97EC指令付属書ⅠとⅡ
64) 97EC指令第5条から第10条までの手続
65) 97EC指令第4条第1項
66) 97EC指令第4条第2項
67) 97EC指令第4条第3項
68) 97EC指令第1条第4項
69) 97EC指令第1条第5項
70) 97EC指令第2条第3項
71) 97EC指令第7条
72) EC指令（2003/35/EC）第3条第3項
73) 97EC指令第2条第3項
74) 97EC指令第4条第2項
75) 97EC指令第4条第3項
76) 97EC指令第4条第4項
77) Environmental Resources Management（2001）Guidance on EIA, Screening. 欧州委員会は、97EC指令の実施に当たり、スクリーニング、スコーピング、EIAレビューの3つのEIAプロセスに関するガイダンスを発行。本文書はそのうちスクリーニングの文書
78) 97EC指令第5条第1項
79) 97EC指令第5条第4項
80) 97EC指令第5条第3項
81) 97EC指令第6条第1項
82) European Commission（2001）Guidance on EIA-EIS Review.
83) EC指令（2003/35/EC）第3条4項
84) 97EC指令の中での改正された条項としては97EC指令第6条第2項
85) EC指令（2003/35/EC）第3条第4項
86) 97EC指令の中の改正された条項としては97EC指令第6条第3項
87) Directive 2003/4/4EC of the European Parliament and of the Council of 28 January 2003 on public access to environmental information（環境情報に対する公衆のアクセスに関するEC指令（2003/4/EC））
88) EC指令（2003/35/EC）第3条第6項
89) On the Application and Effectiveness of the EIA Directive（Directive 85/337/EEC as amended by Directive 97/11/EC）：How successful are the Member States in implementing the EIA Directive?"（5 Years Report）
90) 97EC指令第4条第2項
91) EC指令実施報告書 p56.
92) Directive2001/42/EC of the European Parliament and of the Council on assessment of the effects of certain plans and programmes on the environment.
93) 注92と同じ

94) Fischer TB (2007) Theory & Practice of Strategic Environmental Assessment, Earthscan, p95-108. 特に、108頁参照。
95) 注92と同じ
96) 1972年のヨーロッパ共同体法 (The European Communities Act) の制定により、EC指令を国内で実施するために「法 (Act)」を制定せずとも「規則 (Regulations)」で対応することが可能となっている。なお、英国において「法」は、国会で採択された法律を指し、「規則」は、立法化された「法」の下に位置し、その「法」の内容を補うために、担当大臣によって制定される法律である。
97) ODPM：The Office of the Deputy Prime Minister.
98) Directive 2001 42 EC of the European Parliament and Council on the assessment of the effects of certain plans and programmes on the environment.
99) The Environmental Assessment of Plans and Programmes Regulations 2004.
100) 2004 no. 1656 (W. 170).
101) The Environmental Assessment of Plans and Programmes (Wales) Regulations 2004
102) The Environmental Assessment of Plans and Programmes (Scotland) Regulations 2004
103) Environmental Assessment (Scotland) Act 2005 (Parliament on 9 th November 2005 and received Royal Assent on 14th December 2005)
104) 法において、計画及びプログラムには戦略 (strategies) を含む (法第4条4項) という表現で、戦略はSEAの適用対象であると位置づけられている。なお、戦略の定義はないが、戦略は計画やプログラムの中の施策の方針を示す言葉として活用されることが多い。また、同法には、政策 (policy) については言及されていない。このため、同法において、政策 (policy) はSEAの対象外となっている。これはEU指令の置き換え法のためであろう。
105) SEA法第7条1項
106) CONSULTATION ON THE ENERGY EFFICIENCY ACTION PLAN FOR SCOTLAND：Strategic Environmental Assessment Environmental Report, Scottish Government (October 2009)
107) 注92と同じ
108) 国家レベル、地方レベル及び地域レベルを実際の自治体に対応させた場合、一般的には、国家レベルは、グレートブリテン及び北部アイルランド連合王国全体または4つの各王国 (イングランド、ウェールズ、スコットランド、及び北アイルランド) に相当し、地方レベルは、地方 (リージョン；幾つかの州の集合体)、州 (カウンティ) 及び一部の大規模の市に相当し、地域レベルとは、準州 (ディストリクト) 及び市 (シティー、バーロウ) に相当する。
109) Council Directive 85 337 EEC on the assessment of the effects of certain public and private projects on the environment (ECのEIA指令).
110) Council Directive 92 43 EEC on the Conservation of natural habitats and of wild fauna and flora (ECの生息環境指令).
111) Sheate W R, Byron H J and Smith S P (2004)' Implementing the SEA Directive：

Sectoral challenges and opportunities for the UK and EU', European Environment Journal, vol 14, no 2, p73-93.
112) Marshall R and Fischer TB (2006) Regional electricity transmission planning and tiered SEA in the UK : The case of Scottish Power, Journal of Environmental Planning and Management, vol49, no 2, p279-299.
113) See Marshall, (2006) p282.
114) Noble BF and Storey K (2001) Towards a structured approach to strategic environmental assessment, Journal of Environmental Assessment Policy and Management, vol 3, no 4, p483-508.
115) See Marshall, (2006) p285.
116) EIAを要件とする対象事業は、①ダム、貯水池、灌漑施設（建設費が二億バーツを超えるもの）、②畜殺場、③廃棄物処理場・有害廃棄物処理場、④発電所からの高圧送電線（通常は発電プロジェクトの一部となる）、⑤小規模水力発電所（貯水池を伴い、二億バーツを超えるもの）、⑥製造プロセスを持つその他の事業、などである。
117) IEEを要件とする事業は、①ダム、貯水池、灌漑施設（建設費が五千万バーツ～二億バーツあるいは工期が一年を超えるもの）、②新規に保護地域を通過する高速道路、③新規に保護地域を通過する高圧送電線、④5キロ以上保護地域を通過するパイプライン、⑤小規模水力発電所（貯水池または堰を伴い、建設費が五千万バーツ～二億バーツのもの）、⑥農業用堰、⑦森林再生、農村集落の植林事業、などである。
118) EI報告書を要件とする事業とは、①ダム、貯水池、灌漑施設（建設費が五千万バーツ以下あるいは工期が一年を超えないもの）、②寺院、学校、病院、政府機関施設（製造プロセスを伴わないもの）、③5キロ以下保護地域を通過するパイプライン、④既存の道路に沿って建設される送電線、⑤小規模水力発電所（貯水池または堰を伴い、建設費が五千万バーツ以下のもの）、⑥新規に保護地域を通過する既存の道路の改修・補修、⑦既存の送電線の改修、⑧高圧送電線・水力発電所、あらゆる規模の貯水池・火力発電所の建設に伴う調査やリグナイト採掘に伴う調査、などである。
119) Terri Mottershead (2002) Environmental Law and Enforcement in the Asia-Pacific Rim, Sweet & Maxwell Asia, p487-510.

第6章
国際開発援助アセスメント

第1節 国際開発援助機関と環境アセスメント

1．環境配慮の取り組み

　国際連合では、環境問題に取り組む機関は少なくないが、大別すると、①アジア・太平洋経済社会委員会（ESCAP）及びヨーロッパ経済委員会（ECE）などの地域経済委員会、②国連環境計画（UNEP）及び国連開発計画（UNDP）、③国連教育科学文化機構（UNESCO）及び国連食料農業機構（FAO）などの専門機関に分けられる。特に、1972年の国連総会の決議に基づき設立されたUNEPや、地域レベルではESCAPの活動[1]が非常に重要な役割を果たしている。

　UNEPの活動は、既存の国連システム内の諸機関が行っている環境関係の諸活動を一元的に調整し、かつ、これらの諸機関が未だ着手していない問題にイニシアチブを与えることによって国際的な環境協力を促進させることをその特徴としており、この活動は、「触媒的及び調整的機能」と呼ばれている[2]。その活動分野は、健康と人間居住、環境と開発、地球監視、生態系保全等多岐にわたっている。その活動をみると、1982年5月の管理理事会特別会合で、ストックホルム会議以後10年間の新たな認識に基づく「1982年の環境：回顧と展望」と題する決議を行った。その決議の中において、「国連システムは貧困と低開発という環境問題に取り組まねばならない。」と述べ、さらに管理理事会において開発途上国の環境問題解決のための追加的財源に関する決定を採択した。これは、開発途上国の最も深刻な環境問題に取り組むための優先プログラムに資金を提供するクリアーリングハウスと呼ばれるもので、1986年までに、バングラディシュをはじめ12の途上国に適用されている。

　1984年6月に環境アセスメント専門家会合が設立され、そこでUNEP加盟諸国における環境アセスメントの推進を図るための共通のガイドライン、基準、モデル法制度等の検討を行っている[3]。UNEPによる環境アセスメントは、図

6-1に示す手続を踏むことを意図するものである[4]。

　一方、OECDでは、環境委員会及び開発援助委員会（DAC）が環境問題を取り扱っている。1970年に国際的な環境問題の顕在化を背景として設立された環境委員会は、当初は、先進諸国の環境問題について取り組んでいたが、1979年の環境大臣会議における「予見的環境政策に関する宣言」において「加盟国政府は、環境悪化を阻止するのを手助けするため、特に開発途上国とできるかぎり協力を継続する」と述べ、開発途上国の環境問題に2国間援助と国際機関を通じて協力することを打ち出した[5]。一方、DACは、1981年の上級会合で環境問題を取り上げ、翌82年の会合において「開発援助プロジェクトに環境保全的要素が有効に組み入れられるよう業務面、手続面に配慮する」旨の合意を行った[6]。その背景には、開発途上国における環境保全には援助国も重大な責務を有するという国際世論があった。これらの結果、1983年10月に、環境委員会の下に「環境アセスメントと開発援助」特別グループが発足した。このグループは、開発援助に際して適切な環境保全上の配慮がなされる方策をいかにシステマティックに確保するかについて検討することを目的とし、DACとの密接な連携を図りながら、①環境アセスメントが必須と考えられるプロジェクト類型の抽出、②被援助国が開発援助プロジェクトを策定する段階での制約事項とその克服方策の検討、③開発援助に際して行われた援助国による環境アセスメントのケーススタディ、④環境アセスメントの手続、方法、実施体制のあり方の検討等の4項目のプログラムを行うこととなった。これらの検討結果は、定期的に環境委員会及びDACに報告され、その指導のもとに作業が進められ、1985年及び1986年の環境アセスメントに係るOECD理事会勧告に反映された[7]。

　開発援助プロジェクト及びプログラムに関する1985年の「環境アセスメントに係る勧告」は、DACとの協力のもとで環境委員会に対して、①開発プロジェクトの早期の段階における環境アセスメントの実施、②アセスメントの実施対象プロジェクトの選定、③具体的実施手続、組織、予算等の作成などを勧告したもので、特に、付属書の中で「生態学的条件の考慮」の重要性に触れている。1986年の「環境アセスメントの促進に必要な施策に係る勧告」は、加盟国に対

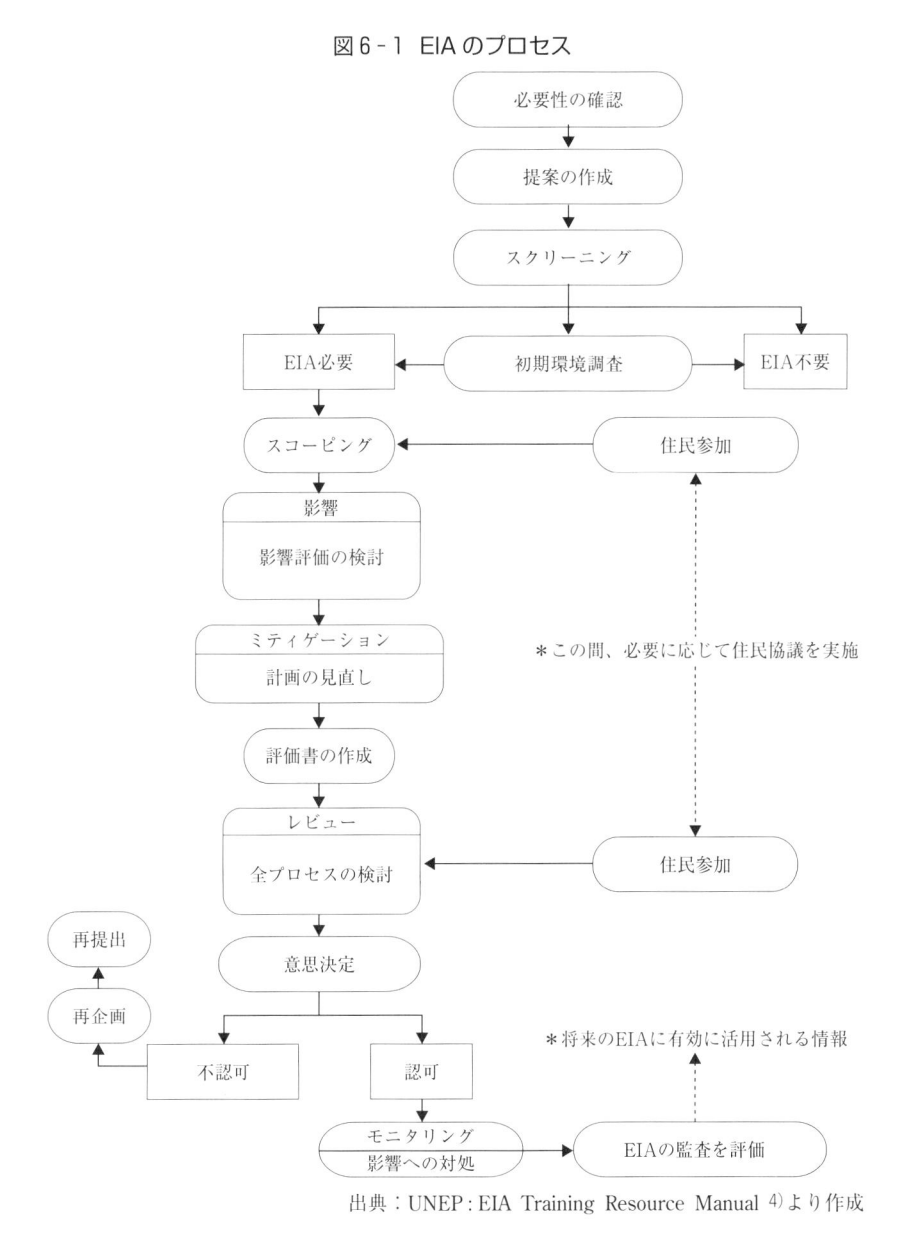

第1節　国際開発援助機関と環境アセスメント

図6-1　EIAのプロセス

```
              必要性の確認
                   ↓
               提案の作成
                   ↓
               スクリーニング
          ┌────────┼────────┐
          ↓        ↓        ↓
       EIA必要 ← 初期環境調査 → EIA不要
          ↓
       スコーピング ← ──────── 住民参加
          ↓
         影響
      影響評価の検討
          ↓                    ＊この間、必要に応じて住民協議を実施
       ミティゲーション
       計画の見直し
          ↓
       評価書の作成
          ↓
        レビュー
      全プロセスの検討 ← ──── 住民参加
          ↓
        意思決定
     ┌────┴────┐
  再提出       ↓              ＊将来のEIAに有効に活用される情報
   ↑        認可
  再企画       ↓
   ↑     モニタリング
  不認可   影響への対処 → EIAの監査を評価
```

出典：UNEP：EIA Training Resource Manual 4)より作成

して、①自国の援助手続及び実施体制の中への環境アセスメントの組み込み、②取組状況の報告（1989年まで）を勧告した。

また、1987年11月に、DACと環境委員会の共催によって「開発途上国との環境協力の強化に関するセミナー」を開催するなど、DACを主導とした開発援助における環境配慮の取り組みが進められている[8]。

2．アメリカ国際開発庁の環境配慮の取り組み

1961年のアメリカの対外援助法（Foreign Assistance Act of 1961）には、環境と天然資源に重大な影響のある援助プロジェクトの環境アセスメント（第117条）、熱帯雨林の管理（第118条）、絶滅に瀕した種の保全（第119条）といった環境配慮条項が盛り込まれている[9]。1976年には、USAID（アメリカ国際開発庁：U.S. Agency for International development）の規則改訂によりODAに環境アセスメントを導入し、1981年の対外援助法の改正で法的に明確にしてきた。1989年12月の国際開発財政法（International Development and Finance Act）によって、世界銀行やアジア開発銀行などの多国間金融機関における米国代表理事は、人間関係に重大な影響を及ぼすおそれのある開発プロジェクトの採択投票の際に、その少なくとも120日前までに当該提案プロジェクトの代替案と環境影響の分析を行ったアセスメントが用意されなければ、投票を行ってはならない旨を定めている。

また、本部の各地域局や海外事務所には、多くの環境専門家が配置されている。途上国に対する支援理念は、途上国が環境問題の認識・評価・解決における自立性の尊重にある。

なお、対外援助法は、2001年9月11日の同時多発テロの影響を受けて、2002年に改正され、2003年6月から施行されている[10]。ミレニアム挑戦会計（Millennium Challenge Account：MCA）計画の推進機関は、USAIDではなく、新たな政府機関であるミレニアム挑戦公社（Millennium Challenge Corporation：MCC）となった[11]。

3．わが国の環境配慮の取り組み

（1） わが国の開発援助機関の動向

　近年、わが国は1989年7月のアルシュ・サミットにおいて、3,000億円程度を目途とする環境援助政策を表明し、開発援助を実施する際の環境配慮の強化を謳った。それに呼応して、同年10月、援助機関である海外経済協力基金（OECF）は、OECD理事会勧告（1985年6月20日採択）や国際援助機関のガイドラインを参考にして、「環境配慮のためのOECFガイドライン」を作成した[12]。1991年のロンドン・サミットでは、地球環境問題に対処するための相互協力を基本として、わが国の技術・経験の活用や政策対話の強化によるニーズの把握、案件の発掘などの基本的考え方を明示してきた。国連環境開発会議において、政府は、この環境ODAを5年間で9,000億円から1兆円を目途として、大幅に拡充・強化することを表明したが、援助を効果的・効率的に実施するため、閣議決定により、「政府開発援助大綱」(1992年6月30日）を定めた。その中で、ODA4原則、すなわち、①環境と開発の両立、②軍事的用途等への使用の回避、③経済社会開発への適正・優先資源配分の観点から軍事支出等の動向への十分な注意、④民主化等や基本的人権等への十分な注意、等を明らかにしている。

　一方、中央公害対策審議会・自然環境保全審議会の答申「国際環境協力のあり方について」(1992年5月15日）を受けて、環境基本法（1993年11月12日制定、19日公布）は、国際的協調による地球環境保全の積極的推進（第5条）という基本理念とその推進に当たっての国の責務（第6条）を明確にするとともに、地球環境保全及び開発途上地域の環境保全に関する国際協力の努力義務（第32条）を課し、国内外に日本の環境政策上の立場を明確にしている。

（2） OECFにおける貸付と環境配慮

　一般的には、途上国側は、援助案件の緊要性から早期のプロジェクト実施という意向を持っている。また、借款によっての環境調査の実施には消極的な態度を示すことがある。この場合、相手国の選択と判断をいかに適切ならしめる

かという観点から、環境配慮の重要性について相手国から理解を得るよう努力するとともに、調査部分の借款についての条件緩和、有償無償資金の有機的な組み合わせ、プロジェクト・サイクル（図6-2参照）の中での一貫した環境配慮等々を考慮することが望まれる。そのためには、ODAの援助政策の中に環境配慮の実施について明確にするとともに、実施組織であるOECF及びJICAの事務分掌事項の中に環境配慮の明文規定化などが必要となる（図6-3参照）。そのため、OECFは、1989年に環境配慮の方針を明確化した「環境配慮のためのOECFガイドライン」を策定し、プロジェクトの実施国に配布することにより、環境配慮の進展を促している。また、開発プロジェクトの審査時に、このガイドラインに基づき、当該プロジェクトによる環境影響に対して、十分な環境配慮がなされているか否かについて確認を行うとともに、事後評価や監理においても必要に応じて環境影響に関する調査を実施している。

第2節 国際金融機関にみる環境配慮の仕組みと実際

1．世界銀行の環境問題への取り組み

　世界銀行（以下、「世銀」という。)[13]とは、一般に、国際復興開発銀行（IBRD）及び国際開発協会（IDA）を併せたものを指すが、多国間援助機関の中でも積極的に環境プロジェクトへの融資、各種のガイドラインや技術的ハンドブックその他の出版物の発行等、特に環境問題に対して活発な活動を展開し、世界的な動向をリードする存在といえる。なお、IBRDとIDAは、総裁、組織、スタッフは同一であり、運営上に多くの共通点があるが、貸付・融資条件や資金源、支援対象国、加盟国数などに相違点がある。たとえば、貸付・融資条件をみると、IDAは無利子であるが、一人当たりのGNPが1,305ドル以下の国を対象としている。

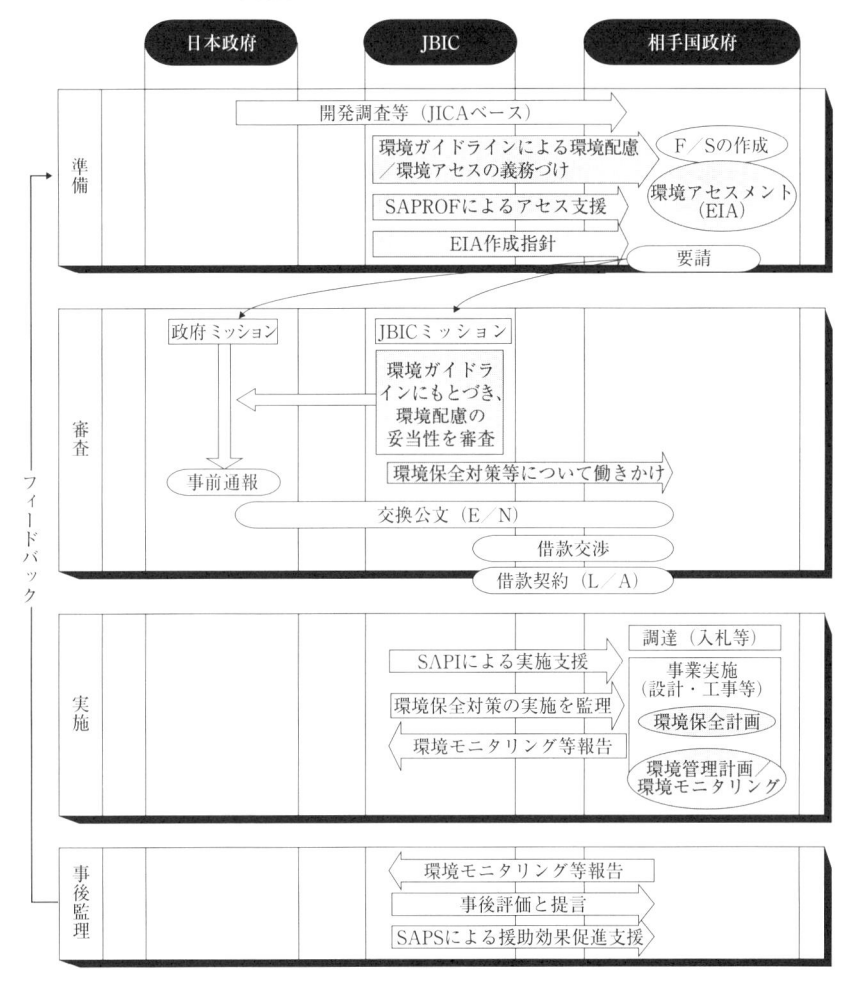

図6-2　円借款プロジェクト・サイクルにおける環境配慮

日本政府　　JBIC　　相手国政府

準備
- 開発調査等（JICAベース）
- 環境ガイドラインによる環境配慮／環境アセスの義務づけ
- SAPROFによるアセス支援
- EIA作成指針
- F／Sの作成
- 環境アセスメント（EIA）
- 要請

審査
- 政府ミッション
- JBICミッション
- 環境ガイドラインにもとづき、環境配慮の妥当性を審査
- 事前通報
- 環境保全対策等について働きかけ
- 交換公文（E／N）
- 借款交渉
- 借款契約（L／A）

実施
- SAPIによる実施支援
- 調達（入札等）
- 事業実施（設計・工事等）
- 環境保全対策の実施を監理
- 環境保全計画
- 環境モニタリング等報告
- 環境管理計画／環境モニタリング

事後監理
- 環境モニタリング等報告
- 事後評価と提言
- SAPSによる援助効果促進支援

フィードバック

出典：JBIC資料より作成

　1984年5月、世銀は、「環境政策と手続」というガイドラインを公表し、その中で環境破壊のおそれのあるプロジェクトは、然るべき措置を講じなければ融資を行わない旨を明らかにした。

　その後、1987年5月の機構改革に伴い、コナブル総裁は世界資源研究所（World

Resources Institute)での演説の中で、「環境活動はグローバルな貧困問題への戦いに新たに1ページを加えるもので、健全な生態系がよい経済である」と発言し、ブラジルでのアマゾン道路開発プロジェクト（Polonoroeste Project）による躓きを認めた。その反省にたって、生態系の重要性を再確認するとともに、環境への配慮を世銀の業務、政策及び調査評価、研修・情報活動に基本的に組み入れるという、今後の環境政策を明らかにした。

その主たるものは、政策・企画・調査担当副総裁の下に環境局と各地域担当環境課の設置、環境専門家の大幅な増員、途上国(30カ国)の環境調査の実施、地球規模の熱帯林の保全活動への参加と森林プロジェクト融資の倍増、アフリカの砂漠化・森林破壊の防止のイニシアチブ等であった。中でも、環境局は、開発プロジェクトによる環境影響を重点的に取り上げ、国別及び緊急度別に優先順位を確定するとともに、技術、経済等の各分野の政策・調査活動を実施し、地域スタッフにガイドラインや専門的知見を含む情報・データベース（ENVIS）の確立を任務とするものである。

1989年度における環境局の活動は、自然資源管理、環境質と保険、環境経済学の3つを主軸として、世銀の政策・調査活動に環境配慮を組み込む作業が進められたが、特に、環境アセスメントのスタッフ業務指令（Operational Directive：OD）及びそのガイドラインが策定されている。また、政策・調査活動の大部分を占める工業・エネルギー局等の他局においても、環境配慮の内生化が図られている。後述するように、ODに関しては、1991年10月に過去2年間の実績を踏まえて改訂されている。このODの存在は、環境に重大な影響の可能性のあるすべてのプロジェクトに義務づけられているため、世銀の貸付を求める借入国の中には、その環境影響報告書の準備のため、新たに環境アセスメント制度の導入を図ったところも少なくない。

1990年11月には、世銀、国連開発計画、国連環境計画の三者で共同運営される地球規模ファシリティ（GEF）が設立された。これは、途上国などの参加国（1993年6月現在、64カ国）が地球環境の保護を図る措置への資金として、①オゾン層の保護、②温室効果ガスの排出抑制、③生物種の多様性の保護、④国際

水域・水資源の保護の 4 領域を対象としている。1991年から1994年までの 3 カ年のパイロット・プログラムであったが、1992年 4 月に、参加国はパイロット・フェーズ終了後の基本政策に合意している。そこでは、GEF の再構築を意図し、地球環境保全の措置の増分コストを賄う追加贈与資金として、砂漠化や森林破壊による土地資源の劣化も従来の 4 領域に関連づけて対象とするなど、 8 つの原則の位置づけを行っている。

1992年 6 月の UNCED の開催以降、世銀は国別政策対話、経済・セクター研究及び貸付業務といった各業務に環境配慮を組み込みながら、その統合化を図るなど持続可能な開発のための国際協力において指導的役割を果たそうと試みている[14]。

特に、1993年 1 月の世銀の機構改革により、既設の環境局に加えて、新たに農業・天然資源局、運輸・水資源・都市開発局の 2 局を設け、それらを統括する環境的・持続可能な開発担当副総裁職（Environmentally Sustainable Development：ESD）を新設するなど、貧困の克服とともに環境の保護と改善への取組み体制の一層の強化を図っている[15]。

2．世界銀行の環境政策

世銀は、1992年の「世界開発報告（World Development Report 1992）」の中で、政策、プログラム、制度の各側面で大きなシフトが生ずることを前提条件としつつ、持続可能な経済及び人的資源の開発と環境の保護・改善は、その加速も可能であり、両立し得ると結論づけた。その両立の確保のため、以下の 2 つのタイプの政策には高い優先順位を与えている[16]。 1 つは、開発と環境間のプラスのリンケージを生かす政策が挙げられる。たとえば、貧困緩和と健全な環境政策に関して、プレストン総裁は、「開発の促進と環境保護は同一命題の相互補完的側面であり、貧困の克服にはその双方が必要である。」と述べ[17]、所得向上、貧困緩和、環境保護の相互間のプラスの結び付きに十分配慮することを強調している。 2 つには、マイナスのリンケージを打破する政策、たとえば、稚拙な成長戦略によって生じた土壌の劣化などの環境上の損傷を修復する

図6-3 JICA の開発調査業務への環境配慮の組み入れ

〈調査業務のフロー〉	〈検討内容と時期〉	〈検討事項〉
案件発掘 要望調査／プロジェクトファインディング ↓ TOR の受理 ↓ TOR の検討	（予備的スクリーニング） ・IEE あるいは EIA が必要か否かの判断 （スクリーニング） 予備的スクリーニングの確認	重大な環境問題を生じせしめる案件は採択しない方針である。
事前調査 事前調査 ↓ S/W 協議合意 ↓ 事前調査報告書の作成 ↓ 業務指示書の作成	（スコーピング） ・IEE あるいは EIA 重点分野の決定 ・作業分担の決定	（S/W, M/M 記載） スクリーニング，スコーピングに関して合意した事項の記載方法の検討 （事前調査レポーティング） 事前調査段階までの経緯，合意事項等の明確化 （業務指示） コンサルタントが担当するIEE あるいは EIA 支援の範囲，作業量の目途の設定
コンサル選定 コンサルタントの選定		（コンサル選定） 業務指示に対するプロポーザルの妥当性の評価
本格調査 IC/R の作成と協議 ↓ IEE あるいは EIA 支援の実施 ↓ DF/R の説明協議 ↓ F/R の作成		（IEE あるいは EIA） スコーピング結果に基づくEIA 項目，方法等の協議・決定への支援 （調査管理） 適切な IEE あるいは EIA への支援が行われているかどうかのチェック （ファイナルレポーティング） IEE あるいは EIA への支援結果ならびに提言等の明確化

出典：「分野別（環境）援助研究会報告書1988年国際協力事業団」一部修正

注： ▭ は、ガイドラインの主たる適用範囲

試みなどである。

現在の世銀の環境政策の基本目標は、以下の4点に集約される。

① 健全な環境保護のための優先順位の決定、制度構築、環境プログラムの実施に関する途上国支援
② 世銀の貸付プロジェクトの環境アセスメントによる環境配慮の徹底
③ 世銀の貸付・融資対象加盟国による貧困の緩和と環境保護のリンケージの強化
④ 地球環境ファシリティ（Global Environmental Facility：GEF）による地球環境問題への途上国支援

また、1999年に世銀はすべての銀行業務に新たな環境政策と手続、より良い実践の指針を策定した[18]。

3．貸付プロジェクトに対する世界銀行の監理と評価

世銀のすべてのプロジェクトは、その貸付期間中、恒常的に責任担当スタッフによってモニタリングされる。特に、業務評価局は、過去に承認した貸付案内を審査して、教訓を学び得るパターンと傾向を特定し、将来の業務に向けて勧告を行っている。その中には、環境影響を考慮して改善を図ったものについての評価も実施している。

たとえば、1990年環境報告書では、畜産(Livestok)プロジェクト(ボツアナ)、ナルマダ（Narmada）川流域プロジェクト（インド）、シングラウリ（Singrauli）地域開発プロジェクト（インド）、クドウン・オンボ（Kedung Ombo）プロジェクト（インドネシア）、カラジャス（Carajas）鉄鋼プロジェクト（ブラジル）、ポロノエステ（Polonoroeste）プロジェクト（ブラジル）など6件について評価を行っている。これらには、畜産（Livestok）プロジェクトのケースのように、たとえば、国際環境NGOから家畜遮断のためのフェンス設置による野生生物への影響が問題視されたが、世銀はフェンス設置への貸付はされておらず、フェンス政策自体の再検討を政府に要望していたとして、問題とされたことの多くに誤った情報があるとするものもある。しかし、環境への影響が大きいことを

理由に世銀の政策を見直し・変更する契機となったプロジェクトも少なくない。以下に、世銀の移住政策を巡って国際的論議を呼んだナルマダ流域開発プロジェクト[19]に関する世銀の教訓についてみることにする。

(1) ナルマダ流域開発プロジェクトの教訓

　1985年4月、世銀はインド西部の最貧地域の1つで、干ばつ常襲地帯にダム・発電所建設と灌漑運河の建設からなるサルダル・サロバル・プロジェクト（ナルマダ）に対する貸付の決定を行った。それは、家庭用水、農業用水、工業用水と電力及び雇用機会の確保を目的とするものであった。しかし、1980年代の後半になって、このプロジェクトによって生ずる環境問題や立ち退き者に対する世銀の移住政策や関係の諸州（グジャラート、マデイヤプラデシュ、マハラシュトラ）の策定した移住計画に対して、地域住民や国際 NGO による議論が高まってきた[20]。その論点は、経済性（経済収益性、便益）、強制移住、森林地の水没の3つに集約される。

　1991年、当時のコナブル世銀総裁は、このプロジェクトの移住及び最就業活動の実施とプロジェクトの環境影響の評価に関して独立審査団は、世銀に対して1992年6月に審査報告書（Morse Report）を提供した。その報告書は、世銀の移住政策に関して、立ち退いた住民が再定住後に少なくとも旧来の生活水準を維持・回復できるような政策を講ずるべきであると述べた。そして、プロジェクトの審査、実施、監理に係わる従来の世銀の政策やガイドラインに重大な欠陥のあることを指摘し、このプロジェクトに対して一定の距離をもって再考するように要望するものであった。また、このような問題がその他のプロジェクトに対しても普遍性をもつかどうかを確認するために、世銀の手続を見直すように勧告した。

　1992年10月、世銀の理事会はこの独立審査の報告結果を受け入れ、インド政府に対して6ヶ月の期限と支援条件を付して、このプロジェクトへの支援を続行することを決定した。しかし、1993年3月、インド政府は移住と再就業に関する政府のアクション・プランに基づき、独力で建設工事を完了することを決め、世銀に対して貸付残余部分の取消しを求めた。

以上は、ナルマダ・プロジェクトによる教訓の大まかな経緯である。世銀の貸付プロジェクトに対する監理と評価業務にとって、審査前の借入国の基礎的データとその地域社会との有効なコンサルテーションがいかに重要であるかを示している。この教訓は、移住問題の複雑性とこれに対する世銀側及び借入国側の対応能力の強化の必要性を指摘するものであった。

（2）　強制移住に関する業務指令

　住民の移転を伴うプロジェクトの業務担当者は、強制移住に関する業務指令に従って審査を行うが、特に、①強制移住の発生の回避ないしその最小化、②不可避の場合における移住計画の策定、③コミュニティーの参加、④再定住地における悪影響の最小化、⑤弱者（原住民・少数民族など）に対する適正な補償、などを考慮することとなっている。

　1992年10月の世銀理事会において、ナルマダの教訓からこれまでの教訓の見直しの提案がなされ、見直しを行うタスク・フォースが環境部局内に組織された。6つの業務地域の協力のもとに、現在貸付中の案件のうち、強制移住を含むプロジェクト（約135件）の分析に着手した。その分析は、強制移住プロジェクトでは特定の問題が繰り返されたことを示唆している。すなわち、①移住が主要な問題として特定されてこなかったこと、②借入国における移住政策と法的規定が土地所有権や損失補償法の延長線上にあること、③途上国における移住に関する組織や管理機構が弱体であること、④移住の運営に用いられる技術的な熟成度に不足があること、などである。

　また、当該プロジェクトが貸付契約やガイドラインの遵守のもとに実施されているかを確認する作業と合わせて、強制移住の実施状況を改善するための短期的・長期的戦略について、特に、アジア地域における強制移住、都市及びインフラ・プロジェクトによる移住、移住の実施状況、世銀の技術的支援等への勧告が1994年に準備された。

4．環境関連貸付

　環境への配慮を世銀業務に統合する活動は、近年目覚ましく進展している。

世銀の貸付における環境関連貸付（Environmental Lending）をみると、1989年度と1993年度との比較では30倍と急激に膨らんでいる[21]。世銀では、プロジェクトに係わる環境保全対策のコスト又は便益が全体費用の50％以上のものを環境要素の含むプロジェクト（Significant Environmental Components Project）と位置づけている。その実績をみると、1992年度（1991年7月1日〜1992年6月30日）では、全承認プロジェクト件数222件中、前者は19件約12億ドル、後者は43件であったが、1993年度（1992年7月1日〜1993年6月30日）では、前者は24件総額19.9億ドルに達し、後者についても30件認められた。

承認された環境主体型プロジェクトには、3つのタイプの業績がある。すなわち、①都市・産業公害規制（Urban and Industrial Pollution Control）、②自然資源管理（Natural Resources Management）、③環境制度設計（Environment Institution Building）などである。この①のタイプはブラウン・アジェンダとも呼ばれ、都市が直面している3つの領域、すなわちエネルギー利用と効率、都市公害・産業公害の防止、都市環境の管理、などをカバーしている。1993年度では、7件13億ドルがブラジル、中国、韓国、トルコの水質汚染管理とインド、メキシコの大気汚染規制に関する大規模プロジェクトに貸付された。

②のタイプはグリーン・アジェンダと呼ばれ、持続可能な自然資源の管理を促進し、資源劣化の抑止を意図する活動を対象としている。それには農業及び土地の管理、森林の管理、水資源及び集水域の管理、海岸・沿岸域の管理、種の多様性の保全、などが含まれる。

エジプト、インド、パキスタン、トルコの水資源管理・国土保全やエジプト、ガボン、セーシェル、チュニジア、ベネゼエラの野生生物の生息地保護及びインドネシアの害虫管理など10件のプロジェクトに5億2,100万ドルが貸し付けされた。また、この①と②のタイプを横断し結び付けるものとして③のタイプがあり、ボリビア、チリ、中国、ガーナ、韓国、パキスタンなど、6件1億7,300万ドルが貸し付けされた。

5．世界銀行の環境改善手法

(1) 国家環境行動計画の策定支援

　世銀は、環境配慮を一般業務に内生化するために、これまで内部資料として借入国ごと環境イッシュー・ペーパー (EIP) の作成や特定国の環境詳細研究を実施してきたが、併せて借入国との共同で国家環境行動計画 (National Environmental Action Plan：NEAP) の策定に着手した。

　NEAPは、その国の主要な経済・社会開発プログラムのすべてに環境配慮を組み込むための枠組みを示すことを目的とし、そこでの最も重要な環境問題を特定することにより、意思決定者に対して、優先順位の判断材料を提供するものである。これにより、借入国の主要な環境問題が確認され、その問題に対処するための国別の環境政策やプログラムが形成される一助となる。世銀はこのNEAPの策定と実施を支援することにより、借入国との対話の基礎として活用し、そこから得た情報、結果、戦略を環境業務に取り込んでいる。世銀がNEAPの策定を最初に支援した国はマダガスカルであるが、NEAPの策定過程で、環境アセスメント制度の導入や土壌・水資源保全への関心が深まるなど、現業部門の業務に積極的な影響を与えている。世銀は、1994年度中にほとんどのIDA借入国にNEAPの策定を完了するように支援を強化している。また、IBRD借入国も数カ国が策定し、その他の中所得国でも多くが作成中である。

1) 責任と手続

　NEAPは融資受入国の各国政府の責任において広範な現地参加のもとで準備し、実施する。世銀はそれに対する助言と要請に基づく技術支援を調整する役割を演じている。

2) 内容と形式

　NEAPの内容と形式は、当該国の規模、環境問題の範囲、経済情勢、環境問題に対する政府の対応力の相違によって異なるが、典型的な項目には以下のようなものがある。

　① 環境と開発戦略との関連

② セクター間の主要な問題（人口、公衆衛生、文化、資源、社会、経済的要因）
③ 主要な開発活動、経済成長の傾向、資源活用、保護
④ 問題解決のための戦略と活動の推進

（2） 世界銀行の環境アセスメントに関する教訓

　世銀は一定基準でプロジェクトを分類し、必要と認められるプロジェクトにはすべて環境アセスメント（Environmental Assessment：EA）を実施するよう借入国に要求している。

　EAの実施は借入国の責任であるが、そのプロセスの支援とモニターは世銀の業務担当者が行っている。また、EA実施には通常、準備コストの2-3％がかかるため、その財政支援も借入国の要請に応じて、技術援助贈与プログラム等の資金によってなされている。

　世銀では、業務担当者がプロジェクト審査時に履行する事項として、1989年にEAのスタッフ業務指令（Operational Directive：OD）を作成し、そのガイドライン（Environmetal Assessment Source Book）を定めてきた[22]。

　しかし、世銀は、タイ国の第3次電力システム開発プロジェクトによる教訓から、1991年10月にODを見直し、その改訂を行った。

　その契機となった貸付は、タイ発電庁の1991-1992年度投資計画に含まれるいくつかの援助、研修、環境モニタリング用機材の調達によって強化することを狙ったものである。このプロジェクトによって、約250世帯の人々が影響を受けるが、その移住に関する規定と保健及び漁業に与える影響について、地域住民や国際NGOによる論争が起こった。

　世銀は、このプロジェクトの環境アセスメント及び影響緩和対策についての詳細な審査を実施することにより、1991年12月、理事会は貸付の承認を行った。このケースを通して、世銀は、環境問題への対処には、透明性の確保と紛争の未然防止・回避を図るプロセスを経て実施されるべきであるとの教訓を得た。

　ところで、現行の環境アセスメントは、プロジェクトの設計と実施というサイクルの各段階で環境配慮を組み込む形となっている。図6-4のように、まず、設計段階は、プロジェクトの選定におけるスクリーニングから始まる。ス

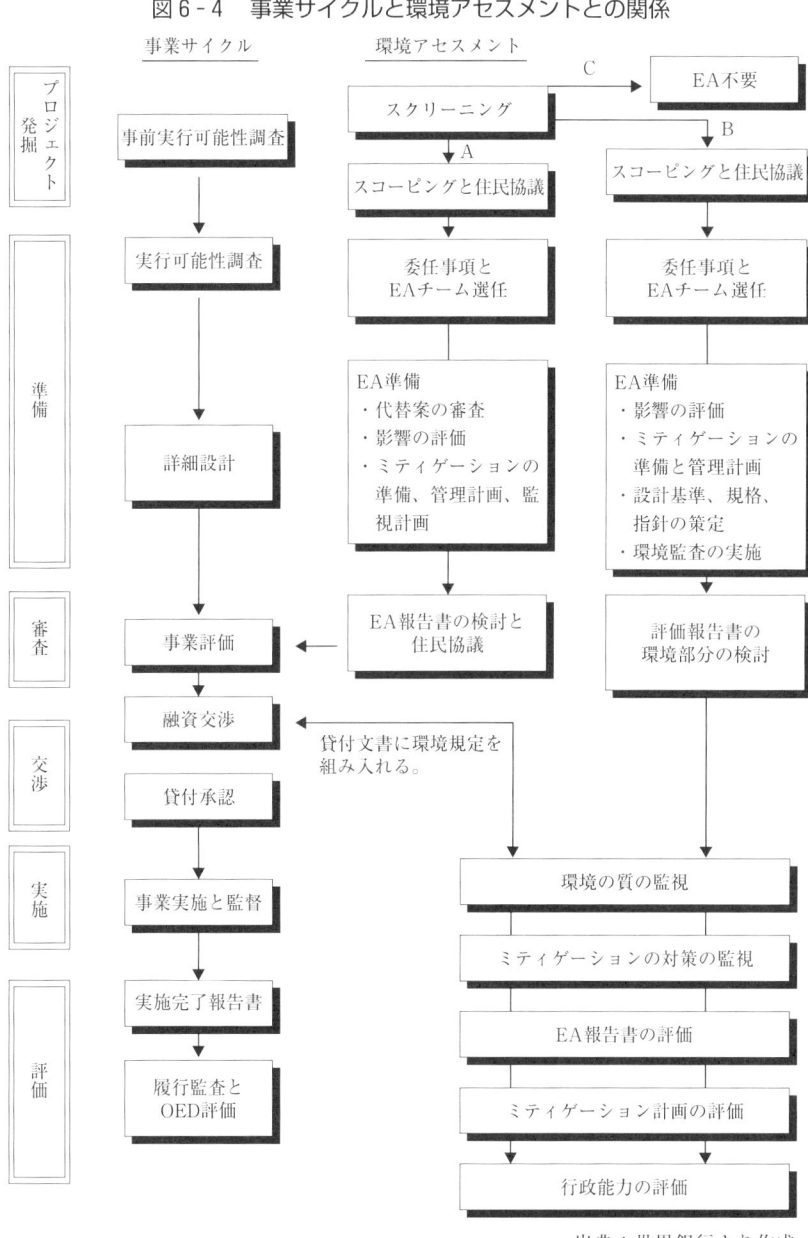

図6-4　事業サイクルと環境アセスメントとの関係

事業サイクル

- プロジェクト発掘
  - 事前実行可能性調査
- 準備
  - 実行可能性調査
  - 詳細設計
- 審査
  - 事業評価
- 交渉
  - 融資交渉
  - 貸付承認
- 実施
  - 事業実施と監督
  - 実施完了報告書
- 評価
  - 履行監査とOED評価

環境アセスメント

スクリーニング
- C → EA不要
- A → スコーピングと住民協議 → 委任事項とEAチーム選任 → EA準備
  ・代替案の審査
  ・影響の評価
  ・ミティゲーションの準備、管理計画、監視計画
  → EA報告書の検討と住民協議 → 事業評価へ
- B → スコーピングと住民協議 → 委任事項とEAチーム選任 → EA準備
  ・影響の評価
  ・ミティゲーションの準備と管理計画
  ・設計基準、規格、指針の策定
  ・環境監査の実施
  → 評価報告書の環境部分の検討

貸付文書に環境規定を組み入れる。

- 環境の質の監視
- ミティゲーションの対策の監視
- EA報告書の評価
- ミティゲーション計画の評価
- 行政能力の評価

出典：世界銀行より作成

クリーニングは、環境アセスメントの必要性とその程度を見極めるもので、環境問題の性質や規模等により、A、B、C、Dの4つのカテゴリに分類されている。Aは、環境影響が多様かつ重大なプロジェクト（ダム、貯水池、大規模灌漑、大規模都市開発等）、Bは、特定の限定された環境影響のプロジェクト（小規模開発等）、Cは、環境アセスメントを必要としない環境影響のないプロジェクト（教育、家族計画、制度開発等）、Dは、環境が主体となる環境プロジェクト、である。ちなみに、1993年度に承認又は検討中のプロジェクト626件のうち、79件がA分類、267件がB分類、235件がC分類、未分類のものが45件となっている。

スコーピングとEAの準備は連動しており、プレF/S調査及びF/S調査の必須要件である。詳細設計には環境緩和策を含むものとされ、最終EAは世銀の審査に先だって提出されなければならない。次に、実施段階では、最終EAが借入国及び世銀を満足させる場合、地域環境課が借入国との協議によって決定する環境条件等の基礎となり、それらは貸付協定に組み込まれる。監理に移行すると、借入国との間で同意された関係条件が環境上、遵守され、履行されているかのモニタリングが含まれる。実施が完了した後に、実際に生じた影響や影響緩和策の有効性の双方の評価を含むプロジェクト完了報告書（PCR）が提出される。PCRが提出されたプロジェクトは、業務評価局が再評価をその後に実施する。

以上は一連のプロジェクト・サイクルであるが、改訂されたODでは、スクリーニングの段階で影響を受ける人々とのコンサルテーションが始まり、特に、EAの準備段階で影響を受ける地域住民やNGOSの参加を不可欠のものとしている。地域住民の巻き込みは、地域固有の潜在的な環境情報の正確な理解を得ることにより、プロジェクト設計を改善し、調査及び環境影響の地域的な誤解を正すことに有益である。これまでの教訓は、それが限られたものであったことを示している。1993年度のアセスメントの約70％は、スコーピング段階で学識経験者や地域住民、NGOSとのコンサルテーションを含むものとなった。また、借入国及び世銀のEA遂行能力の構築とEAプロセスの改善により、

環境アセスメントの強化を図っている。

6．アジア開発銀行の取り組み

(1) アジア開発銀行の環境政策

アジア開発銀行（Asian Development Bank：ADB）は、1978年に「ADBの援助における環境と開発（Environmental Protection & Development Financing by the ADB)」を理事会に提出し、環境に取り組み始めた。1981～82年に環境専門家2名を採用し、地域セミナーの開催、途上国の環境担当の機関を強化するための技術協力等、の活動を具体的に行い始めた。また、技術協力のほか、資金協力では、特に、スクリーニング手続を体型化した。

ADBの環境政策は、1986年の「環境政策と手続の評価（Review of the Bank's Environmental Policies and Procedures)」に明らかにされたが、それは、環境問題の認識とその適切な対策、担当職員の環境意識の向上、地域資源センター的役割、環境質高揚プロジェクトの支援等であった。1987年に環境部を創設し、1990年に環境部に昇格させるなど組織体制の整備を図っている[23]。

その活動では、特に、加盟途上国の環境の状況や環境の法制度、天然資源等を取りまとめた環境プロファイル（Briefing Profile for Country Programming Missions）を作成し、また、植林、衛生といった従来型の環境プロジェクトの他に、環境管理に重点を置いた地域開発計画、タイのソンクラ湖沼開発調査、サムトプラカーン工業汚染防止調査のような技術協力を行っている。

(2) アジア開発銀行の援助手法

1) 環境貸出契約（Environment Loan Covenants：ELCs）

アジア開発銀行の環境配慮の取り組みは、主として融資（finance）におけるプロジェクトの環境健全性を確保する原則的手段としての環境アセスメント手続に集中してきたといえる[24]。しかし、プロジェクト実施のいくつかの場面では、環境アセスメントのみでは、十分に注意を喚起することはできないような場面において、ELCsが重要な役割を果たしている。

アジア開発銀行は銀行と借入諸国との間に貸出協定（Loan agreement）を締

結するが、その際、そのプロジェクトの環境健全性を確保するアプローチの1つとして、環境貸出契約（ELCs）を活用している。

ELCs は借入人が銀行融資を認めさせるための特別の保証であり、また、それらは貸出協定の中に両当事者が環境問題への責めを負うということへの重要性の反映でもある。ELCs は銀行のプロジェクト・サイクルにおいても、環境配慮を統合するダイヤグラムの中に位置づけられている。

ELCs をもつプロジェクトの歴史を振り返ってみると、発展の段階から、1983～87年までの第1期と1988～90年までの第2期とに区分される。その件数は第1期では、融資件数240のうちの22％の54件であったが、第2期では175件のうちの73件と、前期の2倍にあたる42％を占めるようになった。1982～87年頃の当初のELCsは、たとえば、「借入人は、当該プロジェクトの実施や維持管理を確実にするために、全ての適用可能な公害法規や規則を効果的に実施するよう行政庁や環境庁は努めなければならない。」といった一般的内容や性質のもので、借入人の講ずべきすべての行動範囲を反映するものではなかった。

ところが、1988年の契約を契機として、大きな転換期を迎えたといえる。そのことは、数の多さのみならず、その内容と詳細さのレベルであり、契約の多様な類型を反映した広範な環境問題を射程に取り組み、詳細な基準、類型化、計画予定表や成果を含むようになったことに現れている。

代表的な ELCs の事例としては、①工業開発プロジェクト[25]、②森林プロジェクト[26]、③農業貸付プロジェクト[27]、などがある。

2） ADBのEIA情報

ADBは、開発部門ごとのガイドラインを作成しており、このガイドラインは、開発計画の各段階における情報チェック項目をチェックリストの形式で指示している[28]。ガイドラインは、環境影響の内容及びその程度を明らかにし、より詳細な EIA の要否の判断を行う初期環境調査（IEE）に利用される。以下に、ダム・貯水池及び水力発電計画と工業開発計画のチェックリスト項目の一部を示す。なお、ダム開発などに伴う住民移転に関するガイドラインが1995年に出されている[29]。

（ア）　ダム・貯水池及び水力発電計画のチェックリスト項目

　ADM のダム・貯水池及び水力発電計画のチェックリスト項目は、①プロジェクト立地による環境問題、②設計に関連する環境問題、③建設段階に関連する環境問題、④プロジェクト稼動に関する環境問題、⑤潜在的環境強化対策、⑥水力発電計画のための付加的考慮、等の諸点について、下記の項目のチェックがなされる。

① 　プロジェクト立地による環境問題
・移転、稀少生態系の枯渇、歴史的文化的価値の喪失、流域の土砂沈砂流出、航行の悪化、地下水文への影響、価値ある魚種の減少、鉱物資源の水没、その他の水源による損失や不利な影響

② 　設計に関連する環境問題
・道路の土砂流出、貯水池の用意、水利権争議、魚類保護

③ 　建設段階に関連する環境問題
・土壌流出、その他の建設上の危険（労働省の安全、労働衛生、水による疾病）、建設モニタリング

④ 　プロジェクト稼動に関する環境問題
・下流の洪水、養殖場の氾濫による下流の価値の低下、下流の土砂流出、貯水地管理の欠落、富栄養化、放流水質、有害病原菌の媒介昆虫
・入江・沿岸漁業の影響、貯水提の安全性、運転モニタリング

⑤ 　潜在的環境強化対策
・内水面漁業の強化、農業の削減、下流のコミュニティーの水供給、下流の養殖、林業、野生生物保護、レクリエーション

⑥ 　水力発電計画のための付加的考慮
・多目的管理の必要性、農村の電化、送電線（稀少生態系の強化、野生生物の移動の悪化、環境審美の悪化、建設及び残土地域からの土壌流出）

（イ）　工業開発計画のチェックリスト項目
① 　プロジェクト立地による環境影響
・適正な立地選定、緩衝帯の妥当性、アクセス道路による過度な交通危険、近隣者へのニューサンスもしくは危害、隣接資産価値への影響、工場排水問題、移転問題、稀少生態系への影響、社会経済的影響、水供給及び水理への影響、建造物による環境審美の低下、建造物による歴史的文化的遺産・価値の劣化
② 　設計に関連する環境問題
・液体廃棄物の排出、固形廃棄物の排出、気体廃棄物の排出、有害物質の取り扱い、騒音・振動、工場排水システムの不十分さ、環境基準の妥当性
③ 　建設段階に関連する環境問題
・アクセス道路問題、労働者への危険（事故、有害物質の取り扱い、伝染性疾病の危険、土壌流失、騒音・振動、ちり・臭気、採石場での危険、建設段階でのモニタリングに関する規定）
④ 　プロジェクト稼動中での環境問題
・環境上の価値の汚染（液体・固形・気体廃棄物による汚染に伴うもの）、近隣住民・財産への危険、ニューサンス（騒音・振動、ちり・臭気・大気汚染、アクセス道路上に落下する有害物質の取り扱い、アクセス道路の交通混雑、環境審美上の価値低下）、労働衛生・安全の十分性（有害物質の管理、負傷者への緊急治療に関する規定、定期的健康診断、負傷者への補償、工場内の水供給・衛生施設）、酸化物質の臭気による歴史的遺物・記念物への損害、モニタリング・人員の十分性
⑤ 　批判的・全般的環境評価クライテリア
・貴重かつ非代替的資源の受容不可能な損失、短期的な利益目的のための貴重かつ非代替的資源の過度な利用、危機に瀕している種への危険、国家エネルギー状況からみたエネルギーの過度利用、住民不安の受容不可能なレベル

7．国際金融援助機関の環境配慮の検討

　欧米諸国や国際援助機関の環境概念は、公害のみならず生態系や社会的側面なども含めて環境をとらえており、特に環境要素としての生態系を重視している。そこで、国際金融機関の環境配慮について、その理念、手法、組織、援助における配慮の段階、わが国の対応との関連等について概観する。

（1）　理念

　理念として、「環境」が持続的発展を達成するための不可欠な要素として把握されている。すなわち、環境を開発の1つの要素として位置づけ、構成要素の「環境」が健全でなければ、開発によって得られる便益は長期的に確保されないとしている。

（2）　手法

　開発援助で環境を取り扱う手法として、プロジェクト・アプローチとカントリー・アプローチとがある。プロジェクト・アプローチでは、環境配慮を盛り込む開発プロジェクト方式と、環境質自体を高める環境プロジェクト方式がある。各金融機関ともプロジェクト・アプローチを必ずとっているが、環境プロジェクトについては、ADB、USAIDのように開発途上国の環境計画の立案や実施、管理能力を高める技術協力を中心とする機関と、IDBのように環境プロジェクトへの融資を積極的に行うものがある。カントリー・アプローチを積極的に進めているのは世銀である。USAIDは、環境プロファイル（環境に関する国別報告書）を作成している。ADBも途上国の環境意識の高揚と担当職員の参考資料に供するため、環境プロファイルを作成している。環境プロファイルのほとんどは、1987年から1992年までに作成され、公表されている。これらは、環境の状態と推移に関する情報を収集・分析するとともに、関連の法的・制度的状況や当該国の環境政策を評価することにより、環境と開発に係る問題解決の枠組みを提示することによって、当該国のあるべき環境政策に向けて、政策の変更や転換を提案するものといえる。

(3) 組織

世銀、USAID は、環境本部局及び環境専門家を擁している。IDB は、既存の体制のままで各セクター専門家、技術者の環境意識を向上させ、審査能力を高めることによって環境面への取り組みを強化する体制をとっている。ただし、開発プロジェクトの環境チェックはいずれの場合でもプロジェクト担当者によって行われ、環境専門家は補助的な役割を果たしている。

(4) 環境配慮の実行段階

開発プロジェクトにおける環境配慮は、図6-5にみるように、プロジェクト・サイクルの（ⅰ）準備・発掘段階、（ⅱ）F/S段階、（ⅲ）審査段階、（ⅳ）実施段階、（ⅴ）事後評価段階の5段階のサイクルで組み込むことができる。

（ⅰ）準備・発掘段階

当該国の資源を優先的に利用して重要な開発目的を達成させるプロジェクト・アイデアを発掘することに狙いがあるため、当該プロジェクトが環境に著しい影響を及ぼす可能性があるか否かを判断する机上でのスクリーニング段階と環境影響の範囲と内容を定性的に把握し、詳細な環境調査や専門家の導入の可否を判断するという2つの段階がある。USAID は、一般に環境に著しい影響を与えるプロジェクトのタイプを示すリスト、ADI は、環境に及ぼす影響の性質ごとにプロジェクトを分類したリストを利用している。

（ⅱ）F/S段階

選別されたプロジェクトについて環境配慮にかかわる領域の見当づけ（Scoping）を行い、その領域の内でどの程度以上の影響を防止するかの判断（Threshold Judgment）が必要とされる。そこでは、期待される便益に見合った費用の範囲内での技術的・組織的問題点の克服やそれに必要な政策の導入の可能性等について、なにがしかの保証が必要となる。USAID のスコーピング手法は、特に参考となる。この段階では、セクターごとに環境に及ぼす影響を記述したガイドラインやチェックリスト、環境アセスメントの実施マニュアル(USAID)、環境プロファイル（世銀、ADB、USAID）が作成されている。

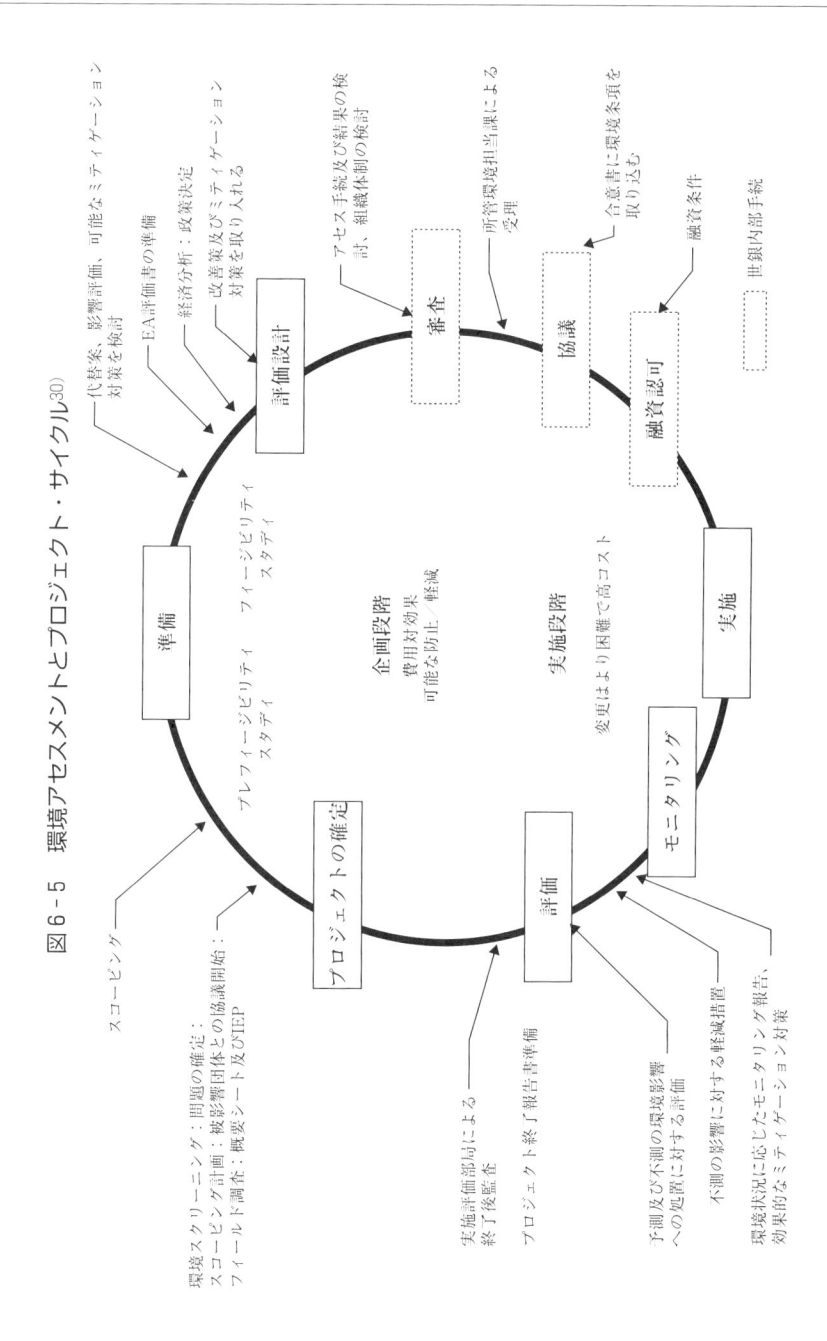

第2節　国際金融機関にみる環境配慮の仕組みと実際

図6-5　環境アセスメントとプロジェクト・サイクル[30]

出典：world Bank, 1991の図を改定

（ⅲ）　審査段階

　国際金融機関の場合、貸付承認以前に正式な審査を行って、プロジェクトの全面的な健全性や実施の準備状況をチェックするのが一般的である。基本的には、人の健康・安全の確保、生態系の容量（carrying capacity）や自然再生能力（regenerative capacity）を越えない範囲で、プロジェクトの便益の最大化を図る方式で対処している。その際、採用する環境保全対策が、実施機関で運営・管理できるものという配慮が必要である。

（ⅳ）　実施段階

　プロジェクトの完全な稼動時点までの建設や事業展開をカバーするとともに、進行中の作業や活動のあらゆる局面をモニタリングする必要がある。世銀では借入国と協同して予期していなかった影響を削減し、調整を行っており、ここでの結果が将来のプロジェクトに有意義な提案を与えることにもなる。そこで、各機関とも環境モニタリングの重要性を強調しているが、そのガイドライン、マニュアルは作成されていず、ケースバイケースで対応している。

（ⅴ）　事後評価段階

　当初の配慮事項のフォローアップやモニタリングを通して、その評価を実施し、目的が達成されたかどうかの確認を行うとともに、プロジェクト実施の経験を踏まえて、同種の案件に対して、適用可能な教訓を引き出すことにある。世銀では、すべての案件の事後評価を通常業務の一環として実施している。

　以上のプロジェクト・サイクルをみると、準備・発掘段階という早期の段階での環境アセスメントの実施による環境配慮がまず考えられる。早期の段階では、借入国のイニシアチブにより、環境にリスクの少ないプロジェクトを導入することが可能である。また、F/S段階でも、適切な調査活動によって環境影響を評価することができる。しかし、たとえば、世銀のスタッフの関与は、審査以前では詰問的な役割に限定されているので、プロジェクトの環境影響評価は当該借入国の責任に委ねられているという点に注意が必要である。

8．国際金融機関の援助手法

(1) 欧州復興開発銀行の援助手法

　欧州復興開発銀行(European Bank for Reconstruction and Development：EBRD)は、体系的な環境手続の採用によって、当該プロジェクトの発掘、準備、承認及び実施という一連のプロセスの全段階に環境配慮を組み込んでいる。それは、①プロジェクトに関する環境情報への事前請求、②環境スクリーニング、③環境調査、④環境審査、⑤環境誓約を含む協定書、⑥プロジェクトの環境管理、⑦プロジェクトの環境評価とモニタリングといった環境配慮手法からなっている[31]。それを図6-6に示す。これらの手法は、銀行のプロジェクトに可能な限り最良な環境基準が満たされることを確保するために、プロジェクト準備と承認プロセスの関連段階に統合されているといえる。たとえば、完了したプロジェクトの事後評価は、将来のプロジェクトの立案に組み込むべき教訓としての情報提供の役割を担っている。銀行の定める関連情報、公衆の審査の記録及び技術的調査（たとえば、環境アセスメント報告書や環境監査報告書）を提出するすべてのプロセスは、プロジェクト提案者の全責任において全うしなければならない。この環境審査プロセスの多様な段階を完了するに必要な時間や情報は、そのプロジェクトの個別事案や複雑性、潜在的影響の大きさと提案者の対応などによって異なるといえる。

　環境スクリーニングは、プロジェクトが業務委員会（Operations Committee)で初期審査を受けるに先立って、プロジェクト主査（Team Leader）の同意を得ながら、銀行の環境スタッフによって適切な環境カテゴリに選別するものである。環境カテゴリや実際の環境審査に必要な情報をプロジェクト提案者から収集する責任は、プロジェクト主査が負う。このプロジェクトのスクリーニングによって、環境アセスメントや環境監査の実施の有無、またはその他の環境情報の要否が決定される。

　プロジェクト提案者による環境調査（Environmental Investigations）は、銀行の要求する環境情報を叙述するために行われる。それは、主として、環境アセ

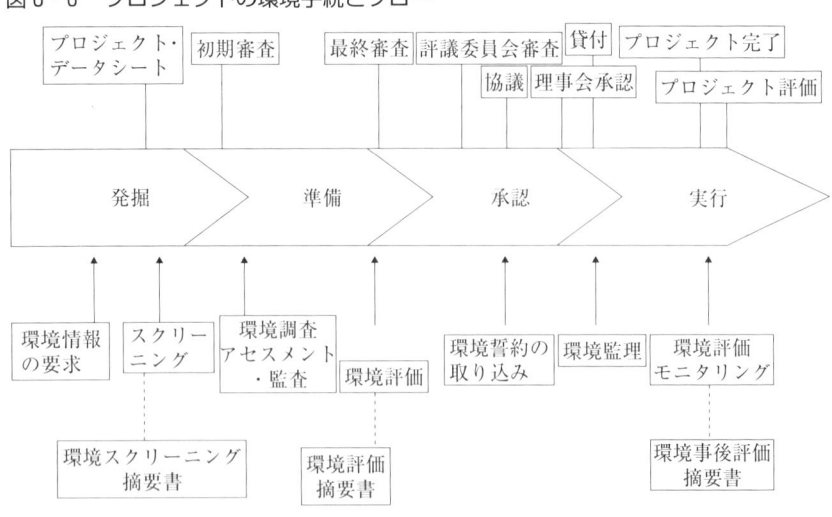

図6-6 プロジェクトの環境手続とフロー

出典：EBRD 1992, p4より作成

スメント（Environmental Assessment：EA）と環境監査（Environmental audits）で構成され、ほとんどのプロジェクトはその両方を要求される。プロジェクトの環境審査は、主査との連携のもとで、環境スタッフが最終評価のための業務委員会に諮る前に、すべての案件を審査する。業務委員会には、評価を担当した環境専門家の署名入りの環境評価の摘要書（Memorandum）、環境評価の要約、環境スクリーニング報告書などが提出される。環境評価の摘要書の準備には、環境スタッフが責任を負っている。プロジェクト準備と環境審査を通して、特定された必要な環境措置は、総務会（General counsel）の事務局が窓口となって作成する貸付協定（Loan covenant）に組み込まれる。その環境条項案の作成には、環境スタッフがサポートし、協定に関する全体の責任を主査が負っている。貸付期間中は、銀行の環境指導（Environmental Supervision）が講じられる。これは、協定に明示された環境対策をプロジェクト提案者が実施することを確保するものであり、従わない場合には、適切な措置が講じられる。環境指導の内容には、プロジェクト提案者の行うモニタリングのチェックとともに、プロ

ジェクト計画の一部として特定された環境緩和措置や環境向上対策の評価が含まれている。プロジェクトの完了時には、環境の査定が主査の要請により、スタッフによって行われる。これは、環境の側面からの査定であり、その結果は環境査定摘要書として整理され、完了報告書（PCR）の一部となる。その結果によっては、完了後も環境モニタリングが継続される[32]。

以上が一連の環境手続であるが、特筆すべきことは、住民関与を確保する責任をプロジェクト提案者、主査や環境スタッフに課すことのみならず、EBRDのすべての意思決定機関の責務として明確にしていることである。

（2） ADBの援助手法

ADBは、提案されたすべての案件に関して、環境面から審査するだけにとどまらず、その関心はその前段階に位置づけられるカントリー環境戦略にも及んでいる。カントリー環境戦略は、環境セクターがカントリーオペレーション戦略の策定やカントリーオペレーション・プログラムの決定に際して、必要な環境配慮条項をインプットする業務を基礎にして策定される[33]。カントリープログラム・サイクルの各段階における環境配慮の統合は、ポジションペーパーの準備（Position Paper Preparation）、カントリープログラム・ミッション（Country Programming Mission：CPM）、部局間評価（Interdepartmental Review）、カントリーオペレーション・プログラムペーパーの作成（Country Operational Program Paper Finalization）という各段階で行われる。特に、環境部のスタッフがCPMに直接参加することで、環境面での要請を最大限にプログラムの中に内部化するとともに、案件によっては、詳細に検討すべき環境項目が明らかにされる。

ADBのカントリー・オペレーション戦略の面では、環境戦略が体系化されているが、それは借入国の吸収能力、他の供与国との優位性の比較、当銀行の資源と能力、優先順位、借入国の必要とする開発援助の規模と形式などを考慮したものとなっている。同時に、開発戦略の基礎となる環境セクター報告書は、DMCsにおける主要な環境・資源問題、環境問題に関する制度や政策、政府の環境問題の優先的課題、MDBsの近時の計画プログラム、当銀行の環境プ

ログラムなどを明らかにしている。その面では、特に、銀行は優先順位を評価し、政策を形成し、潜在的な技術支援や投資プロジェクトを特定するという重要な各段階に、環境セクター報告書を準備し、それを最新化することに力点を置いている。DMCsごとに融資や技術協力の案件を決めるプログラムを立案することを発掘（Identification）というが、ADBの環境配慮は、プロジェクトの着手や進行中のみでなく、より早期の段階であるプロジェクト発掘時にその組み込みを図っているといえる。

（3） 世界銀行の環境援助手法

世銀の環境改善にアセスメントを重要視している。1991年のODと1999年のODの相違点は、従来は特に規定されていなかった新項目、セクター調整貸付、汚染防止・削減ハンドブックの使用、国際条約の順守、環境監査などの項目について、新たに規定したことが、その現れである。また、従来は、公開協議については、カテゴリA案件に限定されていたが、すべてのカテゴリA及びB案件について借入人に義務づけることで、NGOとの協議の重要性と情報の公開などによる透明性や説明責任を強化している。

（4） プロジェクト・サイクルにおける環境配慮と住民関与

CEE及びDMCsに対する開発援助は、一般に、プロジェクト方式で実施されている。そこで、プロジェクト・サイクル、すなわち、（ⅰ）発掘・準備段階、（ⅱ）F/S段階、（ⅲ）審査段階、（ⅳ）実施段階、（ⅴ）事後評価段階の段階ごとに、住民関与を組み込むことによる環境配慮の手法を検討することにする[34]。

　（ⅰ）　発掘・準備段階

CEE及びDMCsの資源を優先的に利用して重要な開発目的を達成させるアイデアの発掘に狙いがある。ここでは、机上でのスクリーニングによる選別と詳細な環境調査等の可否を判断するという2つの段階がある。EBRDでは、UN及びECEの越境汚染に関連する環境アセスメント協定の原則を地域レベルの重大な環境影響をもつプロジェクトに適用している。それは、EAを必要とするカテゴリA、限定的な特定のアセスメントを必要とするカテゴリB、それら

を必要としないカテゴリCに分類し、それぞれを例示する方法を採っている。特に、住民関与に関して、カテゴリAのすべてのプロジェクトは、その内容を住民、政府、NGOs、関連地域団体に通知する責務をプロジェクト提案者に要求する通知手続がある。

（ⅱ）　F/S段階

選別されたプロジェクトに関して環境配慮に係わる領域の見当づけ（Scoping）を行い、その領域内でどの程度の影響を防止するかの判断を行う。カテゴリAのプロジェクトは、すべてEAを必要とするが、EA準備の第一歩は、十分なスコーピングにある。スコーピングとEAの準備は連動しており、プレF/S調査及びF/S調査の必須要件である。スコーピング・プロセスは、そのプロジェクトに起こり得る環境影響やより正確な影響の領域を明らかにし、EAのための参考用語（TOR）を作成する。この段階で、プロジェクト情報やその起こり得る影響が地域社会やNGOsに開示され、地域レベルにおける関心事についてEAの焦点を集めることをコンサルテーションによって進めていく。詳細設計には影響緩和対策を含むものとされ、最終EAはMDBsの審査に先だって提出されなければならない。一般に、審査以前の段階では、MDBsのスタッフの関与は、諮問的な役割に限定されているので、プロジェクトの環境影響評価は当該DMCsの責任に委ねられているが、EBRDのスコーピング手続では、住民やその他の当事者は、EAの中で取り扱われる問題を提出する権利を付与されており、プロジェクト提案者には利害関係者と協議することが課せられている。

（ⅲ）　審査段階

MDBsの場合、貸付承認以前に正式な審査を行って、プロジェクトの全体的な健全性や実施の準備状況をチェックしている。EA報告書はいくつかの構成要素からなるのが一般的である。すなわち、①概要、②地理的、生態学的、社会的な内容に関する簡潔なプロジェクト記述、③調査地域の特性評価を含む基礎データ及び物理的、生物学的、社会経済的状況に関する記述、④そのプロジェクトから予測される積極的・消極的影響を評価し、明らかにする影響評価

の記述、⑤環境的視点からの代替案の分析、⑥マイナス影響を除去し、相殺し、削減する実施対策を明らかにする環境緩和対策及び環境管理計画、⑦環境モニタリング計画、⑧スコーピング及び EA の評価段階における利害関係団体や NGOs とのコンサルテーションに関する記述である。

住民との関係では、EBRD の環境スタッフは、EA 報告書、環境監査のチェックを通して、適切な住民関与がなされたかをフォローする責務を負っている。EA 報告書では、住民の関心や問題が調査され、提示される。環境監査は、過去の財産や施設の利用に関連する潜在的環境問題を特定するために実施されるが、その施設等の周辺住民によって提示された問題や地域住民の被った影響についての記述が不可欠とされている。

(iv) 実施段階

最終 EA が DMCs 及び MDBs を満足させる場合、担当部局が DMCs との協議によって決定する環境条件づけ等の基礎となる。それらは貸付協定に組み込まれる。監理に移行すると、DMCs との間で同意された環境条件が、遵守され、履行されているかをチェックするモニタリングがなされる。EBRD では、貸付協定の中に住民関与手続を組み込む方針を採っているため、プロジェクトが実施されている間やその後においても、提案者には住民との協議プロセスの継続が課せられている。たとえば、産業施設のプロジェクトの場合、提案者には、環境認識・緊急対応に関する地域団体・組織との連絡を維持することが要請されている。これらの組織の例示としては、UNEP が開発したプログラム（地域レベルにおける緊急時の対応認識と準備に関する計画：APELL）の枠組みに掲げる集団がある。

(v) 事後評価段階

実施が完了した後に、実際に生じた影響や影響緩和策の有効性の双方の評価を含むプロジェクト完了報告書（PCR）が提出される。PCR が提出されたプロジェクトは、業務評価局が再評価をその後に実施する。EBRD の PCR では、特に、公衆参加について評価を実施している。

以上のように、プロジェクト・サイクルにおける環境配慮は、当該プロジェ

クトの環境影響を緩和し、住民とのコンサルテーションの機会を確保するという効果をもつが、同時に、そのレベルにとどまるという限界をもつ。DMCsが長期計画の策定に当たって、その早期の段階で環境配慮を内生化させることができなければ、大規模・複合的・重合的な開発計画のプロジェクトの個別事案に対して、いくら環境配慮をしてもその整合性を欠き、その効果はかなり疑わしいということになる。今後は、プロジェクト・サイクルで得た経験を生かしながら、長期計画や政策立案の早期の段階において環境配慮を組み込むことがますます重要になろう。

（5） わが国の環境援助戦略の検討

わが国がODA大国であることは、その援助量の規模、開発援助委員会（DAC）における政治的地位等から明らかである[35]。一方、その援助政策は、伝統的な援助先進国の行動準則に依拠しつつ、新たに環境と開発の両立などを原則として、政府開発援助大綱（1992年6月30日）によって、包括的な考え方を示してきた。しかし、援助先進国の援助疲れが顕著な現在、わが国への期待がますます高まりつつあるが、ODAの質量の両面における批判は依然として残っており、その批判を払拭し得る援助政策を確立することが課題となっている[36]。そこで、環境配慮を重視した援助政策ならびにMDBsに対するわが国の対応戦略として、以下の3点が重要と考える。

（ⅰ） MDBsの定款や設立認可書への環境政策の明文化への働きかけ

EBRDは、1991年に創設された後発の援助機関ということもあるが、設立認可書の中に環境保全と環境改善に関する業務命令（Operational mandate）を明確に謳った最初のMBDである。銀行の環境政策の明確な目的とその政策優先順位を明示することは、借入国の環境保全の促進にとって極めて重要なことである。EBRDは、CEE諸国の環境改善に主導的役割を果たすために、①環境政策の形成、経済的手法及び市場ベースの技術に関する支援、②環境保護及び改善に向けての経済活動の促進、③地域及び国内における環境計画・教育の推進、④プロジェクトの環境評価に関する業務手続、⑤公衆参加と報告制度などに政策的優先順位を定めている。このEBRDの環境政策は、基本的には、ロー

マ条約修正第130条に謳われた諸原則に基づきながら、欧州全体の統一的な環境原則、環境基準、環境モニタリングのいわば3点セットの推進を目指すものといえる。特に、欧州環境庁や世銀などのMDBsとの密接な協力関係を図ることに重点が置かれているのは、広域的環境問題への対応を示すものである[37]。翻って、わが国の2国間における政府ベースの円借款等は、海外経済協力基金（OECF）がその実施に当たっているが、その設置法の中に環境政策を明示的に内生化させることが必要である。

（ⅱ）　ODA法などの国内法の整備によるMDBsへの間接的影響力の行使

近年の米国議会のMDBsに対する動きの中で、特筆されるのが国家環境政策法（NEPA）に規定する環境アセスメントに類似する手続を導入すべきとの主張である。このような米国の国内法であるNEPAを国際法に直接適用せよという主張には、財務省や国務省が強く反対したため、すべては実現されなかったが、1989年12月の国際開発財政法の制定によって、表決の120日前までにその環境影響評価書が提出されなければ、代表理事は投票を行わないという制約が課せられた。この影響を受け、MDBsの内部規定に上記の趣旨の改正が行われている。米国のとったような国内法の制定によるMDBsへの影響力の行使は、重要な戦略である。環境基本法（1993年11月12日）は、国際協調による地球環境保全の積極的推進（第5条）、開発途上地域の環境保全に関する国際協力の努力義務（第32条）を規定するにとどまっている。環境ODA法の制定により、国際社会における環境政策を明示し、環境援助中心主義を確立することが、わが国の援助政策の進むべき道の1つと考える。

（ⅲ）　ソフトな手法によるDMCsの国内環境法の近接化の促進

開発援助を受けるに当たって、DMCsはMDBsの要請する環境基準をクリアーするために、国内法の整備を推進しなければならない[38]。制度的近接化ないし調和は、EUの試みが代表例であるが、環境法の整備の遅れた国での近接化の事例として、たとえば、CEE諸国による拡大EUへの加盟に向けての近接化が挙げられる。DMCsの社会システムの中に環境配慮システムを内部化することは不可欠であるが、環境先進国の環境法制度に追従することで調和

を図るハードな手法には、以下の欠点がある。すなわち、①環境政策と他の個別政策との間にある相関的な均衡に歪みを生じさせること、②地域のもつ機会的便益や競争的な便益を喪失させること、③地域社会が所有してきた環境に対する選択権を減少させること、④地域が有してきた中間的な環境技術の利用の幅を狭めること、などである。そこで、DMCs の環境アセスメント制度を政策立案、計画策定、プロジェクト実施の各段階に適切に組み込むには、ソフトな近接化戦略が必要である。それには、①目標の柔軟性、②対象ごとに設定された賢明な時間的枠組み（短期・中期・長期）、③費用便益性に着目した手段の選択、④優先的課題の絞り込み、などに配慮することが必要である。近接化戦略に柔軟性をもたせるには、EU で採用されている補完性原則（subsidiary）は参考になる。つまり、DMCs の排他的権限に抵触しない領域をあらかじめ定めておき、そのような領域について、MDBs からの要請目標に DMCs が十分応えられない場合には、MDBs が代わってその対策を実施する方法である。

　以上の検討から、開発途上国が資源循環型社会を形成できるように誘導するためには、行動を制御する基準やその認識情報、合意形成の場、さらに市場経済に組み込むための経済的インセンティブ等をさらに具体的に検討していく必要がある。すなわち、成長や効率性を確保する経済的目標、貧困や撲滅[39]や公正といった社会的目標と自然資源の維持という生態学的目標という3つの目標の相関関係を正確に把握し、相互に調整を図ることが要求されよう[40]。

第3節　ODAと環境アセスメント

1．わが国における社会環境配慮ガイドライン

　1993年に制定された環境基本法では、環境の恵沢の享受と継承（第3条）、環境への負荷の少ない持続的発展が可能な社会の構築（第4条）、国際的協調

による地球環境保全の積極的推進（第5条）という理念を定めるとともに、環境影響評価の推進（第20条）、地球環境保全等に関する国際協力（第32条）、国際協力の実施に当たっての配慮（第35条）を規定した。

しかし、開発途上国においては、この持続的発展を阻む環境に係わる多様な政策課題を抱えているのが現状である。そこで、この持続的発展を確保するためには、先進諸国の政策の押しつけでない形で、いかに開発協力を推進し、その政策を支援し得るかという問題にそれに関わる人材育成も踏まえて取り組む必要がある[41]。特に、開発途上国に対する開発援助計画は、これまでの紛争事案から開発援助システムの多様段階で環境配慮を内包させることが課題となってきた[42]。

前節で検討したようにグローバル・パートナーシップに基づく先進国と開発途上国との国際環境協力としては、世界銀行、アジア開発銀行、国際協力銀行等の国際金融機関の責任とその果たす役割が極めて重要であるが、近年の国際的な環境協力の必要性の高まりの中で、政府援助機関は、国際機関及び国際開発金融機関などの積極的な取り組みを反映して、従来の開発政策・方針の見直しや新たな開発援助に環境配慮条項の組み込みなど新たな進展をみせている[43]。

わが国では、2003年にODA大綱を改定[44]し、①開発途上国の自助努力支援、②人間の安全保障の視点、③公平性の確保、④わが国の経験と知見の活用、⑤国際社会における協調と連携を基本方針として一層戦略的に実施することを明らかにした。とりわけ、公平性の確保においては、「ODA政策の立案及び実施に当たっては、社会的弱者の状況、開発途上国内における貧富の格差及び地域格差を考慮するとともに、ODAの実施が開発途上国の環境や社会面に与える影響」に十分注意を払うこととされた。

これと前後して、国際協力銀行（JBIC）はOECFの環境ガイドラインと日本輸出入銀行の環境ガイドラインを統合し、2002年4月に「国際協力銀行ガイドライン」[45]として公表し、2003年10月から実施した。また、その国際協力銀行ガイドラインの遵守を確保するために投融資担当部署から独立した総裁直属の

「環境ガイドライン担当審査役」を置き、異議申し立ての手続[46]を整備した。一方、（独）国際協力機構（JICA）[47]は、2004年4月から「環境社会配慮ガイドライン」[48]を施行し、2004年度から要請される案件に適用した。

さらに、2004年10月の環境省の国際環境戦略検討報告書において、今後の国際環境協力の取り組みの方向（補足）として、ODA案件等の実施における環境社会配慮ガイドラインの普及を取り上げ、ODA案件等における環境社会配慮を徹底するため、ODA案件等において環境社会配慮やその確認を行う際に、わが国の経験を活用し、技術的・政策的な支援を行うことや戦略的環境アセスメント（Strategic Environmental Assessment：SEA）及び環境影響評価（EIA）システムに関する意見交換、手続や手法上の調整を図ることが今後の取り組み事項として指摘されている[49]。

また、2004年11月、環境大臣より中央環境審議会に対し、「今後の国際環境協力の在り方について」の諮問がなされ、近年の地球環境保全等に関する国内外の動向の変化に対応した今後の国際協力の方向性について検討されているが、その中で今後の国際環境協力の取り組みとして、環境アセスメント制度への公衆参加プロセスの導入への働きかけなど、必要に応じて民主化を促進する環境分野の制度の導入を指摘している[50]。

その後、2005年に小泉内閣における政策金融改革の一環として、国際協力銀行の業務内容の見直しがなされ、「海外経済協力に関する検討会」の最終報告[51]を踏まえ、援助の実施体制全般を改編することになった。その結果、2006年4月に内閣に「海外経済協力会議」が設置されたのに引き続き、同年8月に外務省の機構改革も行われ、2国間の援助と国際機関を通じた援助を包括的に所管する国際協力局が発足した。また、同年11月に国際協力機構法の改正案が国会で成立し、新JICAが技術協力、有償資金協力、無償資金協力の3援助手法を一元的に実施する機関となった。新JICAは、2008年10月1日にJBICとの統合に伴い、これまでのそれぞれのガイドラインを統合し、2010年4月1日付で新たに「JICA 環境社会配慮ガイドライン」（以下、「新環境ガイドライン」という）として公表した。また、異議申し立て手続要綱についても同時に公表して

いる。

ここでは、現下の開発途上国の抱える課題に鑑み、環境アセスメントやSEAが国際協力の場面でどのように活用されるべきかについて、従来のJBIC及びJICAの社会環境ガイドラインも参考にしつつ、わが国の計画段階アセスメントの取り組みも踏まえて、検討する。

ところで、開発援助と環境との関係をみると、先進国が開発援助を実施する場合、開発途上国に環境破壊を発生させないよう、いかに環境配慮を行うかという側面と、開発途上国の環境保存に直接的に有効な援助を先進諸国の政策の押しつけでない形でいかに実施するかという2つの側面があるが、国際援助機関等の政策支援プログラムの中での対応をみると、前者には、環境ガイドラインや環境アセスメント・システムなどの整備による環境配慮、後者には環境保全型貸付（環境ODA）などによる支援手法がある。

前者について、諸外国では、政策・計画・プログラム段階でアセスメントを実施する仕組みをとるなど、柔軟な計画段階で環境配慮を組み込む仕組みがある。このSEAは、世銀の国別援助戦略の策定や案件のアプレイザル段階で適用されている[52]。世銀、ADB、EBRDといった多国間援助機関は、環境ガイドラインを整備し、社会環境に係る非自発的住民移転や先住民族に係るポリシー（世銀OP4.12及びOD4.20）[53]を定め、OECD（ECA及びDAC）の環境ガイドラインにおいても住民移転のガイドラインが整備され、社会環境への配慮に重点が置かれるようになってきた[54]。

以下に、これまでのわが国の取り組みについてみてみよう[55]。

2．JBIC及びJICAの環境社会配慮ガイドライン

JBICの環境社会配慮ガイドラインは、国際金融等業務及び海外経済協力業務に共通に適用され、環境社会配慮確認を通じて持続可能な開発への努力に貢献しつつ、地球環境保全等に貢献するプロジェクトを積極的に支援するというものである[56]。環境社会配慮確認の対象は、汚染対策、自然環境、社会環境（非自発的移転、先住民等への人権の尊重を含む）であるが、確認に当たっては、現

地基準の遵守のみならず、国際的な基準やグッド・プラックティス（より良き経験）を参照して実施される。その場合、現地基準と国際的基準に大きな乖離がある場合には、相手国やプロジェクト実施主体者等との対話を通して、背景などを確認するとされている。

一方、JICA のガイドラインは、JICA が行う環境社会配慮の責務と手続、相手国政府に求める要件を示し、相手国政府に対し、適切な環境社会配慮の実施を促し、JICA が行う環境社会配慮支援・確認の適切な実施の確保を目的とするものである。この環境社会配慮とは、大気、水、土壌への影響、生態系及び生物相等の自然への影響、非自発的住民移転、先住民族等の人権の尊重その他の社会への影響を意味し、これらに配慮することとされている[57]。

（1）JBIC の環境社会配慮確認の基本方針

①相手国の主権を尊重しつつ、相手国、借入人等との対話を重視すること、②透明性とアカウンタビリティーを確保したプロセスにおける地域住民、現地 NGO を含むステークホルダーの参加の重要性を認識すること、などにある。

ガイドラインの目的・位置づけについて、ガイドラインは、①環境社会配慮確認の手続、②判断基準、③融資対象プロジェクトに求められる環境社会配慮という要件を示すものである。事前にガイドラインを明らかにすることによって、借入人等のプロジェクト実施主体に適切な環境社会配慮を実施するように誘導することができ、ガイドラインの内容を意思決定に反映できることである。すなわち、適切な環境社会配慮がなされない場合には、適切な配慮がなされるよう働きかけを行い、それが確保されない場合には、融資を行わないという意思決定を行うというものである。

JICA の基本方針では、①幅広い影響を配慮対象とすること、②早期の段階から環境社会配慮を実施すること、③協力事業完了以降にフォローアップを行うこと、④協力事業の実施において説明責任を果たすこと、⑤ステークホルダーの参加を求めること、⑥情報公開を行うこと、⑦JICA の実施体制を強化すること、という7つを重要事項として定めている。

（2） スクリーニングの手続

できるかぎり早期に行うとされ、カテゴリ分類に対応した環境社会配慮を確保するものであるが、環境レビューを必須とする重要なものは、カテゴリA案件である[58]。

（3） 情報公開

融資契約締結前におけるスクリーニング情報、融資契約締結後における環境レビュー結果、環境アセスメント報告書等に対してウェブサイトを通して情報公開を確保するというものである。

（4） ガイドラインの適切な実施・遵守の確保

JBIC及びJICAは異議申立制度を導入してきた。この制度は、アカウンタビリティーの確保のため、開かれた透明性の高いプロセスとして、疑義に対する真摯な対応、プロジェクトの無用な遅延の回避等、種々の観点から検討されるとともに、主権侵害や濫用防止等にも配慮するというものといえる。異議申立制度は、世銀の1993年のインスペクションパネルの設立に始まるが[59]、ADBは、2003年12月からアカウンタビリティ・メカニズム[60]を導入している。JBIC及びJICAとの統合により、2010年4月、新たな「異議申立手続要綱」[61]が公布された。このように現地の地域住民が開発融資機関の政策やガイドラインに関する違反に対して、直接異議を申し立てることができる制度[62]が一般化している。

3．JBICガイドラインとJICAガイドラインの統合

2010年4月から、新ガイドライン[63]が公表され、同年7月からその運用が始まっている。

新ガイドラインは、以下の点でこれまでのガイドラインを強化したものである。まず、1つ目に有償、無償、技術プロジェクトに共通の手続を設定している。スキーム別に異なっていた2つのガイドラインの手続を、1つのガイドラインのもとに共通化した。これにより3つの援助手法を一体的に活用するというJICAの業務に対応したガイドラインが策定された。2つ目に情報公開が拡

充された。情報公開対象として、環境許認可証明書、住民移転計画、先住民族計画及びモニタリング結果が新たに追加された。それにより、協力準備調査の実施決定前に案件概要や該当するカテゴリ分類が公開される。また、重大な影響の可能性のあるカテゴリAに該当する案件は、環境レビュー前に、協力準備調査最終報告書、環境アセスメント報告書（合意文書締結120日前）及び環境許認可証明書、住民移転計画書、先住民族計画（作成が必要な場合）などが公開される。

　さらに、合意文書締結後には、環境レビュー結果をモニタリング段階で相手国の了解を前提にその結果を公開することになった。3つ目に確認すべき環境社会配慮要件が強化された。たとえば、住民移転が生じる場合は、可能なかぎり再取得費用に基づき補償額を算定する必要がある。また、先住民族に影響を及ぼす場合には、十分な情報が提供された上での自由で事前の協議を踏まえた合意形成が求められる。4つ目に20名の外部専門家からなる環境社会配慮助言委員会（「環境社会配慮審査会」を改称）の関与が拡大された。カテゴリA案件については、協力準備調査段階だけでなく、環境レビュー段階（審査段階）、モニタリング段階（実施段階）においても、JICAからの報告に対して、必要に応じ助言を行うことになった。

　これらの新ガイドライン上の強化により、新ガイドラインは、世銀の「セーフガードポリシー（環境社会配慮政策）」[64]との整合性が強まったといえる[65]。

第4節 開発途上国の環境問題の特質とアセスメントに関連する問題

1. 開発途上国の環境問題の特徴

開発途上国が直面している環境問題の特徴としては、わが国の高度成長期のような深刻な公害の発生や自然環境の破壊と地球規模の環境破壊の顕在化が同時に起こっているにもかかわらず、貧困から抜け出すために、急速な経済開発を求める圧力が極めて大きいことにある[66]。このような状況の開発途上国においては、まさに「持続可能な発展（Sustainable Development）」の推進が現下の課題であるといえる。すなわち、開発に環境配慮を統合すること、又は環境配慮を統合した開発を形成することが求められている。

環境アセスメントは、開発事業による環境への影響を把握し、これらの影響を防止するための施策を導入することによって、開発事業への環境配慮の統合又は環境配慮を統合した開発の形成を実現するための制度である。経済開発を推し進める途上国にとってEIA実行能力の整備は急務といえる。ここでは、ODAに関連しての環境アセスメントについて過去に開発途上国で問題となった１例を取り上げる。しかし、それらは国際開発援助に関わる一般的な問題と相互に密接な関連をもっているので、必ずしも環境アセスメントに特化した問題だけではない。たとえば、①コストの制約の中での環境対策、②宗教・文化の違いからくる問題、③コミュニケーション・ギャップの問題、④執行能力の不十分さといった技術的・人的問題、⑤環境基礎データの不足等が挙げられる[67]。

ここでは、これまでの主要な問題とそれに対する環境社会ガイドラインの対応のみを掲げる。

2．住民移転問題

　道路、鉄道、電力、水道などの用地や貯水池のような物理的インフラストラクチュア・プロジェクトは、広大な土地を必要とし、そこに居住する人々がいれば、事業計画に伴って住民移転の問題が発生する。このようなプロジェクトの土地取得に当たって、開発途上国の政府等は、個別交渉による困難さを回避するために、強制的な土地収用権を行使することが少なくない。たとえば、世界銀行の融資プロジェクトによると[68]、1986年～93年の間では146件が住民移住を含み、その4分の3以上はインフラストラクチュア・プロジェクトであった。

　インドのナルマダ・ダムの経験は、世銀の貸付プロジェクトに対する監理と評価業務にとって、審査前の借入国の基礎的データとその地域社会との有効なコンサルテーションがいかに重要であるかを示したが、この教訓は、移住問題の複雑性とこれに対する世銀及び借入国の双方における対応能力の強化の必要性を指摘するものとなった。その後の世銀の強制移住に関する業務指令の作成やADBやOECDの住民移転のガイドラインの策定につながる事件であった。世銀の業務指令では、住民の移転を伴うプロジェクトの業務担当者は、強制移住に関する業務指令に従って審査を行うが、特に、①強制移住の発生の回避ないしその最小化、②不可避の場合における移住計画の策定、③コミュニティーの参加、④再定住地における悪影響の最小化、⑤弱者（原住民・少数民族など）に対する適正な補償、などを考慮することとなった。世銀の分析によると、強制移住プロジェクトでは特定の問題が繰り返されることを示唆している。すなわち、①移住が主要な問題として特定されてこなかったこと、②借入国における移住政策と法的規定が土地所有権や損失補償法の延長線上にあること、③途上国における移住に関する組織や管理機構が弱体であること、④移住の運営に用いられる技術的な熟成度に不足があること、などである。

　また、当該プロジェクトが貸付契約やガイドラインの遵守のもとに実施されているかを確認する作業と合わせて、強制移住の実施状況を改善するための短

期的・長期的戦略について、特に、アジア地域における強制移住、都市及びインフラストラクチュア・プロジェクトによる移住、移住の実施状況、世銀の技術的支援等への勧告が1994年4月に出された。それは、大規模な移住を伴うプロジェクト案件には、銀行のオペレーション業務として、以下の4点をセットで実施することを定めた。それは、①借入約款で借入国政府が移住者収入の回復を補償すること、②必要に応じて、追加資金の融資などの経済的措置を講ずること、③審査時などの移住分析を改善すること、④移住の構成部分に関して定期的に監督すること、などである。

　移転を余儀なくされる住民は、住み慣れた地域やコミュニティーを離れて、新たな土地、住居、生計の手段を確保しなければならず、これはかなりな努力と負担を住民に強いることになる。特に、住民移転によって、個人を支えてきた住民組織の崩壊や伝統的・宗教的指導者の喪失などが生じ、住民のストレスに拍車をかけることもある。さらに、住民移転がもたらす最悪の結果は貧困化であり、持ち慣れない補償金の蕩尽、生計手段の回復困難による失業や貧困化、移転先の過密化による環境劣化、定着困難による流民化など多くの問題がみられた。

　このような過去の経験を踏まえて、JBIC及びJICAのガイドラインでは、非自発的住民移転について、おおむね以下のように定めている。①非自発的住民移転及び生計手段の喪失は、あらゆる方法を検討して回避に努めなければならないこと、②回避できない場合には、影響を最小化し、損失を補償するために、対象者との合意の上、実効性ある対策が講じられなければならないこと、③十分な補償及び支援が、適切な時期に与えられなければならないこと、④移転住民が以前の生活水準や収入機会、生産水準において改善又は少なくとも回復できるように努めなければならないこと、⑤影響を受ける人々やコミュニティーの適切な参加が促進されていなければならないこと。

　また、先住民族については、国際的な宣言や条約の考え方に沿って、土地及び資源に関する諸権利が尊重されるとともに、十分な情報に基づいて先住民族の合意が得られるよう努めなければならないとされている。この非自発的住民

移転や先住民族への配慮条項はJICAにおいても大きな違いはない。ガイドラインの運用に当たっては、環境レビューでどこまで検討すべきかが課題となるが、生計回復プログラムや不法住民に対する対処などはアセスメント報告書に記述されることが必要である。

3．アセスメント行政の抱える課題

　環境影響評価行政の実施の段階では、以下の3つの課題をもつ国が少なくない。その1つは、技術的・人的問題であり、環境部局の職員やプロジェクト提案者、環境影響評価報告書の準備者は、いずれも行政的・技術的な経験が不足していることがしばしば指摘される[69]。環境影響評価は、相手国の法律・制度の枠組みを前提に実施される。近年の途上国は、環境法の整備が進み、ほとんどの国で環境影響評価制度をもっているが、しかし、法的枠組みはできたものの行政執行能力は著しく弱体で、技術レベルも低いという現実がある。たとえば、施設建設に伴うマスターアグリメントの環境項目のレビューもすべて事業主体が提出した報告のみに依存することが少なくない。

　また、援助機関側は、実施が適切に行われるか、内容が適切かどうかをチェックすることが基本となり、それ以上に踏み込むことは従来、想定されてこなかった。2つ目は、環境影響評価の類型と規模のリストは告示によることが多いが、その用語の定義に曖昧さが少なくないことである。3つ目は、関連行政機関との業務の調整から派生する問題である。たとえば、プロジェクト提案者が環境影響評価の準備などへの協力を回避することがある。また、環境影響評価の規模要件を定めても、規模要件よりわずかに事業規模を縮小し、環境影響評価手続を逃れることも少なくない。

　これらの点については、新JICAのガイドラインでは、検討する影響の範囲として、人間の健康と安全への影響及び自然環境への影響、社会的関心事項（非自発的住民移転[70]、先住民族、文化遺産、景観、ジェンダー、こどもの権利、HIV/AIDSなどの感染症等）、越境又は地球規模の環境問題への影響を含むとしている。また、プロジェクトの直接的、即時的な影響のみならず、合理的と考えら

れる範囲内で、派生的・二次的な影響、累積的影響も含まれる。また、プロジェクトのライフスタイルサイクルにわたる影響を考慮することが望ましいとされている。法令や基準、計画等との整合については、当該国政府が定めている環境社会配慮に関する法令、基準を遵守するとともに、環境社会配慮の政策、計画等に沿ったものでなければならないとし、原則として、自然保護や文化遺産保護のために特に指定した地域の外で実施されること、また、そのような指定地域に重大な影響を及ぼすものであってはならないとされている。社会的合意及び社会影響については、社会的に適切な方法で合意が得られるよう十分な調整が図られていることや情報が公開され、ステークホルダーとの十分な協議を経て、その結果がプロジェクト内容に反映されていることが必要である。とりわけ、社会的弱者（女性、子ども、老人、貧困層、少数民族等）に適切な配慮がなされていなければならないとされている。

第5節 環境社会配慮ガイドラインと戦略的環境影響評価

　新JICAの環境社会配慮ガイドラインは、計画段階のできるだけ早期から、調査・検討を行い、結果をプロジェクト計画に反映しなければならないとする。また、環境関連費用・便益をできるだけ定量的に評価し、事業の他の要素（経済、財務、制度、社会、技術）との密接な調和を図るとされている。この点はSEAに取り組むシステムの要素の一部を導入したものと評価できる[71]。しかし、新環境社会配慮ガイドラインでは、SEAに関する手続フローを定めているわけではない。

　しかも、新環境社会配慮ガイドラインは、2010年8月から運用が始まったばかりであり、その運用の課題が明確になっているわけでは必ずしもないが、これまでのアセスメントの運用上の課題から、以下の留意点を取り上げておきたい。

1．カテゴリ分類

　①影響を及ぼしやすいセクター（たとえば、鉱業開発、工業開発などの大規模なもの）、②影響を及ぼしやすい特性（たとえば、大規模非自発的住民移転）、③影響を受けやすい地域（たとえば、国立公園等の保護対象地域）を例示することによって、カテゴリA案件の選定を行うのが一般的であるが、その場合の規模要件、事業特性や地域特性に一義的な定義があるわけではない。規模要件を定めるのはわが国のアセスメントの特徴であり、アジア地域の国も影響を受けているが、諸外国は必ずしも定めているわけではないことに注意を払う必要がある。

2．スコーピング

　先にも触れたが、当該国の技術能力の問題があり、社会環境のウェイトは相対的に低いという面と自然環境に関する基礎データの欠如という面を見逃してはならない。また、ステークホルダーの範囲をどこまで捉えるのかという問題とその協議の実質をいかに確保するかという課題がある。

　アセスメントの内容では、複数の代替案の検討がどのようになされているかは、アセスメントの根幹に関わる問題である。一般的には、回避、最小化、代償というプロセスをとるが、往々にして基準適合型の"アワセメント"が未だに少なくない。

3．戦略的環境影響評価の考え方

　ガイドラインで定められた「合理的と考えられる範囲で派生的・二次的な影響、累積的な影響」を検討の対象とするが、これまでは、当該事業がどこまで含むのか特定できないことや事業アセスのみしかなされてこなかったことから、計画のフレームに対する複合的・累積的影響について、ガイドラインや参考図書を作成し、支援する必要性がある。

4．環境社会配慮

　合意形成のツールとしてのアセスメントの要素に重きが置かれるが、社会的合意を確認する方法として挙げられているステークホルダーとの協議の運用について、協議記録の作成が重要である。

　以上の検討から、ODAアセスは、環境社会配慮という概念で、途上国に対する開発援助の段階で、援助対象国に対して、環境社会配慮のガイドラインを提示し、それに従って当該プロジェクト計画に対して、環境配慮を内部化させることを求めている。この制度枠組みは、事業段階のアセスから一歩前進し、計画立案段階で環境配慮を求める行政主導型の戦略アセスの一種と位置づけることができる。

＊　　　　　　＊

　1992年のアジェンダ21は、環境の保護を経済開発の一環として重視し、自国のみならず他国の自然生態系を保護し得る安全策を講ずることにより、最も脆弱な生態系の管理を必要とする開発途上国のニーズに高度の優先順位を与えるべきとの環境指針を表明してきた。特に、この環境指針や環境目標をさらに具体化し、その履行を監理する責任と努力が国際金融開発機関に課せられていると考える。本章では、世銀の教訓から、環境行動計画、環境アセスメントや環境関連貸付が積極的に生かされていることを評価した。

　プロジェクトの採択に当たっては、一般に、MBDsは、その意思決定を拠出国の出資額に比例した投票数、いわゆる加重投票に基づく多数決制度を採る。その審議内容の多くは業務の実質的な監理に当たる理事会で審議されるが、そこでは単純多数決を採っている。

　わが国は、いずれのMDBsにあっても、出資額の大きい任命理事国であり、わが国が貸付プロジェクトに対する環境配慮を重視するとすれば、こうしたMDBsの意思決定にどのような影響力を行使できるかどうかに懸かっている。換言すれば、これらの機関の自国の代表理事に政府等がどれだけ影響力を行使できるかによっているのである。

そもそも、MDBsには、3つの目標、すなわち、成長や効率性を確保する経済的目標、貧困の撲滅や公正の確保といった社会的目標及び自然資源の適切な維持・管理という生態学的目標があり、この3つの目標の相関関係を地域的、政治的、社会的、文化的背景を踏まえて、正確に把握しつつ、相互にバランスさせながら達成させ、プロジェクトの実施に域内・国・地方・コミュニティーなどの多段階レベルにおける合意形成の場を確保していくことなどのMDBsの課題を指摘した。

　また、わが国の援助機関の取り組みでは、環境アセス法に基づく事業アセスと国際協力に伴うアセスとには、違いがある。特に、JICAの環境社会配慮という視点は、環境アセス法にはみられないのみならず、わが国のアセスでは経験のきわめて少ない視点である。また、そこで検討される社会経済的な要素を評価するという試みは、行政主導型戦略的環境アセス制度の構築に資するものであるが、まだ端緒に就いたばかりである。これらの点は、今後の新JICAの審査経験の蓄積を基礎としてグッド・プラックティスを積み重ね、蓄積していくことが重要である。

　このように、第6章では、国際環境協力によって得られる教訓を理論的かつ実践的な誘導政策として積極的に位置づけることが課題であるとの認識から、環境アセスの仕組みがどのように生かされているのかを各援助機関（MDBs）について検討し、その現状と課題を明らかにした。

1） ESCAP(1982)Review and Appraisal of Environmental Situation in the ESCAP Region, Bangkok.
2） UNEP(1979)The Environmental Situation and Activities in Asia and Pacific in 1978, Bangkok
3） ESCAP (1985) Environmental Impact Assessment, Guidelines for Planners and Decision Makers, United Nations.
4） UNEP (2002) Environmental Impact Assessment Training Resource Manual (Second Ed)
5） Bill L.Long (2000) International Environmental Issues and the OECD：1920-2000, P 15. OECD.

6) OECD（1982）Document DAC, p 2 .
7) OECD（1985）Environmental Assessment of Development Assistance Projects and Programmes.
8) Bill L.Long（2000）p80.
9) Foreign Assistance Act of 1961）（P.L. 87-195）
10) 2002年3月、ブッシュ大統領は「開発のための新たな約束（a new compact for development）」という新たなイニシアチブを発表し、①今後3年度（2004年度から2006年度まで）で、米国の開発援助を（年額）50%増額し、最終的に年額50億ドル増の水準に到達させ、②この増額分は、「ミレニアム挑戦会計（Millennium Challenge Account, MCA）」という新たな特別会計で使用する、ことを明らかにした。このMCA計画が対外援助政策に大きな変化を及ぼすことになった。
11) http://www.usaid.gov/fani/Summary-Foreign_Aid_in_the_National_Interest.pdf
12) 海外経済協力基金「環境配慮のためのOECFガイドライン」（1989）は、その後の経験の蓄積を経て、1995年8月に「環境配慮のためのOECFガイドライン（第二版）」として改訂された。
13) 組織上は、世界銀行は2つの機関からなっているが、両機関にそれぞれ、職員が配置されているわけではなく、開発途上国の経済状況による貸出融資条件の違いにより、どちらの機関を通して貸出融資を実施するのかが決まる。世界銀行の職員数は約10,000名で、その内、約7,000名がワシントン本部に、残りの約3,000名は約100箇所にある現地駐在事務所に勤務している。
14) World Bank（1992）Environmental Assessment sourcebook.Washington, DC.
15) World Bank（1995）Environmental Assessment：Challeges and good Practice. Washington, DC.
16) Becker, B.（1997）Sustainability Assessment：A Review of Values, Concepts and Methodological Approaches, Issues in Agriculture 10, Washington, DC, Consultative Group on International Agricultural Research/World Bank.
17) World Bank News No. 1992. 6. 4.
18) World Bank（1999）Operational Policy, Bank Procedures and Good Practice4.01：Environmental Assessment. Washington DC.
19) Claude Alvares & Ramesh Billorey（1988）Damming the Narmada, Third World Network/APPEN.
20) 鷲見一夫『ODA援助の現実』80頁（岩波書店・1989）、Edward Goldsmith & Nicholas Hildyard（1986）The Social and Environmental Effects of Large Dams, vol. 3 , Sierra Club and Wadebridge Ecological Centre. NGOs' Publification（1987）Financing Ecological Destruction；The World Bank and the International Monetary Fund.
21) World Bank（1995）Environmental assessment：challenges and good practice. Washington, DC.
22) World Bank（1991）Environmental Assessment Sourcebook, Volume Ⅰ・Ⅱ.
23) ADB（1992）Environmental legislation and Administration：Briefing Profiles of Se-

lected Developing Member Countries of Asian Development Bank. Manila.
24) ADB (1997) Environmental Impact Assessment for Developing Countries in Asia. Manila,.
25) 厳格に適用可能な地方の環境基準の採用や他で実証済みの環境負荷の少ない公害防除手段の義務づけやさらに詳細かつ具体的な行動準則の義務づけなどをもつ事例
26) ADBの環境ガイドライン及び環境アセスメントへの合致を求めた事例
27) 貸付農家の農薬と肥料の適正使用と環境支援団体との協同など内容の多様化がみられる事例
28) ADB (1988) Environmental Guidelines for Selected Industrial and Power Development Projects. ADB (1993) Environmental Guidelines for Selected Infrastructure Projects. Manila.
29) ADB (1998) Handbook on Resettlement A Guide to Good Practice. Manila.
30) Warren C.Baum (1982) The Project Cycle. World Bank, Washington. DC.
31) EBRD (European Bank for Reconstruction and Development：1992) Environmental Procedures.
32) EBRD (European Bank for Reconstruction and Development：2003) Environmental Procedures.
33) Asian Development Bank (1994) The Environment Program of The Asian Development Bank..
34) プロジェクト・サイクルにおける環境配慮のその他の視点については、拙稿「国際金融機関と環境協力―アジア開発銀行・世界銀行にみる環境配慮の仕組みと実際―」野村好弘・作本直行編『地球環境とアジア環境法』環境と開発シリーズ第7号、29-61頁（アジア経済研究所・1996）を参照されたい。
35) OECD/DAC「21世紀に向けて：開発協力を通じた貢献」(1996)、UNEP 人間開発報告 1997.
36) 多谷千香子『ODAと環境・人権』24-302頁（有斐閣・1994）。また、大隈宏「二本のODAと　国際政治」、五十嵐武士編『日本のODAと国際秩序』所収、25-41頁（日本国際問題研究所・1990）は政治学的視点から、わが国のODA政策の課題を分析している。
37) 拙稿「ECにおける広域環境管理政策の動向と機構の改革」『環境法研究』第21号（有斐閣・1993）
38) これに関連して、EBRD (1994) Investor's environmental guidelines, p540では、CEE諸国の環境　法制の現状を、①概説、②環境責任、③環境監査、④土地利用計画、⑤環境アセスメント、⑥個別規制法に区分して、投資家向けに整理している。
39) 国際協力事業団「貧困削減に関する基礎研究」(2001年4月)
40) ESCAP & ADB (1995) State of the Environment in Asia and the Pacific, p571, United. Nations. New York.
41) OECC (2000) Environmental Impact Assessment for International Cooperation. – Furthering the Understanding of Environment Impact Assessment Systems for Experts

Engaged in International Cooperation Activates. 拙稿「開発援助における環境配慮」北見大学論集25号、57〜72頁（1991）

42) World Bank（1997）The Impact of Environmental Assessment：A Review of World Bank Experience. World Bank Technical Paper no. 363, Washington, DC.

43) 拙稿「国際金融機関と環境協力―アジア開発銀行・世界銀行にみる環境配慮の仕組みと実際―」野村好弘・作本直行編『地球環境とアジア環境法』環境と開発シリーズ第7号29–61頁（アジア経済研究所・1996）

44) 外務省「政府開発援助大綱」（平成15年8月29日閣議決定）

45) 国際協力銀行「環境社会配慮確認のための国際協力銀行ガイドライン」（平成14年4月）

46) 国際協力銀行「環境社会配慮確認のための国際協力銀行ガイドラインに基づく異議申立手続要綱」（平成15年10月）

47) 国際協力機構（JICA）は、2003年10月1日、前身である国際協力事業団から独立行政法人として再編された。常勤職員数は約1,300名である。

48) 国際協力機構「JICA環境社会配慮ガイドライン」（2004）

49) （社）海外環境協力センター、国際環境協力戦略検討会、国際環境戦略検討会報告書―21世紀におけるより戦略的・効果的・包括的な国際環境協力のために―、2004年10月。なお、作本直行「わが国の環境ODAと社会環境評価（SIA）」

50) 環境省中央環境審議会地球環境部会、国際環境協力専門委員会報告書（案）「今後の国際環境協力の在り方について」（2005）

51) 内閣府「海外経済協力に関する検討会報告書」（平成18年2月28日）

52) 拙著『環境アセスメント法』153–183頁（清文社・2000）

53) World Bank（1999）Operational Policy, Bank Procedures and Good Practice4.01：Environmental Assessment. Washington DC.

54) 同拙著185–247頁、なお、最近の動向として、作本直行「わが国の環境ODAと社会環境評価（SIA）」環境情報科学33巻2号、2–10頁（環境情報科学センター・2004）、中寺良栄「プロジェクトの環境社会配慮の充実にむけた世界銀行とアジア開発銀行の取り組み」同号、16–22頁、松村隆「世界銀行における戦略的環境アセスメントの取り組み」同号、41–47頁

55) 拙稿「持続可能な開発のための国際環境協力」環境情報科学22巻4号、38–44頁（環境情報科学センター・1993）

56) 国際協力銀行「環境社会配慮確認のための国際協力銀行ガイドライン」（平成14年4月）

57) （独）国際協力機構「JICA環境社会配慮ガイドライン」（2004年4月）

58) カテゴリーは、A、B、C、FIの4つに分類される。カテゴリA：重大で望ましくない影響のあるプロジェクトで必ずアセスメント報告書を要求するもの、カテゴリB：影響がカテゴリAほど大きくないプロジェクトでアセスメント報告書は必須ではない、カテゴリC：影響が最小限かあるいは全くないと考えられるプロジェクトで環境レビューは省略される（①支援額が10百万SDR相当円以下、②人材開発、国際収支支援、権益取得等、③機器等単体輸出、関与が小さいもの）、カテゴリFI：予めプロジェクトが特定されないもので、金融仲介者等を通じて実質的にガイドラインで示された適

切な環境社会配慮を確保するもの。このうち、カテゴリ A の例示として、特定セクターで大規模なもの、大規模非自発的住民移転、大規模地下水揚水、大規模な森林伐採等の特性をもつもの、保護対象地域、原生林、少数民族居住地等に立地するものがあげられる。

59) 世銀では2004年3月まで26件の異議申し立てがある。
60) この点については、注59の中寺論文21頁参照。
61) 国際協力機構「環境社会配慮ガイドラインに基づく異議申立手続要綱」(2010年4月)
62) その目的は、①JICA によるガイドラインの遵守を確保するため、ガイドラインの遵守・不遵守にかかる事実を調査し、結果を理事長に報告すること、②ガイドラインの不遵守を理由として生じた協力事業に関する具体的な環境・社会問題にかかる紛争に関して、その迅速な解決のため、当事者(申立人及び相手国等)の合意に基づき当事者間の対話を促進すること、にある。
63) 国際協力機構「JICA 環境社会配慮ガイドライン」(2010年4月)
64) World Bank (2002) Safeguard Policies : Framework for Improving Development Effectiveness*Discussion Note.
65) (財)地球・人間環境フォーラム「開発金融機関による環境社会配慮実施確保に係る課題」18頁 (2005)
66) World Bank (1992) Environmental assessment sourcebook. Washington, DC..
67) 途上国を取り巻く問題解決を困難にする状況として、以下の点をあげることができる。①農業、漁業、林業等の環境や地域のコミュニティーに依存して生計を立てている場合が多い。②都市域内及び都市と農村部での所得格差等が大きく、開発のしわ寄せが貧困層や農村部住民に及びやすい。③就業機会が限られているため、金銭的補償を得たとしても代替的な生計・生活手段が得にくい。④土地所有等に関する登記制度やデータに不十分なことが多く、居住・生産等の権利関係を正当に評価しにくい場合が多い。⑤貧困のため、公共施設用地や空地等に不法に住居等を構える人々がいる。⑥大規模プロジェクトでは、影響を受ける住民と事業の受益者に距離的・経済的隔たりがあり事業が理解されづらい。⑦情報伝達手段や機会が十分でない。⑧移転住民の再定住化・生活の安定化等の長期に渡るフォローアップが不可欠で事業自体は移転終了時点で開始できるため、資金不足等と相まって、フォローアップが後回しにされがち。柳憲一郎・浦郷昭子『環境アセスメント読本—市民による活用術』(ぎょうせい・2002年)(拙稿参照)160-167頁。松本悟「ODA 事業にともなう環境社会被害と根源的問題」環境情報科学33巻2号、11-15頁(環境情報科学センター・2004年)もメコン河開発に伴う環境社会被害について指摘する。
68) World Bank (1999) Operational Policy, Bank Procedures and Good Practice : Environmental Assessment. Washington, DC.
69) 『アジア諸国の公害規制とエンフォースメント』(アジア経済研究所・2005)、拙稿「タイの公害規制とエンフォースメント」(法律論叢・2004)
70) 非自発的住民移転を伴う場合には、住民移転計画の策定が必要である(世銀 OP4.12)。ADB は200人以上の住民移転には意味ある移転としての住民移転計画の策定を義務づ

ける。ADB (1998) Handbook on Resettlement. A Guide to Good Practce. P12。
71) この点を指摘するものとして、松本郁子「国際協力銀行（JBIC）の新環境ガイドラインと戦略的環境アセスメント」環境情報科学33巻2号、23-28頁（環境情報科学センター・2004）。世銀の場合には、World Bank Group (2006)' Strategic Environmental Assessment (SEA) Distance Learning Course', World Bank, Washington DC. World Bank (2005) Integrating Environmental Considerations in Policy Formulation-Lessons from Policy-based SEA Experience, Environment Department, World Bank, Washington DC.を参照。

第7章

持続可能性アセスメント

第1節 持続的発展の概念と持続可能な社会

　1987年にブルントラント委員会は『OUR COMMON FUTURE』(邦訳「われら共通の未来」)をとりまとめ、その中で「持続可能な発展(sustainable development)」(「持続可能な開発」、「持続的発展」ともいう。以下、「持続的発展」という。)の概念を提唱した。持続的発展とは、「将来世代が自らの欲求を充足する能力を損なうことなく、今日の世代の欲求を満たすような開発をいう。この語句は2つの鍵となる概念を含んでいる。1つは『ニーズ』の概念、特に、最も優先されるべき世界の貧困層の不可欠なニーズの概念であり、もう1つは、技術や社会的組織の状態によって制限を受ける、現在及び将来世代のニーズを満たすだけの環境の能力の限界についての概念である。」とされる[1]。1972年の国連人間環境会議において、開発と環境の相克が問題となり、先進国と発展途上国との間で、いわゆる南北問題の対立を生んだ。発展途上国においては、環境問題と貧困は密接な関係にあるので、その改善を図るには発展途上国の開発による経済成長を推進することが急務であると主張したのである。

　ブルントラント報告は、貧困層が環境破壊の影響を最も受けやすく、また、貧困ゆえに環境を破壊するとの悪循環をいかに改善させるか、換言すれば、人間のシステムの一部を救おうとするならば、全体としてのシステムを救わなければならないとする統合的な概念が基盤となっているのである。この持続的発展の考え方には、基本的な人間の欲求の充足とともに、開発における社会的公平性の追求と意思形成過程における市民参加の確保が謳われているのである[2]。

　ブルントラント報告の持続的発展の概念を推進したものとして、1992年の国際自然保護連合(IUCN)等による「新・世界環境保全戦略」[3]がある。それによると、持続的発展とは、人々の生活の質的改善を、その生活支持基盤となっている各生態系の収容能力限度内(環境容量)で生活しつつ達成することであ

り、持続可能な社会は、①生命共同体の尊重、②生活の質の改善、③地球の生命力の多様性の保全、④再生不能資源の消費の最小化、⑤地球の収容能力を超えないこと、⑥個人の生活態度・習慣の変更、⑦地域社会での取り組み、⑧開発と保全を統合する国家的枠組みの策定、⑨地球規模の協力体制の創出、などの9つの原則によってその存続が可能になるとしている。

　以上みてきたように、持続的発展には、自然のもつ再生能力を維持することによって、将来にわたって利用できる環境資源を残すようにするか、もしくは、環境を利用する場合、環境のもつ自然の浄化能力自体を将来的に維持できるような方法で利用することが不可欠な条件となる。

　それゆえ、持続可能な社会とは、その社会を成り立たせている生産基盤である生態系と、それを支えている自然の総体を健全に維持するように、現世代のニーズを成長管理する社会のことだといえよう。近年、取り組みがみられるゼロエミッション産業社会[4]も資源の循環に着目した持続可能な社会の実現にインセンティブを与える1つの戦略であり、個々に独立したテーマではなく、この文脈の中で統合的に論じられて初めて意味を持つのである。また、社会経済システムの変革のためには、個々の技術手法を体系化し、優先順位やその最適な組み合わせを明らかにするとともに、政策・施策として、これを具体的に社会に導入するための総合的な政策手法の検討が不可欠となる[5]。しかし、この点に敷衍すれば、わが国では、持続可能な社会を目指す個別の技術研究にはある程度の力は注がれてきたのに比べ、社会科学の側面からの政策手法研究は必要性の指摘[6]はあるものの、必ずしも体系的には推進されてこなかったきらいがある。

第2節　持続可能性アセスとは何か

　持続可能性アセスは、欧州委員会で2002年から採用されている「よりよい規

制 (better regulation)」[7]を目指す政策のもとで、2003年に初めて導入されたものである。まだ試行錯誤の域を出ていないが、社会経済と環境とを統合するアプローチとして、次世代の環境アセスメントとして期待されている[8]。

2001年、EUは、持続可能な発展戦略の公表に際して、政策提案の環境的・経済的・社会的な影響を評価するためのツールとして、持続可能性アセスの導入を示唆し、2003年から導入している。導入の意図としては、①経済、社会、環境の3つの視点から政策提案の効果を検討すること、②環境規制を単純化し、改善すること、という2つの政治的配慮があるとされている。EUは、2002年6月、貿易協定を含む、すべての主要な欧州委員会の政策提案を対象に持続可能性アセスを実施するための手続を、よりよい規制を目指す包括的対策の一環として持続可能性アセスのコミュニケーションを公表した[9]。

EUは、可能な限り早期の段階で、経済的、社会的な配慮と同等に、環境への配慮がなされることによって、適切な対応策が講じられることを確保する戦略アセスを計画やプログラムに対して導入してきているが、この持続可能性アセスは、いわば、政策型戦略的環境アセスメントである。欧州委員会は、持続可能性評価の実施状況を検討するために2003年に年次作業プログラムに含まれる580提案のうち、3提案を持続可能性評価の対象としたが、2004年4月時点で完了している持続可能性アセスはわずか21件であった[10]。化学物質政策の大規模改革であるリーチ法 (Registration, Evaluation, Authorization and Restriciton of Chemicals: REACH) に対する評価など、一部の評価は公表されなかった。

欧州環境政策研究所(IEEP)[11]は、調査対象の持続可能性アセスについて、「均一でなく、不十分なものも見られる」と述べている。また、持続可能性の社会影響と環境影響に比べ、短期的な経済影響がはるかに重視されているという問題点も指摘されている。IEEPによると、欧州委員会は持続可能性アセス作成ガイドライン[12]を策定したが、一部評価では、重要な要素が評価されていないか、評価方法が不適切であると述べている。このような批判はあるものの、持続可能性アセスメントは、欧州委員会の策定する指令や規則に少なからず適

用されている。この持続可能性アセスは、いわば、政策型戦略アセスメントである。以下では、持続可能性アセスの全体像について検討する。

第3節 持続可能性アセスの制度的枠組み

1. 目標

　持続可能性アセスの目標は、EC委員会（以下、「委員会」という。）提案の質を向上させ、環境規制を単純化し向上させることにある。また、コミュニティーの政策間の一貫性を確保し、政策提案による経済、環境そして社会への影響を評価することで持続可能な発展を確保することを支援する。これにより、提案は解決することを目標としている問題だけに取り組むのではなく、他の政策エリアにおける間接影響も考慮に入れる。そのため、ステークホルダーとの協議（コンサルテーション）や、異なる委員会間の調整はこのプロセスの重要な要素となっている。

2. 提案行為がカバーする範囲

　IAは主な委員会提案行為に適用される。たとえば、年次政策戦略やワークプログラムにリストされる以下のものが含まれる。

① 規制提案
② 経済、社会そして環境への影響が含まれている他の提案
③ 特定の集団に大きな影響を及ぼす提案
④ 大きな変化や政策転換を述べた提案
⑤ 白書、支出プログラム、政策方針に関するコミュニケーション、国際合意のための交渉ガイドラインといった提案を含む
⑥ 年次ワークプログラムに含まれるすべての主な提案行為（条約ベースの

グリーンペーパーや提案は除く。)

3．主要な段階

　委員会の立法とワークプログラムに含まれるすべての提案行為は持続可能性アセスを前提とする。プロセスの最初の段階として、すべてのワークプログラムはロードマップに従って行われる。これらのロードマップは、①予測される提案のタイムテーブルの推定、②影響評価に係る詳細情報の提供、という2つの機能をもっている。

4．協議と専門的知見の活用

　利害関係があるステークホルダーとの協議は、持続可能性アセスの重要なパートであり、最小限の基準に従って実行される。その協議の最小限の基準は、協議について強化された文化と会談（委員会による利害関係があるステークホルダーとの協議のための一般原則と最小限の基準）、委員会によるコミュニケーションがある[13]。

　情報収集と専門的知識の活用については、情報収集と専門的知識の活用は委員会が独自のガイドラインをもつ影響評価のフレームワーク内に強い関連性を有している。

5．報告

　委員会は透明性を高めるために、提案、コミュニケーション、インフォメーションを採択する際には持続可能性アセスの結果を公表する。

6．影響評価の実施

　影響評価は、初期影響評価と拡大影響評価の評価プロセスに応じて実施する。

第4節 持続可能性アセスの評価プロセス

　評価プロセスは、（1）初期影響評価と（2）拡大影響評価の2段階になっている。

1．初期影響評価

　初期影響評価の内容は、（ⅰ）問題の同定、（ⅱ）提案の目標、（ⅲ）影響評価、（ⅳ）フォローアップからなる。以下に記述すべき内容を箇条書きしてみる。

（ⅰ）問題の同定
・政策や提案が取り組むように期待している問題を叙述し、問題に関連する潜在的に持続可能ではないトレンドを記述する。
・その際、（ア）経済的、（イ）社会的、（ウ）環境的、という3つの次元間もしくは他の政策との間の潜在的不調和を記述する。

（ⅱ）提案の目標
・何が予期される影響に関する全般的な政策目標か
・政策オプション目標に到達するための基本的アプローチはどのようなものか
・どのような政策手段が考慮されたか
・どのようにしてオプションは補完性原則と調和原則に関連することを同定するか
・どのオプションが早い段階で排除されるか

（ⅲ）影響—ポジティブとネガティブ
・初期段階において選択されたオプション、特に経済、社会、環境に関連して予測されるポジティブ及びネガティブな影響を記述する
・短期、中期、長期において影響を被る特定の社会集団、経済セクター、ま

たは地域（EU内外）を記述する
（iv）　フォローアップ
・準備段階で講じられた措置（協議、調査）
・拡大された評価は要請されたか　YES／NO
・協議は計画されたか　YES／NO

2．拡大影響評価（IA）の主たる構成要素

　委員会は、提案により特定のまたは複数のセクターに対して重要な経済・環境や社会的影響を与えるか、提案により主要利益関係に重大な影響を与える場合などには、拡大影響評価を行うことを決定する。拡大影響評価の評価プロセスは、（i）問題の分析、（ii）政策目標の同定、（iii）政策オプションと代替案の同定、（iv）影響の評価分析、（v）実施・モニタリング・事後評価という一連のプロセスからなる。

（i）　問題の分析

　IAプロセスの中の最初の問いかけは、ひとつもしくはそれ以上の政策領域の問題の分析とその同定に関するものである。これは経済、社会、環境のタームで記述できる。これは質的、量的、金銭的視点からできる限り具体的に記述されなければならない。提案の緊急性や初期段階に固有のすべてのリスクもまた同定されなければならない。

　初期段階においては、原因と効果との相互関係について、憶測に頼ると、分析が失敗することが多いので、原因と結果の因果関係の正確で客観的な記述は極めて重要である。そのため、これまでなされた協議による結果から導出される教訓、たとえば、グリーンペーパーから得られた教訓なども参照すべきである。

（ii）　政策目標の同定

　問題の分析に当たって、政策目標は与えられたタイムフレーム内で期待された効果の面から提示される。あらかじめ公表された目標（たとえば、条約、既存の規制、政策、欧州委員会の要請など）は、当該提案が基礎におく法的根拠と同じように詳しく説明される。

（ⅲ）　政策オプションと代替案の同定

政策目標を成し遂げる代替案や代替手段は政策提案の早期段階で考慮される。補完性原則と調和原則もまた考慮に入れられ、IA プロセスを通じてさらに配慮される。これにより、なぜ問題がヨーロッパレベルで処理されなければならないか、さらに加盟国による規制的行動を講じること、もしくは行動を講じないことを比較した共同体の介入の付加価値が明白となる。

また、"政策変更がない"（no policy change）というシナリオも他のオプションの比較に対して参照するために常に分析に含められなければならない。

「政策オプション」（EU レベルの行動に関する）という用語は、同時に調査される3つの要素を包含する。

（ア）　目標を達成するための様々な方法（基本アプローチ）の検討

　　　多くの場合、目標を達成するために様々な方法があり、これは様々なオプションを同定する際に考慮されなければならない。

（イ）　様々な政策要素の考慮

　　　要素の選択においては関連する条約の規定も考慮しなければならない。異なる要素の調和も考慮し、条約に定められた共同体と加盟国の関連する法的権限も考慮する。加えて、既存または現在展開中のルールや政策と提案の整合性も考慮しなくてはならない。

（ウ）　現実的なオプションの重点的な取り扱い

　　　詳細な分析は、以下のクライテリアに対して判断され、限定された関連する現実的なオプションを重点的に取り扱う。

　　　―　問題との関連性
　　　―　目標を達成する際の効率性（これは可能であり、意味があるときには数量で表す）
　　　―　より広い経済、社会、環境上の目標との一貫性
　　　―　他の既存または計画された共同体の介入との相互作用
　　　―　コスト（要求されるリソース）と利用者の親和性

　　これらのクライテリアを最大に充足するオプションのみが更なる分

析を維持し、他は放棄される。
(iv) 影響の評価分析

政策オプションを保ち、選択された代替案を可能にするために、すべての関連するポジティブ・ネガティブな影響は環境、経済、社会の次元の観点から検討され、影響評価において報告されなければならない。このプロセスには2つの段階がある。最初に関連する影響を同定し、次に質的、量的、金銭的条件から評価される。

(ア) 影響の同定（スクリーニング）

影響評価は選択されたオプションの直接的、間接的な影響を同定しなくてはならない。

影響は可能な限りで経済、社会、環境の項目で記述されるが、特定の影響をこれらのカテゴリのうちの1つ、もしくは他のものとして分類付けるのは難しい。主たる作業はすべての関連する（ポジティブ、ネガティブ）影響を、域内と域外の双方の次元を考慮に入れ（EUの国際開発政策も含む）、EUの持続可能な発展のための戦略に基づき、同定するということになる。

経済、社会、環境への影響を含む例示として以下のものが掲げられている。

―経済への影響：マクロ、ミクロの経済影響。特に経済成長と競争力の観点から。例として、企業／SMESによる行政の負担と当局の実施コストも含むコンプライアンス・コストの変化、技術革新と技術発展の潜在性への影響、投資の変化、消費者価格の上昇・下降、市場のシェアと貿易パターンなど

―社会への影響：人的資源への影響、基本的人権への影響、雇用レベルと仕事の質の変化のEU基本的人権憲章との両立性、ジェンダー間の公平性の変化への影響、社会的排他性と貧困、健康への影響、安全、消費者の権利、社会的資産、安全保障（犯罪とテロを含む）、教育、訓練と文化、特定のセクターや消費者団体や労働者の収入への影響といった配分の結果

―環境への影響：気候変動、大気・水・土壌汚染、土地利用の変化と生物多様

性の損失、公衆衛生の変化などといった環境状態の変動と関連するポジティブ・ネガティブな影響

（イ）　影響の評価（スコーピング）

　影響の評価において多くの分析手法を使用する。これらはコンセプトと範囲の点で違いがある（たとえば、費用対効果分析、コスト有効性分析、コンプライアンス・コスト分析、マルチ・クライテリア分析、リスク評価分析）。方法の選択と詳細さのレベルは問題の本質と実行可能性の判断によって変動する。2002年9月に策定された影響分析の技術的ガイドラインは裁量の実効性と既存の評価ツールを考慮するものである。

委員会は、影響分析において、以下の原則に従う。
・提案されたオプションによって同定される経済・社会、環境の影響は競合する経済・社会・環境対象間のトレードオフのより容易な理解を可能にする形式で分析され、提出されなければならない。異なった影響を示すことによって比較を容易にし、透明性のある方法でトレードオフとウィンウィンの状況の同定を可能にする。これは影響を物理的に数量で表すことが期待され、適切な場合には金銭面（加えて質的評価も）で同定されることが望まれる。しかしながら、量的、金銭的に換算されない影響にも政策決定に重要な側面が含まれているので、軽視されてはならない。また最終的結果が常に考慮されるオプションのすべての利益やコストを反映した1つの数字で測られることもない。
・影響の分析は最も重要か重要な配分効果を導くものとなるものに集中される。統合評価において、二重の計算を避けることは重要である（たとえば、高い価格として消費者にかかるコストは企業に対するコストとして二重に計算してはいけない。）。
・時間の次元（短期、中期そして長期）もこの文脈で調査されなければならない。たとえば、金銭的にポジティブ・ネガティブな影響を表すことができるように、短期的にネガティブな影響と長期的にポジティブな影響を比較する

ときには割引率を使う。これにより、効果がなくなるか時間を超えて発展するか明白となる。
・影響を評価する時には厳格なコスト対効果分析が常に最も有効な情報を提供するとは限らない。たとえば、撤回可能性もまた考慮しなくてはならない。予防原則は適切な時に適用されなければならない。可能であれば、既存の政策目標への影響も評価しなくてはならない。
・信頼できる予測を作ることは難しいので影響の評価は困難である。適切な場合には異なるオプションの比較が主な内部、そして外部流動性の中で変化するための感度分析の結果に付随して起こる。少なくとも、影響の方向を変えることができる主要素は強調されなければならない。
・影響を評価するときは異なる専門家は異なる方法を利用しているという事実を考慮しなくてはならない。

(ⅴ) 実施・モニタリング・事後評価

影響評価は、評価されたオプションの実施に際してのあらゆる可能な困難性を同定し、これらがどのように考慮されたかを叙述する。たとえば、実施期間や手段の段階的導入などを記述する。加盟国は提案の方法に当たって、直面する問題について情報を与えなければならない。たとえば、行政や実施する当局への影響などがこれにあたる。

また、選択されたオプションの実施に関するモニタリングの準備が叙述される。後に進行する、または事後の評価は「評価に関するコミュニケーション」(SEC (2000) 1051) の原則に従う。たとえば、6年を超えない周期で行われる全体の事後評価又は中間評価は各々の活動の特性によって定められる。なお、モニタリングデータを得る手続は詳細に説明される。

第 5 節　政策型戦略アセスと持続可能性アセス

　持続可能性アセスメントを国家政策として取り組んでいる国は、英国である。英国は、1991年から「政策評価に対する環境配慮（Policy Appraisal and the Environment: PAE）」[14]の制度を政府のガイダンスで導入してきているが、これは、いわゆる政策型戦略的環境アセスメントである。政府のガイダンスは、わが国でいえば、いわば、閣議決定に基づく制度であるということができる。英国政府の公式的な立場では、この PAE によって政策型戦略アセスは実質的に導入済みとされている。英国は、これまで、1992年の政府の各省のための手引き書[15]と1993年に開発計画の環境評価[16]の２つのガイダンスを公表している。

　1991年のガイダンスでは、①政策評価の各段階において、費用便益を計測しながら、政策のオプションを体系的に評価し、その政策効果をモニタリングすることによって、将来の意思決定の情報として活用すること、②政策立案の早期の段階で環境影響に関する情報を収集し、影響の定量化や不確実性の明確化などの評価を行うこと、③環境影響の体系的な評価・検討を行い、予防的なアプローチによって、収集した情報を統合的に取り扱うこと、④大臣によって行われる政策の選択を支援するために、費用効果分析や費用便益分析、リスクと不確実性の分析などによって、環境影響と経済社会影響との相互関係を比較できるような色々な手法を用いること、などを求めている。

　PAE は、ある政策による環境影響の認識の情報収集から始まり、その他の影響との相互の評価・分析による情報提供によって、意思決定権者の政策選択の妥当性を確認し、記録として残し、将来の決定に伝達していくことによって、環境に対する賢明で健全な政策立案の先導的役割を政府に委ねているのである。ただし、PAE は当該政策に対する環境影響評価の結果が直ちに政策内容の具体的な変更に結びつくというものではない。また、公衆参加規定や政策評価の結果を公表するという仕組みをもたない。そのため、政策型戦略アセスの

1類型という位置づけにある。それでは、その具体的な内容について検討することにする。

1．PAE の政策評価の段階

英国政府は戦略的環境アセスメントとなると、多少、支離滅裂のところがある。なぜならば、一方で、政策、計画、プログラム段階でのアセスメントの独自形態での導入に躍起であり、他方で、それは完全な戦略的環境アセスメント（SEA）ではないことを強調する。もちろん、英国の PAE は、正確な意味での SEA の形態をとっていない。その理由として、先にあげたように、評価プロセスに公衆参加の規定がないことや評価の結果を住民に報告することを義務としていないこと等があげられる。また、PAE は政策担当者に科学的知見や住民意見を十分考慮するよう呼びかけているが、一方で、実際には、時間的拘束と機密の問題によって協議の度合いは制限されるとも述べている。本質的には、PAE は、「中央政府の経済評価」と同様に、全体の政策評価に関する大蔵省ガイダンスへのサポート手段とみることができるが、政策型戦略アセスの1類型であることには違いがないといえよう。PAE は政策評価の段階を以下のように述べている。

・政策課題のまとめ
・目標のリスト
・束縛の見極め
・選択肢の特定
・費用便益の見極め
・費用便益の測定
・選択肢の脆弱性のテスト
・好ましい選択肢の提案
・必要なモニタリングの設定
・事後の政策評価

2．PAEと戦略的アセスとの対応関係

　PAEの欠点は、公衆参加についての言及がないことのほかに、目標リストから持続的発展の概念がはずされていることである。PAEは持続可能な環境の観点から目標に向かうような政策形成をしていないことは明らかである。リストにある目標は政策の目標であり、選択肢は政策の目標に見合った選択肢であるべきである。そこでは、環境をコアに据えておらず、図7-1で示した持続可能性アセスのプロセスとの相異がみられる。

　また、可能な限り早期での環境配慮は、費用便益算定時まで考慮されていない。それは政策形成への組み込みのプロセスではない。政策が次に再検討された時には、この評価が政策に変化をもたらすことが考えられるので、多少は連続的であるといえるが、いわゆる、戦略アセスのように連続的とはいえない。つまり、環境への影響があると認識するだけでは不十分であり、評価が政策に変化を与えるとしても、環境要素が全体の政策目標にないために、選択肢は環境的にみると、必ずしも適切ではないということになるのである。この点、戦略的アセスは、初期の段階で環境への影響を防止しようとするメカニズムであるともいえる。

　PAEで提案されたプロセスは、持続的発展の原理を組み込むことなく、政治的な政策と選択肢を評価することである。

　それに比べ、戦略的アセスは、政策の目標が環境保全的であるように全政策形成に持続的発展の原理を求める。しかし、政治家にとっては、これは政策形成における政治的工作を行う際の自由の束縛と捉えられるのである。

　しかし、実際には戦略的アセスの必要性を理解している国では、たとえ、環境が目標設定の中心であっても、政策形成には政治的考慮が必要であると認識されている。従来から、社会・経済的要因が政策形成の中心であったが、政策形成における政治的多元性は排除されていない。実際問題として、環境の目標が1つしかないということはほとんどない。環境配慮にしても、環境のパラメーターを量的に決定するのが非常に困難であるからこそ、政治的決定は重要なの

である。それゆえ、環境要因の重要性に関する政治的判断はどんな時代でも不可欠といえる。

3．戦略的アセスの価値

戦略的アセスの実際の価値は、全体の個別分野政策の中には多様な選択肢や発展パターンがあるが、意思決定の早い段階に告知された選択について、その果たすべき関連した役割を明らかにすることができることにある。理想的にいえば、政策は環境保全という最優先の目的に則った目的主導型であるべきである。政策段階に効果的な戦略的アセスを適用するには、目的主導型の政策形成の発展が重要である。

図7-1は、持続可能性アセス・プロセスの中で戦略的アセスがいかに試みられるかについて示すものである。

（i）目標

どの分野の戦略的アセスも適用される場合には、その目標は持続可能な環境政策を策定するという目的を持つ政策セットの目的と同一でなければならない。それを包含する仕組みが持続可能性アセスのプロセスである。

目標は数量的でも質的でもよい。数量的目標を設定することで質的目標が定まる場合もある。たとえば、交通セクターでは、「交通の必要性を削減する」という目標は、「交通量をX%削減する」というように数量的に表現できる。しかし、数量的目標が完全に質的目標を代替することはできない。目標を設定するということは2段階プロセスである。まず、一般的な数量目標を設定し、次に、特定期間内の特定目標値のように目標を設定する。サイクリングの利用を最大化しようとする場合の一般目標は、サイクリストの事故をX%削減するというように設定されるかもしれない。図7-2は、この2段階が同時並行している様子を示している。すべての一般目標が特定目標値によって具体化されることがいつも望ましいわけではない。また、この図は、目標値に基づいた目標と一般数量目標の組み合わせを示唆している。

さらに、この図は可能ないくつかの目標を提案するものである。安全目的の

第7章 持続可能性アセスメント

図7-1 持続可能な環境政策

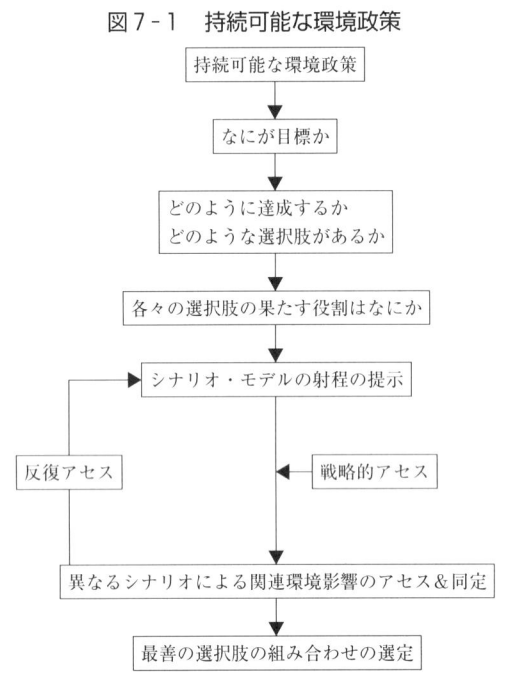

```
持続可能な環境政策
      ↓
   なにが目標か
      ↓
 どのように達成するか
 どのような選択肢があるか
      ↓
各々の選択肢の果たす役割はなにか
      ↓
 シナリオ・モデルの射程の提示
      ↓
反復アセス        戦略的アセス
      ↓
異なるシナリオによる関連環境影響のアセス＆同定
      ↓
 最善の選択肢の組み合わせの選定
```

出典：Sheate, 1992[17]より作成

ためや事故を削減するため、目標を設定することは当然の前提になってきている。他の目標を設定している例もある。たとえば、職場への自転車による通勤をより多くのモードで分割するというようなものがある。また、たとえば、都市部は西暦2000年までに、職場までの全行程の6％を達成するという目的を設定できる[18]。環境持続的な交通政策の目標も様々である[19]。目標設定は、国際的合意に基づくものとなってきており、その例として、「二酸化炭素をX％削減する」などがあげられる。この目標は「2000年までに二酸化炭素排出量を1990年レベルで固定する」目標と表現することもできる。

（ⅱ）選択肢

目標がいったん設定されると、図7-1で示したように、次の政策形成過程は目標達成へ向け選択肢を明らかにすることである。図7-2の交通セクター事例では、道路、鉄道、新技術、空港のキャパシティー規定、財政的手法の使

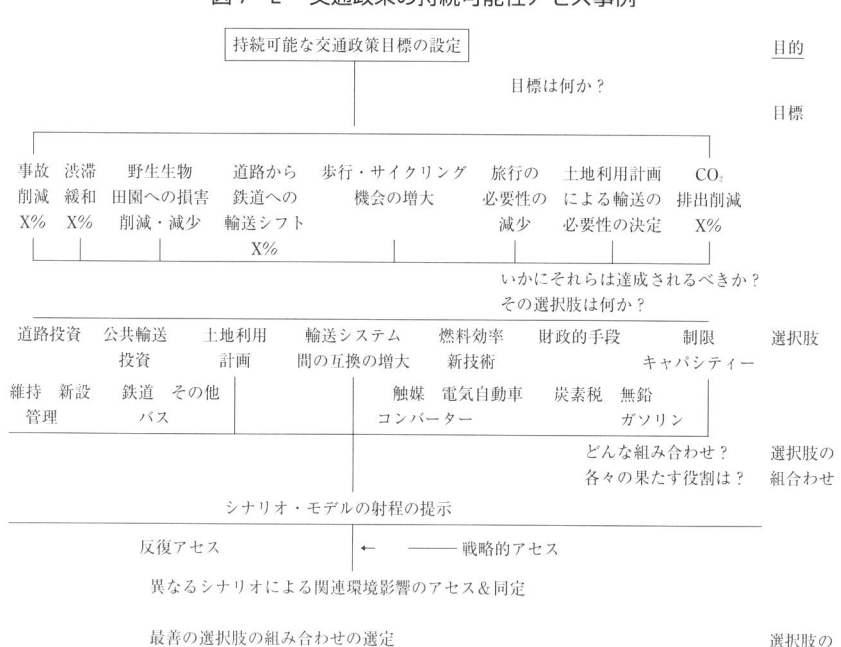

第5節 政策型戦略アセスと持続可能性アセス

図7-2 交通政策の持続可能性アセス事例

```
                  ┌─────────────────────────┐                                    目的
                  │ 持続可能な交通政策目標の設定 │
                  └─────────────────────────┘
                              │            目標は何か？                            目標
          ┌──────┬──────┬──────┼──────┬──────┬──────┬──────┐
         事故   渋滞  野生生物  道路から  歩行・サイクリング  旅行の    土地利用計画   CO₂
         削減   緩和  田園への損害  鉄道への   機会の増大     必要性の   による輸送の   排出削減
         X%    X%   削減・減少   輸送シフト              減少      必要性の決定    X%
                                X%
                                        いかにそれらは達成されるべきか？
                                        その選択肢は何か？

         道路投資  公共輸送  土地利用  輸送システム  燃料効率  財政的手段   制限        選択肢
               投資     計画    間の互換の増大  新技術            キャパシティー
         維持 新設  鉄道 その他       触媒 電気自動車  炭素税  無鉛
         管理       バス            コンバーター          ガソリン
                                        どんな組み合わせ？               選択肢の
                                        各々の果たす役割は？              組合わせ
                  シナリオ・モデルの射程の提示

         ← 反復アセス ──  ←───  戦略的アセス
         異なるシナリオによる関連環境影響のアセス＆同定

         最善の選択肢の組み合わせの選定                                          選択肢の
                                                                        選定
```

出典：sheate, 1992 [20] より作成

用、及び交通インフラと設備が土地利用の優先順位を守ることを後押しする土地利用計画の役割などに投資することが含まれている。たとえば、郊外のショッピングセンターの建設は、自動車による交通量の増加を生み出し、追加交通量を生み出さない都市のショッピング設備の有効性を減少させる。道路は地域のアクセス可能性及び市場の力のバランスをシフトさせるほどの影響力をもち、結果として、持続的な発展に新しいプレッシャーを与え、環境にも巨大で直接的な効果をもつ。土地利用計画はしたがって、発展はどこで生じるのか、また、その発展は交通インフラによってどれほど利益を得るのか、といった基本的問題を投じ、長期の環境維持を保全する実質的機会となる。多様な発展シナリオから選択する際には、交通の変化によって示唆されるエネルギー変化の問題が中心となる。

他方で、道路に投資する際には、新道路建設以外に、たとえば、交通量管理スキームやオンラインの改善なども対象とすることがある。
　財政的手法は、炭素税のような税制や無鉛オイルの価格を引き下げなどによって、価格インセンティブがあり得る。既存の道路や空港のキャパシティーなどといったキャパシティーを制限することは、交通を管理する効果的な道具となり得る。これらはキャパシティーを増加させる必要性を示唆するというよりも、キャパシティーを制限することで代替案を見出すインセンティブとなり得る。環境に依拠した交通政策は、交通システム間の互換性を最大化することも目標とする。たとえば、自動車による渋滞、排出ガス、必要交通量を削減するなどの目標を達成するためには、新しい鉄道の駅の設置にあたって、地元のコミュニティーとバス交通などの公的交通機関と適切に連結されるべきである。
　（ⅲ）　政策型戦略的環境アセスメント（SEA）
　選択肢を明らかにした次の環境持続的政策の形成段階は、多様な選択肢に沿った役割や投資レベルに基礎をおく多様なシナリオやモデルを作成することである。交通政策には、財政的手法及び道路投資、公共交通及び燃料効率などのコンビネーションが数多く考えられ、多様な選択肢を導入することもできる。戦略的環境アセスメントが政策形成に組み込まれるのは、この段階においてである。EIAの原理を多様なシナリオに適用するに当たり、各シナリオの相対的な環境影響が明らかにされ、評価される。そうすることで、シナリオを明確にする過程が繰り返され、最も環境にとって望ましい選択肢の組み合わせが決定される。その選択肢の組み合わせは、最も持続可能な環境手段で目標を達成することを可能にする。その持続可能アセスとシステム化されたプロセスを図7-3に示す。
　EIAへの重層的なアプローチは、事業レベルにまで続く意思決定にも適用できる。たとえば、政策形成及び戦略アセスのプロセスにおいて、道路投資のレベルが判明すれば、新しい道路の建設、交通管理、またはオンライン改善の各々に対してどれ位の投資が必要であるかについて考慮できる。

図7-3 システム化された交通計画[21]

システムの政策決定レベル	重点	任務と代替方案	影響の種類(指標)	管理者の異なる役割	方法と技術
政策ビジョン	すべての全体の目標と指標の政策	・現在情勢の分析 ・現有の経済、社会及び環境方面の主旨と目標を掲げ、運搬に適応する ・異なる発展状況を確定する(例えば、経済と空間) ・異なる政策の選択を確定する*目標と指標 ・一定状況下の政策選択を評価する ・現実的バランスをとった主旨と目標を示し、政策評価する ・実際発展の監視 ・定期的に政策を調整する	・エネルギー消耗とCO_2 ・その他の指標，NO_X、SO_2、CH_4、N_2Oと土地占有	違う管理者が緊密に協力すれば、影響があるため、まず責任を分析する ・内閣と行政リーダを連合する	・指標 ・確認表 ・データ調査 ・影響マトリックス ・予測と後援(モデル化) ・影響樹分析及びネット ・可視化 ・検討会 ・専門家調査 ・技術評価 ・リスク評価 ・ライフサイクル分析 ・SWOT分析
道路網計画	特定事業の国家と地域インフラ発展	・現在情勢の分析 ・飛躍性発展方案の識別、需要に応じて政策がネットワークに決める ・違う選択評価の影響によって、方針と目標及びネット評価の実現を図る。また可能なバランスを識別する ・政策のフィード・バック ・実際発展の監視 ・定期的にネットワークを調整する	・エネルギー消耗とCO_2 ・破壊化と生物多様性 ・その他の指標,NO_X、SO_2、NMVOC、COと土地占有	違う管理者が緊密に協力し、異なる交通インフラに責任を負うなら、有効になる	・指標 ・確認表 ・データ調査 ・影響マトリックス ・空間データマイニング ・検討会 ・専門家調査 ・SWOT分析
回廊計画	回廊空間代替方案	・現在情勢の分析 ・選択の潜在的影響は一方的な可能性がある(政策と道路網レベルでは、いろんな方面の方法で解決するしかない)、回廊を評価する ・実際発展の監視 ・政策と道路網のフィード・バック	・破壊化と生物多様性 ・土地占用と汚染物排出 ・その他の指標、騒音と視覚影響が含まれる	・政策と長期ビジョン計画及び道路網影響が全面的に及ぶならば、管理者が重要な要素となり、上層計画に左右される	・指標 ・確認表 ・データ調査 ・影響マトリックス ・空間データマイニング ・検討会 ・専門家調査
計画	優先事業の識別	・現在情勢の分析 ・多重対応分析と費用便益分析を用いて優先事業を分析し、計画を評価する ・実際発展の監視 ・定期的に計画を調整する ・上層計画のフィード・バック	・具体的な環境損失要素の表示(MCA)あるいは費用表示(CBA)	・1つの行政部門が主要な参加者である	・指標 ・確認表 ・データ調査と現場調査 ・専門家調査 ・多重対応分析 費用便益分析
事業	事業の設計	・現在情勢の分析 ・政策の目標によって、事業の設計を改善する(事業評価) ・実際発展の監視 ・上層計画のフィード・バック	・局地的な影響	・1つの行政部門が主要な参加者である	・事業計画に関連する方法と技術(Glasson et al., 1999)

＊選択可能な交通量の手当と駐車政策、道路費、速度制限、侵入制限、新しいインフラ、公共運輸、運輸管理システム、市民交通とその他

政府による道路建設の国家プランやプログラムがある場合（英国ではトランク道路プログラム）、環境的に最適の選択肢としての道路プランだけが実行されるように、道路提案は EIA が実施された場合に限って、実行される。EIA は新しい道路と道路投資に関する他の代替形態間や代替的なモード間の選択を可能にする。

　ただし、早い時期に道路投資や建設に X%を投資するという決定がなされたというだけでは、それが実施されることはない。なぜならば、後のより詳細な EIA レベルで他の代替解決案がより環境持続的と判明するかもしれないからである。

　国家道路建設プログラムとして、どの道路提案を採択するかを決定する場合、代替モードが目標を必ずしも達成しないかもしれないという疑念は無視されるべきではない。EIA への重層的アプローチは、政策レベルから始まる各段階のさらなる高度化を可能にする。また、道路プログラムにおける既存道路案は、代替アプローチの方がより適切である場合や道路建設の選択肢が追加されたという証拠が見出された場合には、廃止されても構わないのであろう。EIA のリピート性は異なる層の間でフィードバックの輪を可能とするものである。

　交通では、戦略アセスは、会計年度における財政配分や交通計画を伴う土地利用計画の形成や統合に際して、地域、地方その他の当局による公共交通の需要に組み込まれ、大きな効果をもたらすこともあり得るであろう。

（iv）　手続及び方法

　政策決定者が、頻繁に議論の俎上に乗せるのは、SEA は実際には実行困難であるということであり、特に政策レベルとしては疑問視されることである。

　環境に最適の選択肢の組み合わせを見極める時点は、環境レポートや評価書が作成される時であり、それによって公衆参加のフォーカスが定められる。公衆参加は、一般的に環境アセスメントの統合的要素であり[22]、戦略レベルで適用されることにより、意思決定の早い段階で公衆参加に多くの機会を与えることができる。英国では、土地利用計画のドラフト案などにそのような機会が既に存在することが認められるが、他のケースではそうではないようである。

たとえば、国家トランク道路プログラムの設定には、そのような公衆参加はみられなかった。住民が、多くの道路建設提案に反対する理由は、ルートの選択肢が提案される以前の段階で公衆参加の機会がないことに一因がある。

　（ⅴ）　公衆参加

　公衆参加の性格と範囲は、誰が協議に参加する「住民」か、時間的な段取りはどうかなど、意思決定のレベルに依拠する。たとえば、交通モードへの財政配分の年次報告のように、タイム・スケールが頻繁な場合、一般住民の参加はいつも可能ではないかもしれない。そのような場合は、協議に参加するのは選挙で選ばれた代表者及び／または法的及びボランティアの（公的利益）団体に限定されるかもしれない。しかし、その場合でも公衆は排除されてはならないであろう。

4．SEA のアプローチ・パターンの検証

　それでは、どのような特定の方法と手続が交通部門の SEA を遂行するにあたって、採用されるべきなのであろうか。それを検証してみよう。

　まず、第5章でも検討したが、表7‐1にみるように、SEA は既に多くの国で規模や部門は異なるが採用されている（例：アメリカ、ニュージーランド、カナダ、オランダ）。

　そこでは、①EIA 型のアプローチ、②非 EIA 型[23]の Appraisal 型、③統合型アプローチ、などがみられる。①のアプローチは、アメリカ、フィンランド、中国、香港などであり、②のアプローチをとるものとして、カナダ、オランダ、デンマーク、ノルウェー、③のアプローチは、①と②の両者にある共通的、システム的な部分を取り込むものであり、デンマーク、オランダ、カナダの SEA にはコアの部分を基本的な枠組みに利用している[24]。

　非 EIA 型については、色々と説明の方法があるが、制度構築を法制度という正式の各組みを講じることなく、ガイドラインや運用上のガイドを作成して実施する柔軟な仕組みをとるものが多い。ここでは、制度的な根拠を持たないという意味で、非 EIA 型という言葉を使用する。

第7章 持続可能性アセスメント

表7-1 主要国におけるSEA

国・機関	根拠規定	適用範囲	制度的類型
オランダ	1987年環境影響評価法 1995年閣議決定	・特定の計画・プログラム ・法律及び規則の環境テスト	2層システム (EIA型) (Appraisal型)
ニュージーランド	1991年資源管理法	政策文書、地域計画及び地区計画、資源同意に関する包括的システム	統合的アプローチ
英国	よりよき実践に関する裁量的ガイダンス：1991年政策環境評価、1992年政策・計画ガイダンスノート12	政策（国レベル）及び開発計画（地域レベル）：よりよき実践についての環境評価	Appraisal型
米国	1969年国家環境政策法（NEPA）	原則的に主要なすべての提案；実行計画及び立法	EIA型
世界銀行	運用指針 OD4.00, 1989；OD4.01, 1991；OD4.02, 1992：OP/BP/GP4.01）	開発計画に関する分野及び地域環境評価	EIA型
欧州連合	1996年指令案 1999年修正案	土地利用決定に影響を及ぼす計画及びプログラム	EIA型

出典：拙稿：「戦略的環境アセスメント制度について」平成16年度環境省研修報告書

③のアプローチとして、図7-4のカナダのフローにみてみよう。事業レベルのアセスメントで用いられる手法をコアの部分に採用していることが分かる。EIAへの重層的なアプローチは、適切な詳細部分のみを扱うために、特定の意思決定レベルにおけるアセスメントの重要性を認識することである。すなわち、SEAの実施の必要性、SEAのプロセスで考慮すべき問題、異なる選択肢がもたらす政策への影響などである。

SEAが効果的であるために重要なポイントは、SEAプロセスで明らかになった知見を政策や計画の意思決定の最適な箇所に組み入れることである。公衆参加の重要性は明らかなので、いかなるドラフト政策、計画、プログラムにおいてもSEAの結果は住民協議に組込むべきである。

アセスメントと協議プロセスの結果は、次に問題となる活動を不承認するか続行するかを決定するにあたり考慮されることになる[26]。決定後のモニタリ

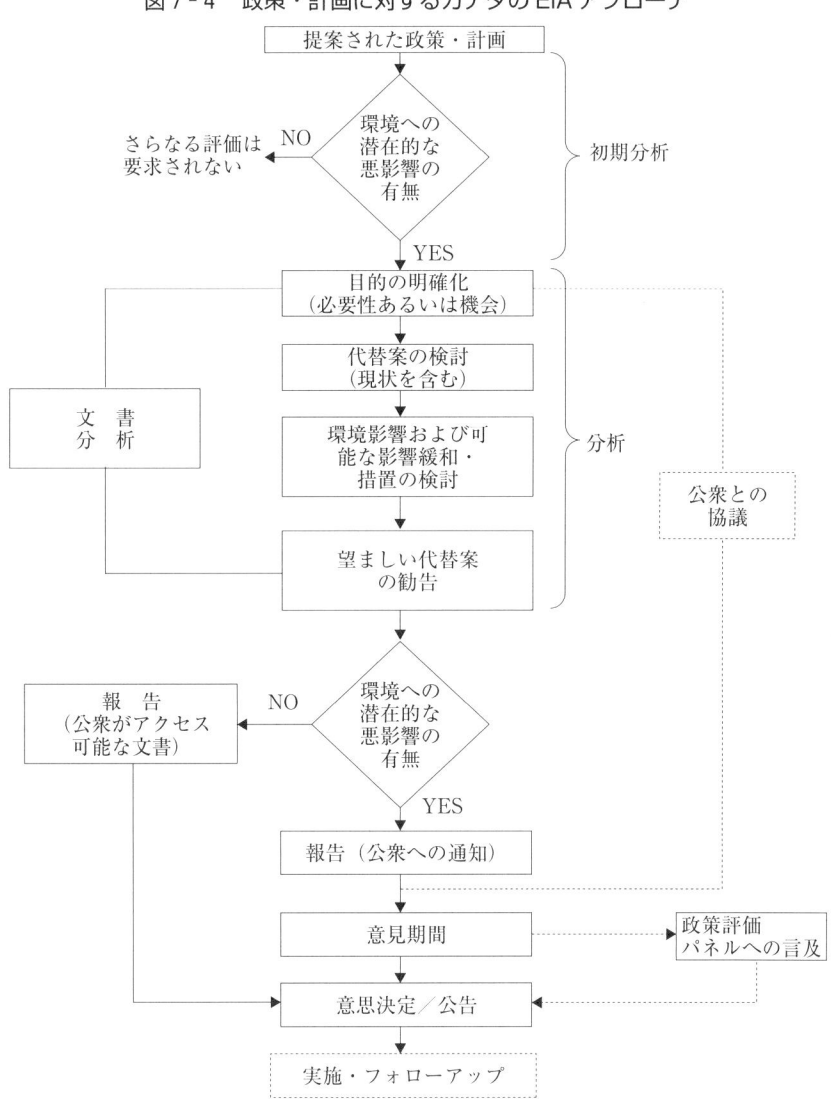

第5節　政策型戦略アセスと持続可能性アセス

図7-4　政策・計画に対するカナダのEIAアプローチ

```
                    ┌─────────────────┐
                    │ 提案された政策・計画 │
                    └─────────────────┘
                              │
                              ▼
         NO          ◇ 環境への
    さらなる評価は ◀───  潜在的な        ┐
    要求されない       悪影響の        │ 初期分析
                        有無          ┘
                              │ YES
                              ▼
                    ┌─────────────────┐
           ┌───────▶│ 目的の明確化      │────┐
           │        │(必要性あるいは機会)│    │
           │        └─────────────────┘    │
           │                 │              │
           │                 ▼              │
           │        ┌─────────────────┐    │
           │        │ 代替案の検討      │    │
           │        │ (現状を含む)     │    │
           │        └─────────────────┘    │
  ┌──────┐ │                 │              │  分析
  │文 書 │ │                 ▼              │
  │分 析 │ │        ┌─────────────────┐    │    ┌──────┐
  └──────┘ │        │ 環境影響および可 │    │    │公衆との│
           │        │ 能な影響緩和・   │    │    │ 協議 │
           │        │ 措置の検討       │    │    └──────┘
           │        └─────────────────┘    │
           │                 │              │
           │                 ▼              │
           │        ┌─────────────────┐    │
           └────────│ 望ましい代替案    │    │
                    │ の勧告          │────┘
                    └─────────────────┘
                              │
                              ▼
  ┌──────────┐   NO   ◇ 環境への
  │  報 告   │◀──────  潜在的な
  │(公衆がアクセス│      悪影響の
  │ 可能な文書) │       有無
  └──────────┘           │ YES
                              ▼
                    ┌─────────────────┐
                    │ 報告（公衆への通知）│
                    └─────────────────┘
                              │
                              ▼
                    ┌─────────────────┐      ┌──────────┐
                    │ 意見期間         │◀─────│政策評価   │
                    └─────────────────┘      │パネルへの言及│
                              │               └──────────┘
                              ▼
                    ┌─────────────────┐
                    │ 意思決定／公告    │
                    └─────────────────┘
                              │
                              ▼
                    ┌─────────────────┐
                    │ 実施・フォローアップ│
                    └─────────────────┘
```

……選択的な段階

出典：カナダ連邦環境影響評価局（1994）25)より作成

271

ングが次になされ、結果がSEAプロセスによって予測されていたものと同じであるかを確認し、必要であればプロセスに適切な修正を加えることになる。

SEAを実行する手法は事業レベルのEIAとそれほど変わらない。そこで行われるのはほとんど同じことであるが、前述の図7-1が示すように、目標と選択肢に焦点を合わせるべきである。プロジェクトEIAと同様に環境データのベースラインが必要である。しかし、SEAレベルではそれはもっと一般的なデータでよい。

重要な環境影響の見極めは、アセスメントで提案されたシナリオアプローチで可能となる。各シナリオでは、簡潔化されており、いわば、「一筆書き」的なものではあるが、事業レベルのEIAで使用されるアセスメントの手法と類似のものが使用される。マトリックスの利用は各シナリオや選択肢のSEAの調査結果をまとめるために、または、環境に最適な選択肢の組み合わせを決定するために役立つ。カナダの事例では、政策や計画による直接的影響や間接的影響については、図7-5に示した。

政策形成の多くの場合、提案者が、また競合する当局でもある。そのため、独立的な審査方法や公衆参加の仕組みが、提案者と当局が分離している事業レベルよりもはるかに重要な役割を担うと考えられる。このような場合は、EIA機関による独立審査によって、法令又はガイドラインの要請に従ったかどうかを確認することも必要である。

「持続可能性とは何か」を論じるとともに、EUの規則制定時に講じられている持続可能性アセスをとりあげ、検討した。その取り組みの目標は、委員会立法案の質を向上させ、環境規制を単純化し向上させること、また、コミュニティーの政策間の一貫性を確保し、政策提案による経済、環境、社会への影響を評価することで持続可能な発展を確保することを支援することにあった。そこで、EU持続アセスの制度的枠組みである、①目標、②提案行為の範囲、③主要な段階、④協議、⑤報告、⑥評価の実施などについて、(1) 初期影響評価の段階、(2) 拡大影響評価の段階の②段階に類別して、検討し、それぞれ

第5節　政策型戦略アセスと持続可能性アセス

図7-5　政策・計画の直接・間接的影響

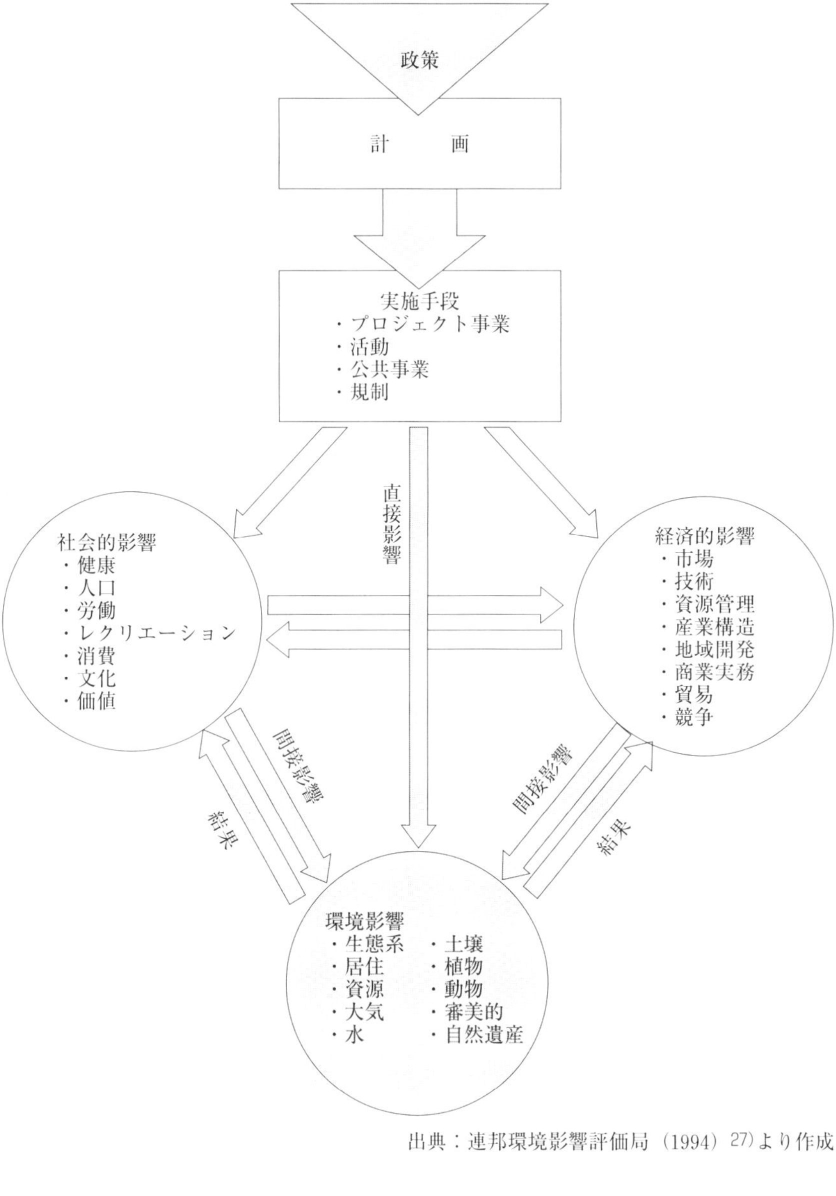

政策
↓
計　　画
↓
実施手段
・プロジェクト事業
・活動
・公共事業
・規制

直接影響

社会的影響
・健康
・人口
・労働
・レクリエーション
・消費
・文化
・価値

経済的影響
・市場
・技術
・資源管理
・産業構造
・地域開発
・商業実務
・貿易
・競争

間接影響　間接影響
結果　　　結果

環境影響
・生態系　・土壌
・居住　　・植物
・資源　　・動物
・大気　　・審美的
・水　　　・自然遺産

出典：連邦環境影響評価局（1994）27）より作成

273

の構成要素の持つ意義と原則を明らかにするとともに、協議の重要性を指摘した。

また、英国の政策型戦略アセスである PAE 制度を取り上げ、分析した。この制度は、ある政策による環境影響の認識の情報収集から始まり、その他の影響との相互の評価・分析による情報提供によって、意思決定権者の政策選択の妥当性を確認し、記録として残し、将来の決定に伝達していくことによって、環境に対する賢明で健全な政策立案の先導的役割を政府に委ねるものであった。ただし、PAE は当該政策に対するアセスの結果が直ちに政策内容の具体的な変更に結びつくというものでもなく、公衆参加規定や政策評価結果の公表という仕組みをもたないものであることを明らかにした。そのため、政策型 SEA の1類型ではあるが、近年の取り組みの中心は、持続可能性と公衆参加に焦点を置き始めているため、その制度の方向性が持続可能性アセスと同じ位置づけにあるとして、本章で検討を行った。特に、交通政策を具体例として、持続可能性の政策構築のために、①目標の設定、②達成の選択肢の設定、③選択肢の役割の検討、④シナリオ・モデルの構築、⑤シナリオごとの環境影響の評価、⑥最善策の確定のプロセスにおいて、戦略アセスを包摂する仕組みであることを明らかにした。このプロセスでは、戦略アセスはシナリオ・モデルに対して反復性を持って実施されるものであった。そこで、その場合の SEA には、3つのタイプ（EIA 型、Appraisal 型、統合型）があることを示し、第8章の検討の課題を提示した。

---

1) World Commission on Environment and Development (1987) Our Common Future, p43-46. Oxford University Press. 大来佐武郎監修『地球の未来を守るために』66頁（福武書店・1987）
2) なお、環境管理33巻10号（産業管理協会・1997）の特集で多様な側面から「持続可能な社会」を論じた論文が掲載されている。
3) 国際自然保護連合『新・世界環境保全戦略―かけがえのない地球を大切に―』20-24頁（小学館・1992）
4) フリッチョフ・カプラ、グンター・パウリ編『ゼロエミッション』（ダイヤモンド社・1996）、森嶌昭夫・柳憲一郎「ゼロ・エミッション型社会システムへの法的政策的支援手法の検討」1997年度研究実績報告書

5) 拙稿「持続可能性アセスメント」環境法研究31号、87-119頁(有斐閣・2006)
6) 鷲田豊明『環境評価入門』52頁(勁草書房・1999)
7) 欧州委員会は委員会の提案による影響に関する評価ガイドラインを策定しているが、それを改訂することによって、よりよい規制への自らの関与を強調している。委員会は、影響評価への統合アプローチを維持しながら、改訂ガイドラインによって、経済及び競合するエリアについてもガイダンスを提供している。また、これにより基本的人権憲章との両立性のテストも統合している。追加的なアドバイスは、EUレベルの行動から惹起される市民、企業、公共体への潜在的な行政コストをいかに考慮に入れるかに対して提供される。委員会のよりよい規制についての新しいアプローチに関連して、改訂ガイドラインは、政策オプションも考慮したサービスとして"古い"形式の規制方法を用いることは必要とされないことを保証する。権限委譲と調和性の原則の重要性を考慮するということが改訂ガイドラインで強調されている。
8) Robert B.Gibson, Selma Hassan, Susan Holtz, James Tansey and Graham Whitelaw (2005) Sustainability Assessment – Criteria, Processes and Applications, p 5. Earthscan.
9) 欧州委員会のコミュニケーション COM (2002) 276
10) http://www.ieep.org.uk/PDFfiles/PUBLICATIONS/IEEP_ExIA_report.pdf
11) http://www.ieep.org.uk/
12) 欧州委員会コミュニケーション COM (2002)276
13) COM (2002)704 final : Towards a reinforced culture of consultation and dialogue – General principles and minimum standards for consultation of interested parties by the Commission. COM (2002) 713 final. : "Communication from the Commission on the collection and use of expertise by the Commission: Principles and Guidelines" (委員会によるコレクションと専門的知識の活用についてのコミュニケーション―原則とガイドライン―) 参照
14) DoE (Department of the Environment) (1991) Policy Appraisal and the Environment, HMSO, London.
15) DoE (1992) Planning Policy Guidance Note 12: Development Plans and Regional Guidance, Stationery Office, London.
16) DoE (1993) Environmental Appraisal of Development Plans: A Good Practice Guide, Stationery Office, London.
17) Sheate,WR (1992) Lobbying for Effective Environmental Assessment, Long Range Planning, vol.25, no.4, p93.
18) TEST(1992)An Environmental Approach to Transport and Planning in Cardiff, report produced by Transport and Environment Studies (TEST) in association with Chris Isaac, commissioned by Cardiff Friends of the Earth.
19) Roberts, J, Cleary, J, Hamilton k, and Hanna,j (eds) (1992) Travel Sickness: the Need for a Sustainable Transport Policy for Britain, Lawrence and Wishart, London.
20) Sheate,WR (1992) Strategic Environmental Assessment in the Transport Sector, Pro-

ject Appraisal, vol. 7 , no. 3 , p172.
21) Fischer TB (2006) SEA and transport planning : Towards a generic framework for evaluating practice and developing guidance, Impact Assessmnet and Project Appraisal, vol 24, no 3 , p183-197.
22) Sheate,WR (1994) Making an Impact, A Guide to EIA Law & Policy, p84, Cameron May, London.
23) 非EIA型とは、EIAのシステムを必ずしもとらないということではなく、EIAシステムの重要な構成要素である環境部門の審査などの関与がない場合があるというものである。
24) Elling B & Nielsen J(1997)Environmental Assessment of National Policies, European Commission, DGXI Environment, Brussels.
25) Guidelines for Implementing the Cabinet Directive issued by Canadian Environmental Assessment Agency.
26) Lee,N and Lewis,MD (1991) Environmental Assessment Gide for Passenger Transport Schemes, prepared on behalf of the Passenger Transport Executive Group, Manchester.
27) FEARO (1994) 注38と同じ

第8章
戦略的環境アセスメントの制度的枠組みの検討

第1節 SEA制度構築に関する論点

1. 制度的枠組みの相違点

　序論で触れた以下の3つの論点に関して、これまでの検討結果から集約して検討することにする。戦略的アセスには、①持続可能性アセス、②政策型戦略アセス、③行政主導型戦略アセスがある。このうち、③のプロトタイプがEU・SEA指令（2001EC指令）である。この3つの戦略アセスは、手続等で異なっている。

　まず、③のプロトタイプのEU・SEA指令からみていこう。

　2001EC指令[1]に基づいた行政主導型戦略的環境アセスは、EIAに基づき、連続かつ結合的な政策決定の流れの連結によって、計画の策定を行う。すなわち、EIA型の戦略的環境アセスである。このプロセスは、政策、計画、プログラムの策定に影響することによって、特定の目標の達成を実現する。また、評価ではベースラインデータに基づき作成されるので、合理的な装置としてのアイデアが反映されるものである。なお、本章第4節で述べたように、EC・SEA指令の戦略アセスの中核をなすものは、環境評価書である。

　図8-1にみるように、計画やプログラム策定を改善するためのEU・SEA指令を土台にしたプロセスを示してみよう。戦略的環境アセスが計画の改善を目的とし、環境の視点から、計画の策定のプロセスに影響を及ぼすことが理解される。また、戦略的環境アセスの適用は、計画の決定過程の流れを変え、各段階ごとに環境上の課題に配慮し、管理と透明性の改善にも寄与するという流れになっている。[2]

　②の政策型戦略アセスは、一般に、非EIA型のプロセスをもつものと理解される。英国のPAEシステムはこの一種である。ただし、その明確な定義は、難しさを伴う。なぜなら、PAEシステムは、柔軟性や随時の変更可能性をも

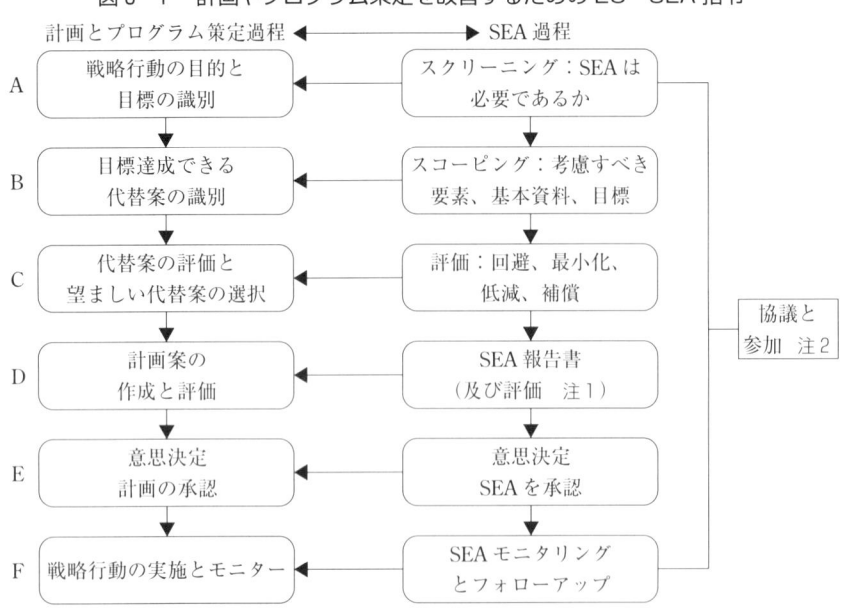

図8-1 計画やプログラム策定を改善するためのEU・SEA指令

計画とプログラム策定過程 ←――→ SEA過程

- A: 戦略行動の目的と目標の識別 ← スクリーニング：SEAは必要であるか
- B: 目標達成できる代替案の識別 ← スコーピング：考慮すべき要素、基本資料、目標
- C: 代替案の評価と望ましい代替案の選択 ← 評価：回避、最小化、低減、補償
- D: 計画案の作成と評価 ← SEA報告書（及び評価 注1）
- E: 意思決定 計画の承認 ← 意思決定 SEAを承認
- F: 戦略行動の実施とモニター ← SEAモニタリングとフォローアップ

協議と参加 注2

注1．指令には明確な要求がない　注2．指令に基づき、少なくともSEAのスコーピングと報告書作成段階で行う

出典：EU資料及びFisher（2006）[2]より作成

ちつつ、合理的な情報伝達機能という、一般に、戦略アセスがもつ機能を備えるものだからである。そのように、存在形式が異なるにもかかわらず、非EIA型の戦略的環境アセスは、以下の要素をもつものである。

すなわち、①詳細な問題の説明（問題の特定）、②目標の設定（目的、目標、標的）、③情報収集、④情報処理と代替案の考慮、⑤意思決定、⑥実施、などである。

政策型と行政主導型の相違点は、手続のみならず、異なる行政レベル（前者は、国家レベル、後者は地方レベル）や戦略レベル（前者は政策、後者は計画やプログラム）、対象分野（前者は土地利用やエネルギー、後者は廃棄物）に表れているといえる。なお、どの戦略的アセスにも、共通の要素はあることは、次の3．**制度設計上の条件**で触れることにする。

そのほか、非EIA型システムをもつものとして、①持続可能性アセスがあるが、第7章で明らかにしたように、意思決定のツールの中に戦略アセスを包摂するシステムである。

一般的に、持続可能な発展の定義は難しい。これはそれぞれの国や国民の価値システムや観点の違いのみならず、考慮された多様な持続可能性の次元の違いや時間の早さの違いが関係しているといえるが、不確実性が大きいという点に留意しておく必要があろう。

また、SEAのシステムが環境、社会、経済と有機的に結びついて、いかに持続可能的な発展を可能にするかということについては、少し敷衍する必要がある。

諸外国のSEAの検討から、SEAを実践している国には、国や地方政府が環境と、経済、社会を統合するデータをもっている。そうしたベースラインの整備がまずは必要であるが、それを活用する時の判断尺度として、以下の3つのタイプを考えることができる。

すなわち、①環境負荷低減型、②目的誘導型、③最低ライン確定型というものである。

持続可能な目標を達成する場合、①が最も保守的なもので、②は改善の方向性は示せるが、持続可能な目標の実現は不明である。③は設定された最低のラインを達成できなければ、ある政策を認めないとするもので、ある意味、最も先進的なものである。この③のタイプによって、持続可能な発展を実現するには、持続可能性基準や閾値のようなものを設定する必要があろう。

図8-2に持続可能性を支援するPPP（政策、計画、プログラム）の策定枠組みとSEAの各段階を示したが、PPPの策定プロセスとSEAとをいかに融合させるかが問題である。[3]

この融合については、論者で異なっている。すなわち、全面融合論者[4]と独立プロセス論者[5]である。制度設計において、PPPの策定プロセスとSEAとの融合を捉える考え方は、以下の4つの方式に分けることができる。

すなわち、①全面融合を図ることで、単独のSEAのプロセスをなくす方式、

②いずれの存在は並行的（パラレル）なものとして、それぞれのコア部分を連結させる方式、③相対的に独立したプロセスとする方式で、必要に応じて、特定の段階のみSEAがPPPに組み込まれる方式、④絶対的に独立したプロセスとし、PPPの策定の後に、SEAを実施するという方式、である。

　これらのいずれかの方式が最善であろうか。SEAの実施の効果の観点から評価した場合、①か②の方式が望ましいと考える。ただし、第7章で検討したように、持続可能性アセスや政策型戦略アセスには①方式が、行政主導型戦略アセスは②方式が制度枠組みとしては、望ましいと考える。

2．SEAとEIAに関する論点

　また、序論で触れた以下の3つの論点に関して、これまでの検討結果から集約して検討することにする。

(1)　戦略的環境アセスメントとEIAとの異なる空間と時間の範囲

　まず、戦略的アセスと事業アセスでは、空間的にも時間的にもそのスケールは異なるのではないか[6]という点である。

　これまで検討した結果から、事業アセスは、事業者のセルフコントロールとして、計画諸元の定まった事業段階に、当該地域の事前の環境配慮を実施するために行われる仕組みである。図8-3を参照されたい。[7]これに対して、戦略的環境アセスには、通常、3つの要素が含まれることが明らかとなった。まず、①戦略的環境アセスは、政策決定を支援するシステム化された枠組みであり、②その目標は、戦略的な段階（政策、計画、プログラム）において、③環境及びその他の持続可能な発展要素への配慮を確保するもの、というものである。その文脈では、まず、戦略的環境アセスは、公共計画部門及び民間部門（国際金融機関や援助機関を含む）にとって、特に、計画やプログラムに対して、EIAベースのプロセスの組織的、厳格性、参加性や公開性と透明性を高めるようになければならない。また、政策やビジョン、政策構想のようなEIAプロセスをもたない柔軟なプロセスにあっては、参加性と公開性及び透明性を確保するように努めなければならない。

第1節　SEA制度構築に関する論点

図8-2　持続可能性を支援するPPPの策定枠組みとSEAの各段階

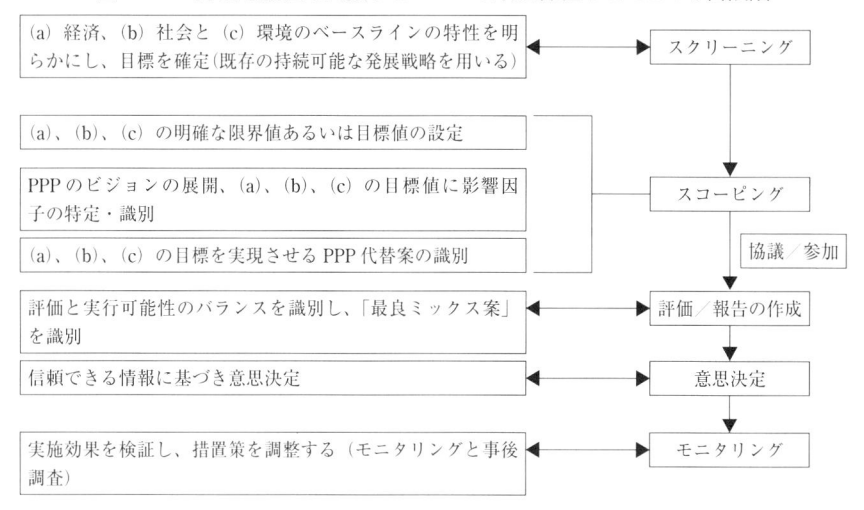

内容	SEA段階
(a) 経済、(b) 社会と (c) 環境のベースラインの特性を明らかにし、目標を確定(既存の持続可能な発展戦略を用いる)	スクリーニング
(a)、(b)、(c) の明確な限界値あるいは目標値の設定 PPPのビジョンの展開、(a)、(b)、(c) の目標値に影響因子の特定・識別 (a)、(b)、(c) の目標を実現させるPPP代替案の識別	スコーピング 協議／参加
評価と実行可能性のバランスを識別し、「最良ミックス案」を識別	評価／報告の作成
信頼できる情報に基づき意思決定	意思決定
実施効果を検証し、措置策を調整する（モニタリングと事後調査）	モニタリング

出典：Fischer (1999) 3)より作成

図8-3　SEAと事業アセスの時間的・空間的なレベルの相違

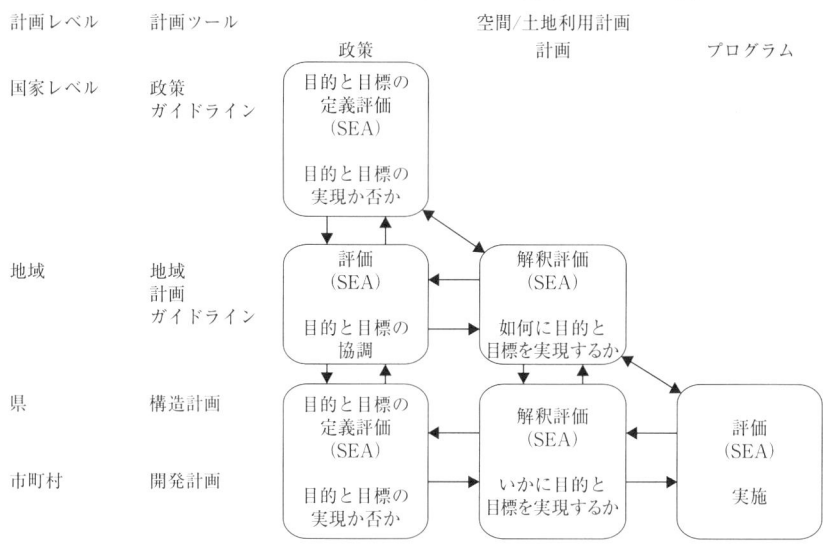

計画レベル	計画ツール	政策	空間／土地利用計画	
			計画	プログラム
国家レベル	政策ガイドライン	目的と目標の定義評価(SEA) 目的と目標の実現か否か		
地域	地域計画ガイドライン	評価(SEA) 目的と目標の協調	解釈評価(SEA) 如何に目的と目標を実現するか	
県 市町村	構造計画 開発計画	目的と目標の定義評価(SEA) 目的と目標の実現か否か	解釈評価(SEA) いかに目的と目標を実現するか	評価(SEA) 実施

出典：Barker&Fischer (2003) 7)より作成

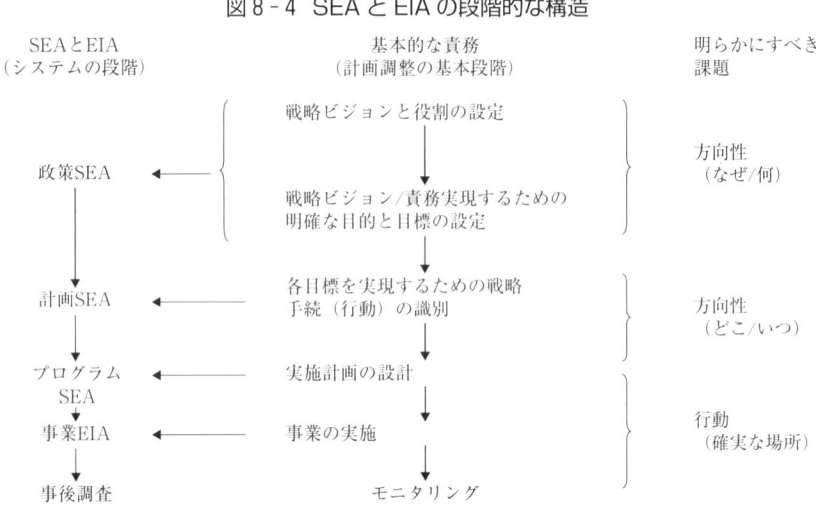

図8-4 SEAとEIAの段階的な構造

SEAとEIA (システムの段階)	基本的な責務 (計画調整の基本段階)	明らかにすべき課題
政策SEA	戦略ビジョンと役割の設定 戦略ビジョン/責務実現するための明確な目的と目標の設定	方向性 (なぜ/何)
計画SEA	各目標を実現するための戦略手続(行動)の識別	方向性 (どこ/いつ)
プログラムSEA	実施計画の設計	
事業EIA	事業の実施	行動 (確実な場所)
事後調査	モニタリング	

出典：Fischer (2006) [2]より作成

つぎに、戦略的環境アセスは、立法の提案やその他の政策、計画、プログラムに適用する柔軟（EIAをベースとしない）な評価手段として、閣議決定にも寄与しなければならない。

(2) 戦略レベルと事業レベルの異なる基準

戦略段階アセスと事業段階アセスでは、その評価のレベルは異なるのではないか[8]という点である。

図8-4に、SEAとEIAの段階的な構造を示すが、戦略的環境アセスは、科学的な知見に基づく制度枠組みであり、アセス技法や手法を適用することによって、科学の厳密性を政策、計画の策定プロセスに付け加えることを目的とするものである。戦略的意思決定の段階では、将来の方向性と目標に鑑み、政策ビジョンと役割や明確な目的や目標を設定する。[9]

一方、事業アセスは、特定の場所と事業計画に係る具体的な意思決定を伴うものであり、環境への負荷の低減に腐心するものといえる。この点、SEAは、環境影響の負荷の低減のみならず、環境の価値の向上を強化する方向性をもっている。また、事業アセスにおける代替案の評価は狭い範囲に限定されるが、

SEAは、異なる複数の部門を係る代替案を提案することができる。SEAとEIAのレベルの違いを、図8-5に示す。

(3) 事業アセスと比べ、戦略的意思決定過程は組織的であるか

　事業アセスと比較すると、戦略段階アセスの意思決定の組織化は異なる方式ではないか[10]。

　戦略的環境アセスは,組織的な政策決定の枠組みを用いることが少なくない。また、目的は、より有効かつ効率性の高い意思決定への支援であり、持続可能な発展を図るための有効な手段である。前出の図8-2に示したように、異なるシステムな段階やレベルにおいて考慮される代替案や課題に対して、実質的な焦点を創設することによって実現しようとするものである。とりわけ、EIA型を用いたSEAの場合には組織的な傾向性が強まるといえる。それは、図8-6でEIA型のSEAのプロセスから組織性の強さが読み取れる。

　以上の検討から、戦略アセスには、以下の特徴を列挙することができる。

① 戦略的環境アセスが政策決定の高いレベルから、よりシステム的に有効な環境への影響及び代替案に配慮することで、政策の決定と実施がより実効的になる

② 戦略的環境アセスは、持続可能な発展を支援する、先行的な実施手段である

③ 戦略的環境アセスは、各レベルの政策決定の効率性を高め、事業アセスを推進すると同時に、適切な時に適切な代替案を識別する。この背景のもとで、より早く問題及び潜在的な課題を見つけ出すことが可能になる

④ 戦略的環境アセスは、戦略的政策決定段階において、積極的な参加を促し、低コストで新しい知見が得られる

3．行政主導型SEA制度設計上の要件

　以下に、今後、わが国で整備が検討されるべき行政主導型のSEAについて、①制度枠組み、②SEAの目的、③構成要素、④協議（公衆参加）、⑤技術手法、の5つをとりあげ、これまでの検討の結果を取りまとめることにする。

図8-5 SEAとEIAのレベル

	SEA	EIA
	上位段階／下位段階	
意思決定レベル	政策　→　計画　→　プログラム　→	事業
行動の性質	戦略的、構想的、概念的	即行的、操作可能な
アウトプット	抽象的	詳細的
影響の範囲	マクロ的、累積的、不確実性	ミクロ的、局部的
時間の範囲	長期から中期	中期から短期
主要データ源	持続可能な発展戦略、国家環境基本計画	調査、サンプル分析
データの種類	より定性的	より定量的
代替案	広域、政治的、規則的、技術的、財政的、経済的	特定な場所、設計、建設、操作
厳格な分析	より不確定	より厳格的
評価基準	持続性基準（標準と目標）	法的制約とベスト・プラクティス
実務者の役割	協議のための仲裁者	利害関係者の価値を用いた基準・技術の推進者
住民の認識	曖昧で距離感がある	有効かつ現実的（NIMBY）

出典：Partidario&Fischer（2004）9)より作成

図8-6 EIA型SEAのプロセス

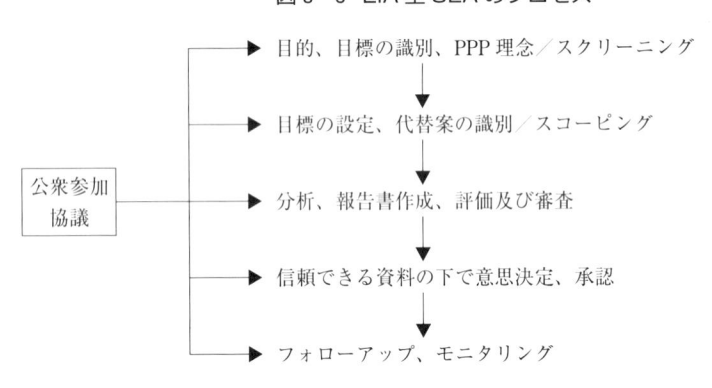

公衆参加
協議

→ 目的、目標の識別、PPP理念／スクリーニング
→ 目標の設定、代替案の識別／スコーピング
→ 分析、報告書作成、評価及び審査
→ 信頼できる資料の下で意思決定、承認
→ フォローアップ、モニタリング

出典：Fischer（1999）14)より作成

（1） 制度枠組み

　制度の枠組みとしては、第7章で検討したように、3つのSEAパターンがある。すなわち、大きく分けると、EIA型と非EIA型である。もちろん、その中間的なコア部分にEIA型を導入するパターンもあり得る。政策型戦略アセスの場合、主流は、非EIA型といえる。また、第5章第5節の英国のSEAで民間部門に適用されたSEAは行政主導型戦略アセスであるが、非EIA型のものであった。送電線網の選択において評価が繰り返されることにより、技術と経済と環境のバランスが講じられた事案である。

　一般に、非EIA型は公衆参加の仕組みを持たない。そのため、公開性もなく、透明性に欠けるという難点がある。また、非EIAの重点は、もっぱら、潜在的かつ重大な環境影響への予測と評価におかれているが、厳格な手続ではなく、柔軟な手続をとるものである。たとえば、デンマークの法案作成に関するSEA[11]をみると、環境影響の評価は、法案提案者が行うが、必要があれば、環境部門が評価を行うこともできる。法案提案者に環境部門は助言と指導をすることができるが、それの受け入れは任意である。このような柔軟性をもっている。なお、環境評価は環境部門がガイドライン文献を明示することにより行われるが、環境影響に関するミティゲーション（回避、低減、補償）までは厳格に要求されていない。そういう意味でも、柔軟性をもっているといえる。

　行政主導型戦略アセスの場合、EIA型SEAが少なくない。制度設計は、その国のEIAの蓄積とSEAの発展度によって異なるといえる。いずれのパターンもあり得るが、組織化された評価手法を制度の枠組みに採用することがSEAの厳密性と効率性を高めることができるといえる。わが国では、これまでのEIAの蓄積を生かし、EIA型に親和性があることから、行政主導型SEAの整備を今後10年の中で図っていくべきであると考える。

（2） 目的

　行政主導型戦略的環境アセスと政策型戦略的環境アセスのいずれも制度の目的やその位置づけをみると、その主な目標は、政策、計画、プログラムの上位段階において、環境影響及びその他の持続可能な発展要素への配慮を確保する

ことにある。このように環境配慮と持続可能性の確保を主旨とし、システム的、目標主導的で科学的知見・根拠に基づいて、積極的な参加性の高い意思決定過程によって、環境管理を改善するものとして位置づけられている。持続可能性アセスは、その目標が持続可能性にすべてリンクしているのが特徴であるが、前章の図7-1にみるように、意思決定の段階で戦略アセスを包摂するシステムである。

（3） 構成要素

そのSEAのプロセスごとの特徴を①対象分野、②手続、③ティアリング等についてみてみよう。

まず、①対象分野は、米国やカナダは対象分野を特定していないが、欧州は、2001EU・SEA指令の影響により、農林業、漁業、エネルギー、産業、交通、廃棄物処理、水管理、電気通信、観光、空間計画、都市・農村計画、環境保全及び自然保護に伴う計画などが範囲としている。

構成要素等について、英国及びドイツを例にとって比較してみよう。いずれの国もその対象とする計画・プログラムが明記されているが、これらはEUのSEA指令に基づき指定されたものと同じである。なお、国家の防衛又は非常事態に資する計画は対象外である。その意味では、いずれの国も行政主導型戦略的環境アセスである。

②手続は、両国とも、スクリーニング、スコーピング、審査、事後調査の手順で行われる。

(a) スクリーニングについては、SEAの実施に際してスクリーニングが実施され、制度上評価対象となるか否かについて判断がなされる。

(b) スコーピングは、両国ともSEAの範囲を決定するためのスコーピング手続がある。SEA報告書の作成の段階では、代替案の検討が義務づけられている。ドイツでは、選択された代替案について、選択された理由、審査がどのように実施されたかを記述することとなっており、代替案には、比較検討の対象として実施しない案も含める。

(c) 審査とSEAの結果の反映については、両国とも、審査とSEAの結果を

計画の策定に反映させるための手続がある。

たとえば、英国では、計画等が採択される際に、SEA の結果を採択に反映させるため、主務省庁は、SEA 報告書、法定協議機関及び公衆からの意見、必要な場合には EU 加盟国との協議結果を考慮するとしている。

(d) 事後調査は、計画策定後の調査についての規定がある。ただし、英国では、事後調査の結果、負の環境影響が確認された場合の対応策は特に規定されていない。ドイツでは、事後調査の結果は、公衆、関係官庁が利用しやすい形での公表が義務づけられているが、第三者機関の関与や公衆の関与の規定は置かれていない。

(3) ティアリングについては、SEA を経た計画・プログラムに基づき実施される事業における EIA（環境影響評価）の取り扱いは異なっている。英国では、SEA を経て採択された計画等に基づく事業に対して EIA が不要であるとは規定されていない。ドイツでは、ある計画・プログラムの採択は、多段階にわたる計画過程や許認可過程の一部であることから、審査の重複回避のため、ある計画等がそれらの過程のどの段階に位置するかを踏まえつつ、当該計画等に係る SEA の手続においてどのような環境影響を重点的に審査すべきかを定めている。

(4) 協議（公衆参加）

SEA が効果的であるために重要な要素は、プロセスのどの段階に公衆参加の機会を効果的に組み入れるかをスクリーニングすることである[12]。

一般に、公衆参加には、いくつかのレベルや形態がある。例えば、①メディアや告知を通して情報を伝達する受動的参加形態（Passive Participation）、②情報形成参加（Participation by information transmission）、③協議による参加（Participation by consultation）、④機能的参加（Functional participation）、⑤相互作用的参加（Interactive participation）などである[13]。

このうち、②の参加形態は、わが国のアセス法が方法書への意見書提出や説明会の開催、準備書への意見書提出を認めているが、それである。③は、オランダの SEA でみられるもので、スコーピングとアセス文書の質の評価という

2段階を経て実施されており、通常は、文書での意見表明か公衆意見聴取によって行われる。④、⑤のタイプとして、国家政策のレビューのために行われる公開審問などがある。いずれにせよ、公衆参加によるコミュニケーションの主たる目的は、情報を伝達すること、教育すること、情報を収集すること、権利を主張すること、協議すること、決定することにある。

そのため、そのプロセスがこれらの目的を達するものでない場合には、信頼性を失うのである。このように、公衆参加は、手続に公正さを担保するチェックアンドバランス機能をもつ必要不可欠なSEAの構成要素であるため、いかなる政策、計画、プログラムの意思決定過程においても、SEAのプロセスの中に公衆参加を組み込む必要がある。しかし、内閣の機密に関する事項のように例外は必要であろうが、その場合には、機密であることが合法であることを確認しておく必要があるし、その例外は最小限にとどめるべきであろう。

また、公衆参加の性格と範囲は、意思決定のレベルに準拠して、誰が協議に参加する公衆か、時間的な段取りはどうかなどによって定まる。たとえば、交通モードへの財政配分の年次報告のように、タイム・スケールが頻繁な場合や制約されている場合には、一般公衆の参加は常に可能ではないかもしれない。そのような場合は、協議に参加するのは選挙で選ばれた代表者またはNPOやNGOなどの関係団体に限定されるかもしれない。しかし、その場合でも一般公衆を排除してはならない。以上のことから、公衆参加には、特に以下の点が重要と考えることができる。すなわち、

① 公衆参加に対する「明確な期限」を設定すること
② 各関与主体に対して、適切な機会に「適切な情報」を提供すること
③ すべての参加者や関連団体が意見表明する「適切な機会」をもつこと

などの要件を具備することが必要である。

(5) 技術手法

SEAの制度構築を実施するには、技術手法の裏付けがなければ、絵にかいた餅になってしまうおそれがある。この点に関して、筆者はその分野の蓄積がないが、文献上で明らかになったもっとも利用されている技法[14]を紹介して

おきたい。
① 記述方法と技術に関しては、指標法[15]、マトリックス法[16]、三角法
② 分析手法に関しては、影響樹[17]、因果関係図、費用対効果分析法、地理情報[18]
③ 公衆参加方法と技法に関しては、長期ビジョン分析法、円卓検討会[19]、専門家調査法など

また、評価の尺度として、重要だと考えることは、環境容量という考え方である。

環境容量は、2つの側面をもつ考え方であり、①環境の状態量になんらかの外的規範を設定し、その範囲内で人間活動量を適正に配分するための基礎を与える概念、②自然または社会生態系の安定を保持するような絶対的条件のもとに、人間活動の限界を設定する根拠につながる概念、と捉えることができる[20]。この考え方は、①では、空間場を明確にし、環境容量の時間的変化も対象とし、活動量、受容可能な指標物質量という評価対象を定義しており、②では、資源の利用方式に重点を置き、水、大気を資源として捉え、持続可能な資源を主な対象とする考え方である。環境容量の評価に当たって、環境資源をすべて定量化し、人間活動との関係をも定量的に明らかにすることは、不可能と考えられる。そこで、より実際的な利用に当たっては、戦略的アセスでの活用であろう。この場合には、環境科学の常とう的な手法、すなわち、問題の可能性→シナリオ→リスク等の評価という方向に分析がなされるからである。1つの戦略として、予め、人間、生物の環境容量としての必要な資源をあえて決めることから出発し、逆に資源枯渇のシナリオを描き、人間活動量を決めるという発想である[21]。そのようなシナリオを戦略段階で検討することが持続可能性アセスであるといえるだろう。

いずれの技法を応用する場合、一定の要素を満足させなければならないであろう。すなわち、①一定の目標を満足させること、②PPPとSEAといった融合が実現できること、③不確実性を提示できること、④透明性をもち、応用価値のあるものであること、⑤SEAが関連領域に理解されるものであること、

⑥経済的に実行可能なものであること、などといった具体的な内容をクリアーできることが求められている。この部分は、今後の研究課題でもあり、関連諸科学との協働の研究[22]が求められているといえる。

＊　　　　　　　　　＊

環境アセスメントは、第2章で明らかにしたように、個別事業者が事業の実施を前提に環境影響を評価し、個別事業の設計・供用・環境対策などを詳細に示し、公開性・透明性を求められる仕組みである。

戦略的環境アセスは、第3章、第4章、第5章で検討したように、政策・計画・プログラムの段階で、政策・計画策定者等がノーアクションを含む複数の環境保全措置を検討した上で、社会・経済面と環境面の影響を比較考慮し、公開性・透明性が求められる仕組みである。

持続可能性アセスは、第7章、第8章で検討したように、政策立案段階に政策決定者が戦略アセスによるプロセスを経て意思決定を行うシステムである。そこには、戦略アセスのプロセスが包摂されている仕組みであるが、参加性、透明性、公開性が求められるべきものである。このように、それぞれの制度枠組みと構成要素の位置づけを結論づけた。

また、序論で提起したアセス制度をめぐる3つの論点について、戦略的アセスを、①持続可能性アセス、②政策型戦略アセス、③行政主導型戦略アセスの3つのタイプに分けて、検討し、この3つの戦略アセスは、事業アセスと比べて、時間、空間、適用対象、手続等で異なっていることを明らかにするとともに、その差異を制度設計にどのように反映させるかという観点から、先に述べた制度の構築の諸要件を検討し、在り方を述べた。

また、制度構築に当たっては、持続可能性を支援するPPP（政策、計画、プログラム）の策定枠組みとSEAの各段階との対応関係を考察しておくことが必要と考え、PPPの策定プロセスとSEAとをいかに融合させるかを検討課題として取り上げた。その結果、融合化させることが望ましいという前提をとる場合、3つのタイプ別に融合の在り方は異なることが理解される。すなわち、完全融合は、①の持続性アセスには望ましく、②の行政主導型戦略アセスには、

PPPとSEAのコア部分の連結を図ることが重要であり、完全独立や分離型の方式はSEAの成果を意思決定に反映させるという観点からは望ましくないという結論を導出した。

わが国はこの3つの仕組みのうち、第1フェーズの環境アセスメントの段階を法制度化しており、今後、第2フェーズ、さらに、第3フェーズの持続可能性アセスを実現していく上での要件について、以上の検討結果を踏まえて、①制度枠組み、②目的、③構成要素、④協議（公衆参加）、⑤技術手法の5つの視点について検討し、わが国が進むべき方向性を明らかにし、必要とされる課題について検討した。特に、わが国では、第2フェーズは、行政主導型SEAの制度構築をまずは目指すべきであることを論述した。

---

1) Directive2001/42/EC of the European Parliament and of the Council on assessment of the effects of certain plans and programmes on the environment.
2) Fischer TB (2006) Theory & Practice of Strategic Environmental Assessment, Earthscan, p4.
3) Fischer TB (1999) The Consideration of Sustainability aspect within Transport Infrastructure related policies, plans and programmes, Journal of Environmental Planning and Management, vol42, no2, p189-219.
4) Therivel R and Partidarrio M (eds) (1996) The Practice of Strategic Environmental Assessment, Earthscan, London.
5) Fischer TB (2003) Strategic Environmental Assessment in post-modern times, EIA Review, vol23, no2, p155-170.
6) Lee, N. & D. Brown (1992) Quality control in environmental assessment. Project Appraisal 7 (1) p41-45.
7) Barker & Fischer (2003) English regionalism and sustainability: Towards the development of an integrated approach to SEA, European Planning Studies, vol11, no6, p697-716.
8) Ortolano L (1984) Environmental Planning and Decision Making, Wiley, New York. Partidario M R and Fischer TB (2004)' SEA', in Arts J and Morrison-Saunders A (eds), Follow-up in Environmental Assessment, Earthscan, London.
9) Partidario & Fischer (2004) Follow-up in Environmental Assessment, Earthscan, p224-247.
10) Kornov L and Thissen WAH (2000)' Rationality in decision and policy making: Implications for strategic environmental assessment', Impact Assessment and Project

Appraisal, vol 18, p191-200 ; Nitz T and Brown L (2001)' SEA must learn how policy-making works', Journal of Environmental Assessment Policy and Management, vol 3 , p329-342.
11) Danish Ministry of Environment and Energy(1993)Guidance Procedures for Environmental Assessments of Bills and other Government Proposals, Ministry of Environment and Energy, Copenhagen.
12) Environmental Resources Management (2000), Workshop Report : Public Participation and Consultation in EIA and SEA.
13) O'Riordan and Sewell (1981), Project Appraisal and Policy Review. London, Wiley.
14) この点は、Wood (2004)、Fischer (2002)、Therivel (1996) の文献を参照されたい。
15) MVW (Ministerie van Verkeer en Waterstraat) (1989) Second Transport Structure Plan (SVⅧ), part d : Government Decision, MVW, The Hague.
16) Fischer TB (2004) Transport policy-SEA in Liverpool, Amsterdam and Berlin : 1997 and 2002, EIA Review, vol24, p319-336.
17) Fischer TB (2006) SEA good practice elements and performance criteria : Equally valid in all countries? EIA Review,vol26, no 4 , p396-409.
18) Fischer TB (1999) Benefits from SEA application : A comparative review of Noord-Holland and EVR Brandenburg-Berlin, EIA Review, vol 19, p143-173. UNDP, REC (2001) Benefits of a Strategic Environmental Assessment, p 1 - 5 .
19) Arbter K (2005) SEA of waste management plans-an Austrian Case Study, in Schmidt M (eds) Implementing Strategic Environmental Assessment, Springer-Verlag, Berlin, p621-630.
20) 内藤正明「環境容量論」環境情報科学、16-3, 49-54頁（環境情報科学センター・1987）
21) 福島武彦「環境容量の概念・考え方」環境容量シンポジウム―環境容量の概念と応用―8頁、国立公害研究所 (1988)
22) 最近は、環境容量：エコスペースを算定して、それに基づく社会・生活システムの構築を目指すアプローチとして捉える動きがある。「環境容量とは―持続可能社会の実現へ」特定非営利活動法人「環境・持続可能社会」研究センター

第9章

結論
アセスメント研究の到達点

第 1 節 戦略的環境影響評価に対する期待

　以上、本論文の検討で明らかにしてきたことを踏まえて、今後に残された、わが国における SEA 制度の導入とその発展に向けて、留意点や課題を諸外国における SEA の検討からの示唆として指摘する。それは、今後のわが国の持続可能な社会形成のために、第 2 フェーズとして制度設計される行政主導型 SEA の役割と期待にかかるものである。

1．役割

　まず、役割としては、経済成長と環境保全との調和を図り、社会を持続的発展の方向へと導くこと、次に、公衆を意思決定の際に組み込むことで責任分担を可能とすること、さらに、SEA と事業アセスとの相互の補完及び連動を図り、現状の様々な環境関連問題群を解決することがあげられる。

2．期待

　また、SEA に期待されることとして、①包括的評価法の有効性、②累積的・複合的影響の評価、③事業の実施段階での環境アセスメント等との重複の回避があげられる。

　①は、SEA の方法論を特定するのは容易ではないが、複数案（代替案）の評価も考慮され、多様な状況への適用が可能である。いずれの計画の中にも多様なサブ・プランが含まれているため、環境及び土地利用計画の戦略的統合において、有効性は増すと考えられる。

　②としては、小規模事業による環境への負荷は累積化することで、重大な影響となることや、また同一地域で集中的に実施された複数の事業による複合的な環境への影響についての予測・評価が可能となる。③として、SEA を行った後に事業の実施段階での環境アセスメントを行う際には、評価の重複を可能

な限り避けるため、直近の SEA の結果を適切に活用することが重要である。そのことは、事業者の負担の軽減やより良い計画立案へのインセンティブにもなり得ると考えられる。

3．手続

具体的な手続としては、①スクリーニング、②スコーピング、③複数案の比較による評価、④評価の視点、⑤手続の統合、⑥評価文書の分かりやすさ、⑦地方公共団体の役割の重要性、という7点を指摘しておきたい。

まず、①スクリーニングは、SEA の必要性の判断である。その場合には、PPP との連携性が求められており、特定の PPP に戦略アセスが連結されている必要がある。すなわち、特定の計画・プログラムには SEA が要件になるようにしておく必要がある。ただし、明確に PPP の段階が特定できない場合には、特定できる段階に SEA を連動させるような工夫が必要である。

②スコーピングは、事業の実施段階での環境アセスメント以上に重要となる。単なる手法や項目の検討ではなく、背景となる情報とデータベースを構築し、既存の資料やバックグランドデータとの差異を認識し、環境保全の目的を記述する必要がある。環境特性のみならず、社会経済的な要素への配慮も必要である。制度設計に当たっては、SEA をどのような事項に関し、どのようなタイミングで、どのような手続を経て行うかは、対象とする計画等の内容やその立案プロセス等に即して、弾力的に対応することが重要であるが、スコーピングの情報が図書として取りまとめられた場合には、それに対する公衆の参加や情報公開が必要となる。

③SEA では、複数の案について比較評価を行うことがこの仕組みの核心部分といえるが、検討すべき案の範囲として、とりうる選択の幅を明らかにする必要がある。とりわけ、戦略的なレベルで意味のある選択肢が検討されなければならない。その場合、影響評価が科学性、適切性、透明性をもつもので、その評価結果について、信頼性、技術性を担保するものでなければならない。影響評価は、狭義には発生しうる影響をいかにミティゲーション（回避、低減、

補償）するかに尽きるが、広義には、社会経済影響も評価の対象とすべきである。そのもとで、ベスト・プラックティス（BP）や費用対効果のある最善の選択（BPEO）が識別できると考える。

　④の環境保全面からの評価については、環境基本計画や環境管理計画等で望ましい地域の環境像や環境保全対策の基本方向が示されていることが必要である。また、広域的な視点からの環境の改善効果も含めた評価やSEAでは、より広域的な視点から、環境改善効果も含めて、複数の事業の累積的な影響を評価することが期待されている。ただし、行政主導型戦略アセスは、計画やプログラム等を対象とするため、環境影響の予測結果等には不確実性が伴う。しかし、その不確実性を過大に捉える必要はなく、不確実性があることを前提に、スコーピングや複数案の比較評価などを活用し、計画等に適した評価を行うという対応が重要である。これらは、いずれも現行のアセス法に導入されたスコーピング手続の応用により、アセス法でSEAに期待できる一定部分は実現できると考える。なお、評価のためのガイドラインを整備し、具体的な事例の積み重ねによって、各主体の参考となるベスト・プラックティスを含む文献やガイドラインを提示し、SEAの実施を促す努力はいうまでもない。

　⑤環境面からの評価が科学的かつ客観的に行われるためには、環境面からの必要性に対応して関与すべき者が適切に位置づけられた手続が必要である。このため、SEAは環境面に焦点を絞った一定の独立した手続として設けられる必要がある。

　⑥評価文書は、科学的な環境情報の交流ベースとしての機能や意思決定の際に勘案すべき情報提供機能をもっており、分かりやすく記載するよう努めることが大切である。

　⑦各種計画の策定主体としての期待や地域環境保全に責任をもつ姿勢から、地方公共団体が先導的にSEAに取り組むことが必要であるが、しかし、上位計画を策定する国がPPPの法制度をSEAが適用できるように再構築しておくことが重要である。

　その場合、環境アセスメントは意思決定のツールだという考え方に重点を置

き、次世代の多段階型環境アセスメントとして、意思決定のおおもとの段階にさかのぼり、予測・評価の領域を拡大していくことが望ましい。

これまでの考え方であると、社会経済面への影響評価を実施し、社会への影響や経済的効果などを予測・評価するとともに環境への影響評価もあわせて検討するということが妥当であるとの考え方であった。しかし、その方式は、いわゆる、埼玉方式であるが、環境と社会経済要素をバランスさせることに焦点が置かれ、環境保全が不十分でも社会的合意が得られると良しとする風潮になりやすいという危惧がある（第3章参照）。

本論文では、この場合、環境容量論の視点に立ち、環境資源の利用可能性を複数のシナリオを検証するということで、社会経済要素は、環境容量の中に包摂されるシステムを構築することの重要性を述べた（第8章参照）。これにより、より適切な環境への配慮の在り方は可能であると考える。

以上、わが国の戦略的環境アセスの期待と役割について敷衍したが、諸外国のSEAの実例をみると、その実施事案は少なくないが、系統的な研究は意外と乏しいことが明らかになった。そのため、ある意味で、われわれ研究者が把握している情報は意外と多くないといえる。たとえば、異なるシステムに対する比較評価方法やSEAの有効性に関する評価等の研究などはあまり文献的にみられない。また、SEA制度の推進者は、往々にして、そのメリットの面を強調しがちであるが、現在のところ、実際に効果が検証された例はわずかであることは自戒しなければならない。逆に言うと、その根拠の少なさが、SEA制度に反対する者を説得する際の障害となっているともいえる。そのため、SEA研究は、制度枠組みや手続に関する研究のみならず、実際の事例の分析にさらに一層注目し、上位段階のSEAがいかに持続可能性や環境配慮を高めるかを見極めていかなければならない。

第2節　課題

　本書では、環境アセスメント制度を事業アセス、援助アセス、戦略アセス、持続可能性アセスと体系的に捉え、国内外の広範な実態調査や文献サーベイにより、現状と課題について論じてきた。

　わが国においては、現下の状況下と法制度の枠組みの中で持続可能な社会を構築するためには、環境アセスメントのツールを用いて、SEAと事業アセスとの相互補完や相互連動を図ることがまず必要である。次の第2フェーズに移行するために、今後の制度設計に当たって、英国のようなAppraisal方式のSEAをとるか、米国のEIA方式のSEAを採るかが制度設計にはまず避けて通れないハードルである。わが国のこれまでの経験と蓄積の中では、英国のAppraisal方式が米国方式よりも馴染みやすいが、行政主導型戦略アセスでは、特定の計画プロセスにEIA型のSEAを組み込むことを検討すべきであると考える。

　また、政策立案や最上位の計画段階における政策型戦略アセスには、柔軟性が確保できる英国のAppraisal方式が望ましいと考える。しかし、その場合においてもステークホルダーに対する公開性と参加性を確保するように努力されなければならない。これらの検討課題は、今後、2021年をターゲットとする法制度の見直しのなかで制度化されるべき課題であり、その焦点は、先に指摘したように行政主導型の戦略アセスの制度枠組みの検討であろう。

　しかし、中長期の2050年をターゲットに考えた場合、持続可能性アセスのプロセスを構築するように、持続可能性を第一義の国家政策戦略とする政府の取り組みが必要である。その際、少なくとも国際条約の求めに応じての外圧によるのではなく、内発的な努力により、これまでの公害先進国としての技術力や環境立国としての矜持に基づく意欲的なものであることが期待されている。

　これまで本書で明らかにしたように、わが国のアセスメント研究の国際社会における立ち位置は、環境の側面に限定されており、2000年以降の取り組みの

1つである新JICAの環境社会配慮が一歩前に踏み出しているにすぎない。先進的諸外国から制度枠組みや評価の方法論でも大きく後れを取っている。そのことは、持続可能性という国家政策や国家戦略がわが国では確立されておらず、将来世代を踏まえた環境政策が実現できていないことを示唆するものである。残された課題は少なくないといえる。今後は、環境容量をコアや外延にした環境社会経済配慮を構築していく制度枠組み、手法を先進諸外国に学びつつ、国内的にも制度構築を推し進め、その蓄積した知見に基づき、前進することが持続可能性アセスを実現させる道であろう。そのための社会科学的な枠組みとしての法制度が具体的にどう構築すべきかを、関連諸科学と協力しながら、さらに具体的に模索していくことが残された研究課題であると考える。

〈引用文献等一覧〉

浅野直人「環境影響評価と環境管理」環境法政策学会編『新しい環境アセスメント法』14頁（商事法務・1998）
浅野直人『環境影響評価の制度と法』30頁（信山社・1998）
浅野直人監修『戦略的環境アセスメントのすべて』（ぎょうせい・2009）
アジア経済研究所『アジア諸国の公害規制とエンフォースメント』（2005年3月）
岩橋健定「環境アセスメント制度の最前線」法政研究会編『法政策学の試み・法政策研究第3集』22頁（2000）
牛山泉／監修日本自然エネルギー株式会社／編著 『風力発電マニュアル2005』（エネルギーフォーラム・2005）
倉阪秀史『環境政策論』201頁（信山社・2004）
多谷千香子『ODAと環境・人権』24-302頁（有斐閣・1994）
大隈宏「二本のODAと　国際政治」、五十嵐武士編『日本のODAと国際秩序』所収、p25-41（日本国際問題研究所・1990）
大塚直「わが国における環境影響評価の制度設計について」ジュリスト1083号、39頁（1996年）。
大塚直「環境影響評価の目的・法的性格」環境法政策学会編『新しい環境アセスメント法』25頁（商事法務・1998）
大塚直「環境影響評価法と環境影響評価条例の関係について」西谷剛ほか編『政策実現と行政法』107-131頁（有斐閣・1998年）
OECD (1999) Environmental Performance Reviews Russian Federation, p133' 拙稿「タイ環境法の新動向」『世界の環境法』344-355頁（国際比較環境法センター・1996）
OECD/DAC「21世紀に向けて：開発協力を通じた貢献」(1996)
UNEP 人間開発報告1997.
エルンスト・U・ワインゼッカー・宮本憲一監訳『地球環境政策』64頁（有斐閣・1994）
海外経済協力基金「環境配慮のためのOECFガイドライン（第二版）」（1995）
海外経済協力基金「環境配慮のためのOECFガイドライン」（1989）
鎌形浩史「環境影響評価法について」ジュリスト1115号37頁（1997）
川崎市：川崎市環境影響評価に関する条例（公布55.10.20. 施行56.7.1）(1976)
環境と開発に関する世界委員会『地球の未来を守るために』環境庁国際環境問題研究会、大来佐武郎監修66頁（福武書店・1987）
環境影響評価研究会編『環境アセスメントの最新知識』（ぎょうせい・2006）
環境影響評価制度総合研究会「環境影響評価制度総合研究会報告書（資料編）」3頁（平成21年7月）
環境影響評価制度総合研究会「環境影響評価制度総合研究会報告書」24頁（2009）
環境影響評価法に基づく基本的事項（最終改正：平成17年3月30日環境省告示第26号）
環境影響評価法案に対する意見書」(1997年4月)
環境省「一般廃棄物：最終処分場における戦略的環境アセスメント導入ガイドライン（案）」（平成21年3月）
環境省「国立・国定公園内における風力発電施設設置のあり方に関する基本的な考え方」（平成16年2月）
環境省「戦略的環境アセスメント導入ガイドライン（上位計画のうち事業の位置・規模等の検討段階）」(2007)
環境省「廃棄物分野における戦略的環境アセスメントの考え方」（平成13年9月）参照。
環境省「平成19年度環境影響評価制度に関するアンケート調査」

環境省『諸外国の環境影響評価制度調査報告書』（平成17年3月）
環境省 SEA 総合研究会報告書（平成12年8月）
環境省中央環境審議会地球環境部会、国際環境協力専門委員会報告書（案）「今後の国際環境協力の在り方について」（2005）
環境庁：環境モニターアンケート「環境影響評価（環境アセスメント）について」(昭和52年2月)（1977）
環境庁『環境庁十年史』各説第1章第3節環境影響評価の推進（ぎょうせい・1982）
環境庁・環境影響評価制度総合研究会報告書（1996年6月）
環境庁環境影響評価研究会『逐条解説環境影響評価法』109頁（ぎょうせい・1999）
環境庁環境調整局企画調整課編著『環境基本法の解説』219頁（ぎょうせい・1994）
環境庁企画調整局：地方公共団体における環境影響評価制度の実施状況等に関する調査報告書〔環境庁1995〕、環境庁企画調整局編：環境影響評価制度の現状と課題について（環境影響評価制度総合研究会報告書）（大蔵省印刷局・1996）
環境庁企画調整局「地方公共団体における環境影響評価制度の実施状況等に関する調査報告書」3頁（平成7年9月）
環境庁編『昭和55年版環境白書』（大蔵省印刷局・1980）
環境アセスメント研究会『わかりやすい戦略的環境アセスメント 戦略的環境アセスメント総合研究会報告書』（中央法規出版・2000）
京都市計画段階環境影響評価要綱（平成16年10月1日施行）
北村喜宣『現代環境法の諸相』128頁（放送大学・2009）
北村喜宣『自治体環境行政法』第5版167-171頁（第一法規・2009）
黒岩努「「SEA」に関する埼玉県の取り組み」『環境アセスメント学会誌』5巻2号、39頁（2007）
経済産業省産業技術環境局二酸化炭素回収・貯留（CCS）研究会「CCS実証事業の安全実施にあたって」（2009）
国際協力機構「JICA環境社会配慮ガイドライン」（2010年4月）
国際協力機構「環境社会配慮ガイドラインに基づく異議申立手続要綱」（2010年4月）
国際協力銀行「環境社会配慮確認のための国際協力銀行ガイドライン」（平成14年4月）
国際協力銀行「環境社会配慮確認のための国際協力銀行ガイドラインに基づく異議申立手続要綱」（平成15年10月）
国際協力事業団「貧困削減に関する基礎研究」（2001年4月）
国際自然保護連合『新・世界環境保全戦略―かけがえのない地球を大切に―』20-24頁（小学館・1992）
国土交通省「公共事業の構想段階における計画策定プロセスガイドライン」（平成20年4月）
国土交通省「国土交通省所管の公共事業の構想段階における住民参加手続きガイドライン」（平成15年6月30日国土交通事務次官通知）。
国土交通省「構想段階における市民参画型道路計画プロセスのガイドライン」（平成15年）
埼玉県「戦略的環境影響評価技術指針」（平成14年6月27日環境防災部長決裁）
埼玉県戦略的環境影響評価実施要綱（平成14年4月1日施行）
作本直行「わが国の環境ODAと社会環境評価（SIA）」環境情報科学33巻2号、2-10頁（2004）
サドラー、フェルヒーム：国際影響評価学会日本支部訳『戦略的環境アセスメント』（ぎょうせい・1998）
猿田勝美「地方アセスと環境影響評価法」ジュリスト1115号、67頁（1997）
鷲見一夫『ODA援助の現実』80頁（岩波書店・1989）
（財）地球・人間環境フォーラム『開発金融機関による環境社会配慮実施確保に係る課題』18頁（2005）
（財）不動産研究所『新しい開発影響評価』（住宅新報社・1999）
（社）海外環境協力センター、国際環境協力戦略検討会、国際環境戦略検討会報告書―21世紀におけ

るより戦略的・効果的・包括的な国際環境協力のために一、2004年10月
全国自然保護大会：環境庁「環境影響評価法案」の撤回と再検討を求める決議（昭和52年6月19日）（全国自然保護大会1977）
橋本道夫『私史環境行政』68頁（朝日新聞社・1988）
原科幸彦「環境影響評価法の評価—技術的側面から」ジュリスト1115号、59頁（1997）
原科幸彦「戦略的環境アセスメントにおける評価手法に関する研究」科学研究費補助金基盤研究B研究成果報告書（2008）
原科幸彦『環境アセスメント』167-178頁（放送大学振興会・1994）
原科幸彦『環境計画・政策研究の展開』267頁（岩波書店・2007）
広島市「広島市多元的環境アセスメント基本構想—持続可能な社会を目指して」（平成15年3月）
広島市環境局「廃棄物最終処分場整備計画の策定における多元的環境アセスメントガイドライン」（平成16年3月）
広島市多元的環境アセスメント実施要綱（平成16年4月1日施行）
広島市多元的環境アセスメント実施要綱（平成16年4月）
福島武彦「環境容量の概念・考え方」環境容量シンポジウム—環境容量の概念と応用—8頁、国立公害研究所（1988）
フリッチョフ・カプラ、グンター・パウリ編『ゼロエミッション』（ダイヤモンド社・1996）
ロジャー・W・フィンドレー・稲田仁士訳『アメリカ環境法』27頁（木鐸社・1992）
戦略的環境アセスメント総合研究会「戦略的環境アセスメント報告書」（平成19年3月）
第4回環境影響評価制度総合研究会での質問事項に対する回答（2008年12月16日（社）日本経済団体連合会産業第三本部長　岩間芳仁意見書）
池上徹「わが国における環境影響評価（環境アセスメント）への対応」『環境アセスメントの法的側面』環境法研究4号11頁（有斐閣・1975）
中寺良栄「プロジェクトの環境社会配慮の充実にむけた世界銀行とアジア開発銀行の取り組み」同号、16-22頁
中島興基「最近強化されつつあるタイの環境規制」タリスマン別冊『海外進出と環境汚染シリーズ：アジア編その3』（東京海上火災保険・1993）
高橋滋「環境影響評価法の検討—行政法的見地から」ジュリスト1115号、44頁田中充、「自治体環境行政の新たな展開—川崎市の総合的環境行政の試み—」環境と公害第26巻3号、19-23頁
千葉県「計画段階環境影響評価実施要綱」（平成20年4月）
千葉県計画段階環境影響評価実施要綱（平成20年4月1日施行）
電気事業連合会：環境影響評価制度の立法化問題について（経済団体連合会　昭和55年2月13日）
豊田章一郎『週刊エネルギーと環境』（1997年2月13日号）
内閣総理大臣官房：国勢モニター報告書／環境影響評価について（昭和56年2月）（1977）
内閣府「海外経済協力に関する検討会報告書」（平成18年2月28日）
日本科学者会議：環境影響評価とその法制度に関する見解（昭和52年5月15日）（1977）
日本鉄鋼連盟：環境影響評価制度について（日本鉄鋼連盟立地公害委員会1976）
日本弁護士会意見書「今後の環境影響評価制度の在り方について（案）（環境影響評価制度専門委員会報告案）に対する意見」（2009年6月25日及び2010年2月12日）
日本弁護士連合会：環境影響評価法案に関する意見書（昭和53年3月22日）（1978）
日本弁護士連合会意見書「環境影響評価法の制定に向けて」（1996年10月）
新美育文「カナダ—アセスメント法制度」『各国の環境法』537-543頁（第一法規・1982）
NEDO「日本における風力発電設備・導入実績（2008年3月末現在）」
NEDO「風力発電のための環境影響評価マニュアル（第2版）」（2006）

武蔵野書房編「国会における環境アセスメントについての論議」『環境アセスメント年鑑』(武蔵野書房・1986)
明治学院大学立法研究会＝行政手続法研究会編『環境アセスメント法』122頁 (1997)
松村弓彦『環境協定の研究』225頁 (成文堂・2009)
松村弓彦『環境法 (第 2 版)』133頁 (成文堂・2004)
松村隆「世界銀行における戦略的環境アセスメントの取り組み」同号、41-47頁
松本郁子「国際協力銀行 (JBIC) の新環境ガイドラインと戦略的環境アセスメント」環境情報科学33巻 2 号、23-28頁 (環境科学情報センター・2004)
松本悟「ODA 事業にともなう環境社会被害と根源的問題」環境情報科学33巻 2 号、11-15頁 (環境情報科学センター・2004)
綿貫芳源「アメリカの環境法」自治研究48巻 9 号、8 頁以下 (第一法規・1972)
森田恒幸「地方自治体における環境影響評価制度の比較分析」環境情報科学11巻 2 号、79-86頁 (環境情報科学センター・1982)
森嶌昭夫・柳憲一郎「ゼロ・エミッション型社会システムへの法的政策的支援手法の検討」1997年度研究実績報告書
柳憲一郎①・浦郷昭子『環境アセスメント読本—市民による活用術』160-167頁 (ぎょうせい・2002)
拙著②『環境法政策 (日本・EU・英国にみる環境配慮の法と政策)』269頁 (清文社・2000)
拙著③『環境アセスメント法』153-183頁 (清文社・2000)
拙稿④「EC における広域環境管理政策の動向と機構の改革」『環境法研究』第21号 (有斐閣・1993)
拙稿⑤「SEA 制度の現状とわが国の課題」作本直行編『アジアの環境アセスメント制度とその課題』33-60頁 (アジア経済研究所・2006)
拙稿⑥「これからの戦略的環境アセスメント」化学物質と環境 No.77、13-15頁 (2006)
拙稿⑦「タイの公害規制とエンフォースメント」第77巻第 2・3 合併号、189-221頁 (法律論叢・2004)
拙稿⑧「開発援助における環境配慮」北見大学論集25号、57～72頁 (1991)
拙稿⑨「環境影響評価法の意義と将来課題」産業と環境27巻 7 号、20-27頁 (産業と環境・1998)
拙稿⑩「計画段階における環境配慮手法—戦略的環境アセスメントの総合的検討」明治大学法科大学院論集第 1 号、201-232頁 (明治大学・2006)
拙稿⑪「国際金融機関と環境協力—アジア開発銀行・世界銀行にみる環境配慮の仕組みと実際—」野村好弘・作本直行編『地球環境とアジア環境法』環境と開発シリーズ第 7 号、29-61頁 (アジア経済研究所・1996)
拙稿⑫「持続可能な開発のための国際環境協力」環境情報科学22巻 4 号、38-44頁 (環境情報科学センター・1993)
拙稿⑬「持続可能な社会と環境アセスメント」環境管理34巻 4 号、1-13頁 (産業環境管理協会・1998)
拙稿⑭「持続可能性アセスメント」環境法研究31号、87-119頁 (有斐閣・2006)
拙稿⑮「政策アセスメントと環境配慮制度」増刊ジュリスト『環境問題の行方』63頁 (有斐閣・1999)
拙稿⑯「地方自治体における環境アセスメント条例の最近の動向」日本土地環境学会誌第 5 号、37-50頁 (日本土地環境学会・1998)
拙稿⑰「地方自治体における環境配慮制度の最近の動向と課題—先進的試みの自治体の制度比較」
拙稿⑱「ゴルフ場・リゾート開発」『自治体行政の現代的課題』(荒秀・南博方編) 209頁 (ぎょうせい・1993)
拙稿⑲環境法政策学会編「戦略的環境影響評価 (地方自治体も含む)」環境法政策学会編『環境影響評価』14-29頁 (商事法務・2011)
山下竜一「環境影響評価制度と許認可制度の関係について」自治研究75巻12号、27頁 (第一法規・1999)

山村恒年『環境保護の法と政策』165頁（信山社・1996）
吉川博也「環境アセスメント手法について」『環境アセスメントの法的側面』環境法研究第4号69頁（有斐閣・1975）
鷲田豊明『環境評価入門』52頁（勁草書房・1999）
A Lijphart (1979) "Comparative Politics and Comparative Method", American Political Science Review, vol. 65, no. 3, p682-93.
ADB (1988) Environmental Guidelines for Selected Industrial and Power Development Projects. ADB (1993) Environmental Guidelines for Selected Infrastructure Projects,Manila.
ADB (1992) Environmental legislation and Administration: Briefing Profiles of Selected Developing Member Countries of Asian Development Bank, Manila.
ADB (1997) Environmental Impact Assessment for Developing Countries in Asia, Manila,.
ADB (1998) Handbook on Resettlement A Guide to Good Practice. Manila.
Aleg Cherp and Svetlana Golubeva: Environmental assessment in the Russian
Arbter K (2005)'SEA of waste management plans-an Austrian Case Study', inSchmidt M,Joao E and Albrecht E (eds), Implementing Strategic Environmental Assessment, Springer-Verlag,Berlin,p621-630.
Asian Development Bank (1994) The Environment Program of The Asian Development Bank..
Barker & Fischer (2003) English regionalism and sustainability: Towards the development of an integrated approach to SEA, European Planning Studies, vol11, no 6, p697-716.
BMT Cordah Limited (2003) Offshore Wind Energy Generation: Phase 1 Proposals and Environmental Report For consideration by the Department of Trade and Industry.
Bear,D (1990) EIA in the USA after twenty years of NEPA, EIA newsletter 4, EIA Centre.
Becker, B. (1997) Sustainability Assessment: A Review of Values, Concepts and Methodological Approaches, Issues in Agriculture 10, Washington, DC, Consultative Group on International Agricultural Research/World Bank.
Bill L.Long (2000) International Environmental Issues and the OECD: 1920-2000, P15, OECD.
Bund für Umwelt und Naturschutz Deutschland (Bund) "Die Werbung deutscher Automobilhersteller Werterbotschaften・Spiritverbrauch CO 2 -Emissionen", March 2006.
CEAA (Canadian Environmental Assessment Agency: 1996) Environmental Assessment in Canada: achievements, challenges and directions. Ottawa.
CEC (1997) Report from the Commission of Implementation of Directive 85／337／EEC on the Assessment of Effects of Certain Public and Private Projects on the Environment. Brussels: CEC..
CEQ 25th Anniversary Report・Annual Report of the Council on Environmental Quality (1993)・Report-Considering Cumulative Effects Under NEPA.
COM (2002) 704 final: Towards a reinforced culture of consultation and dialogue-General principles and minimum standards for consultation of interested parties by the Commission.
COM (2002) 713 final.: "Communication from the Commission on the collection and use of expertise by the Commission: Principles and Guidelines"
COM (95) 689 and Council conclusions of 25.6.1996.
CONSULTATION ON THE ENERGY EFFICIENCY ACTION PLAN FOR SCOTLAND : Strategic Environmental Assessment Environmental Report, Scottish Government (October 2009).
Calvert Cliffs' Coordinating Committee, Inc.v. United States Atomic Energy Com'n, 449 F. 2 d 1109 (D.C.Cir. 1971).
Canadian Environmental Assessment Act (October 30, 2003).

Canter, L.W (1996) Environmental impact assessment (2nd), London : McGraw-Hill.
Cherp, Aleg, Marina Khotuleva and Vadim Vinichenko (2000) Environmental Assessment and Environmental Review (Socio ecological Union, Moscow, in Russian). p. 177-204.
Claude Alvares & Ramesh Billorey (1988) Damming the Narmada, Third World Network/APPEN.
Comment (1978) Reinvigorating the NEPA Process ; CEQ's Draft Compliance Regulations Stir Controvercy, 8 ELR 10045.
Danish Ministry of Environment and Energy (1993) Guidance Procedures for Environmental Assessments of Bills and other Government Proposals, Ministry of Environment and Energy, Copenhagen.
DEFRA (2004) Guidance to Operating Authorities on the Application of SEA to Flood Management Plans and Programmes.
DTI (Department of Trade and Industry) (2001) SEA of the former White Zone I : An Overview of SEA Process.
Dalal-Clayton B and Sadler B (2005) Strategic Environmental Assessment : A Sourcebook and Reference Gide to International Experience, p30, Earthscan, London.
Direction des Ressources environnementales, Public participation and stakeholders'
Directive 2001/42/EC of the European Parliament and Council on the assessment of the effects of certain plans and programmes on the environment.
Directive2001/42/EC of the European Parliament and of the Council on assessment of the effects of certain plans and programmes on the environment.
Directive 2003/4/4 EC of the European Parliament and of the Council of 28 January 2003 on public access to environmental information (2003/4/EC)).
Directive 85/337/CEE (1985) concernant l'évaluation des incidences de certains projets publics et privés sur l'environnement telle que modifiée (JO L 175 du 5.7. 1985, p. 40))
DoE (1992) Planning Policy Guidance Note 12 : Development Plans and Regional Guidance, Stationery Office, London.
DoE (1993) Environmental Appraisal of Development Plans : A Good Practice Guide, Stationery Office, London.
DoE (Department of the Environment) (1991) Policy Appraisal and the Environment, HMSO, London.
Dusik J, Fischer TB and Sadler B, with Steiner A and Bonvosion N (2003) Benefits of a Strategic Environmental Assessment, REC, UNDP
EBRD (European Bank for Reconstruction and Development : 2003) Environmental Procedures.
EBRD (1994) Investor's environmental guidelines, pp540.
EBRD (European Bank for Reconstruction and Development : 1992) Environmental Procedures.
EC DIRECTIVE (2003/35/EC) 2003/35/EC OF THE EUROPEAN PARLIAMENT AND OF THE COUNCIL of 26 May 2003 providing for public participation in respect of the drawing up of certain plans and programmes relating to the environment and amending with regard to public participation and access to justice Council Directives 85/337/EEC and 96/61/EC.
EEC Council Directive (92/43) on the Conservation of natural habitats and of wild fauna and flora.
EEC (85/337) Council Directive on the Assessment of the Effects of Certain Public and Private Projects on the Environment.
EEC (97/11) Council Directive 97/11/EC amending Directive 85/337/EEC.
EIA Regulations (2000), "The regulations on the assessment of impacts of economic and other ac-

tivities on the environment", Ministry of the Environment of the Russian Federation Decree no 372, registered by Ministry of Justice on 4 June 2000, code2302, 16. 05. 2000.
Elling B & Nielsen J (1997) Environmental Assessment of National Policies, European Commission, DGXI Environment, Brussels.
ESCAP & ADB (1995) State of the Environment in Asia and the Pacific, p571, United. Nations. New York.
ESCAP (1982) Review and Appraisal of Environmental Situation in the ESCAP Region, Bangkok.
ESCAP (1985) Environmental Impact Assessment, Guidelines for Planners and Decision Makers, United Nations.
EU (2002) Draft Council Directive on the assessment of the effects of certain plans and programmes on the environment.
Environmental Assessment (Scotland) Act 2005 (Parliament on 9 th November 2005 and received Royal Assent on 14th December 2005).
Environmental Resources Management (2000), Workshop Report: Public Participation and Consultation in EIA and SEA.
European Commission (1985) ' Council Directive of 27 June 1985 on the Assessment of the Effects of Certain Public and Private Projects on the Environment', Official Journal of the European Communities, L 175, p40-48.
European Commission (2001) ' Directive 2001/42/EC of the European Parliament and of the Council of 27 June 2001', on the assessment of the effects of certain plans and programmes on the environment, Official Journal of the European Community, L 197, published 21/7/2001, p30-37.
European Commission (2001) Guidance on EIA-EIS Review.
ECC: Council Directive 85/337/EEC on the assessment of the effects of certain public and private projects on the environment.
Edward Goldsmith & Nicholas Hildyard (1986) The Social and Environmental Effects of Large Dams, vol. 3, Sierra Club and Wadebridge Ecological Centre.
European Commission (2002) Communication from the Commission on Impact Assessment, COM (2002) 276.
FEARO (1984) The Federal Environmental Assessment and Review Process.
Fischer T B (2002) Strategic Environmental Assessment in transport and Land Use Planning, Earthscan, London.
FEARO (1986) The Federal Environmental Assessment and Review Process, Initial Assessment Guide. Ottawa.
FEARO (Federal Environmental Assessment Review Office : 1994) The Responsible Authority's Guide to the Canadian Environmental Assessment Act, p 9. Ottawa.
Federal Environmental Review Law (1995), Law of the Russian Federation on Environmental Expert Review (Federal Assembly of the Russian Federation, Law no 174-FZ, 30. 11. 95).
Federal Law on Environmental Protection (1991), Law of the Russian Federation on the Protection of the Natural Environment (Supreme Soviet of the Russian Federation, 5. 03. 1992).
Fischer T B (1999) ' The consideration of sustainability aspects within transport infrastructure related policies, plans and programmes', Journal of Environmental Planning and Management, vol 42, no 2, p189-219.
Fischer TB (1999) Benefits from SEA application: A comparative review of Noord-Holland and EVR

Brandenburg-Berlin, EIA Review, vol 19, p143-173.
Fischer T B (2003)' Environmental assessment of the EU Structural Funds Regional Development Plans and Operational Programmes: A case study of the German objective 1 areas', European Environment, vol 13, no 5, p245-257.
Fischer TB (2004) Transport policy-SEA in Liverpool, Amsterdam and Berlin : 1997and 2002, EIA Review, vol 24, p319-336.
Fischer TB (2006) SEA good practice elements and performance criteria: Equally valid in all countries? EIA Review,vol 26, no 4, p396-409.
Fischer T B and Seaton K (2002)' Strategic environmental assessment : Effective planning instrument or lost concept? Planning Practice and Research, vol 17, no 1, pp31-44.
Fischer TB (2006) SEA and transport planning: Towards a generic framework for evaluating practice and developing guidance, Impact Assessmnet and Project Appraisal, vol 24, no 3, p183-197.
Foreign Assistance Act of 1961) (P.L. 87-195)
Fischer TB (2007) Theory & Practice of Strategic Environmental Assessment, Earthscan, p95-108. 特に、108頁参照。
Frederick R. Anderson (1973) NEPA in the courts-A Legal Analysis of the National Environmental Policy Act, p73.
Gibson R (2004) Specification of Sustainability-based Environmental Assessment Decision Criteria and Implications for Determining 'Significance' in Environmental Assessment, Research and Development Monograph Series, 2000, Canadian Environmental Assessment Agency Research and Development Program.
Guidelines for Implementing the Cabinet Directive issued by Canadian Environmental Assessment Agency.
Jane Holder (eds) Taking Stock of Environmental Assessment, Law, Policy and Practice, p48 (2007)
John Glasson, Riki Therivel & Anderrew Chadwick (2005) Introduction to Environmental Impact Assessment (3rd), p28.
Kenichiro Yanagi (2001) New Environmental Impact Assessment System : A Case Study of Tokyo Metropolitan Government, Built Environment, vol 27, p27-34.
Kirkpatrick C and George C (2004)'Trade and development : Assessing the impact of trade liberalization on sustainable development', Journal of World Trade, vol 38, no 3, p441-469.
Kleinschmidt V and Wagner, D. (1996)' SEA of wind farms in the Soest district', in Therivel R and Partidario M (eds), The Practice of Strategic Environmental Assessment, Earthscan, London.
Kornov L and Thissen WAH (2000)' Rationality in decision and policy making: Implications for strategic environmental assessment', Impact Assessment and Project Appraisal, vol 18, p191-200.
LK Caldwell, 'Implementing NEPA : A Non-Technical Political Task' R Clark and L W Canter (eds), p22, Environmental Policy and NEPA : Past, Present, and Future, p35-37,
Lee, N. & D. Brown (1992) Quality control in environmental assessment. Project Appraisal 7 (1) p41-45.
Lee,N and Lewis,MD (1991) Environmental Assessment Gide for Passenger Transport Schemes, prepared on behalf of the Passenger Transport Executive Group, Manchester.
Legore, S (1984) Experience with environmental impact assessment in the USA. In planning and ecology, R.D.Roberts & T.M/Roberts (eds), p103-112.
Marshall R and Fischer TB (2006) Regional electricity transmission planning and tiered SEA in the UK : The case of Scottish Power, Journal of Environmental Planning and Management, vol 49, no

2, p279-299.

Maximenko, Yuri, and Irina Gorkina (1999), Assessment of Impacts on the Environment (OVOS) (Russian Federal Information Agency, Moscow) p32-33.

NGOs' Publification (1987) Financing Ecological Destruction ; The World Bank and the International Monetary Fund.

NEPA Task Force (2003) Modernizing NEPA Implementation Report to the Council on Environmental Quality. September 2003. Executive office of the President of the United States..

National Environmental Policy Act of 1969, Pub. L. p91-190.

National Report of the United States Strategic , Planning and Environmental Impact Assessment, Scientific Expert Groupe,E 1 , Environmental Impact Assessment of Reads.

Nitz T and Brown L (2001)' SEA must learn how policy-making works', Journal of Environmental Assessment Policy and Management, vol 3 , p329-342.

Noble BF and Storey K (2001) Towards a structured approach to strategic environmental assessment, Journal of Environmental Assessment Policy and Management, vol 3 , no 4 , p483-508.

Note (1975) The Least Adverse Alternative Approach to Substantive Review Under NEPA, 88 HARV L.REV.p735, p736-742.

O'Riordan and Sewell (1981), Project Appraisal and Policy Review. London, Wiley.

ODPM : The Office of the Deputy Prime Minister.

OECC (2000) Environmental Impact Assessment for International Cooperation-Furthering the Understanding of Environment Impact Assessment Systems for Experts Engaged in International Cooperation Activates.

OECD (2006) Strategic Environmental Assessment Network, Paris, OECD

OECD (1982) Document DAC, p 2 .

OECD (1985) Environmental Assessment of Development Assistance Projects and Programmes.

Orloff,N (1980) The National Environmental Policy Act : cases and materials. Washington, DC : Bureau of National Affairs.

Ortolano L (1984) Environmental Planning and Decision Making, Wiley, New York.

Ortolano L (1984) Environmental Planning and Decision Making, Wiley, New York.

Partidario & Fischer (2004) Follow-up in Environmental Assessment, Earthscan, p224-247.

Partidario M R and Fischer TB (2004)' SEA', in Arts J and Morrison-Saunders A (eds), Follow-up in Environmental Assessment, Earthscan, London.

Proposed Rule for the Importation of Unmanufactured Wood Articles from Mexico- with Consideration for Cumulative Impact of Methyl Bromide Use.

Review and analysis of the reduction potential and costs of technological and other measures to reduce CO_2 emisions from passenger cars.

Robert B.Gibson,Selma Hassan,Susan Holtz, James Tansey and Graham Whitelaw (2005) Sustainability Assessment-Criteria,Processes and Applications, p 5 . Earthscan.

Roberts,J,Cleary,J,Hamilton k, and Hanna, j (eds) (1992) Travel Sickness : the Need for a Sustainable Transport Policy for Britain, Lawrence and Wishart, London.

Sadler, B. (ed.) (2005) Strategic Environmental Assessment at the Policy Level, Ministry of the Environment, Czech Republic, Prague

Sheate W R, Byron H J and Smith S P (2004)' Implementing the SEA Directive : Sectoral challenges and opportunities for the UK and EU', European Environment Journal, vol 14, no 2 , p73-93.

Sheate,WR (1992) Strategic Environmental assessment in the Transport Sector, Project Appraisal, vol. 7 , no. 3 , p172.
Sheate,WR (1992) Lobbying for Effective Environmental Assessment, Long Range Planning, vol. 25, no. 4 , p93.
Sheate,WR (1994) Making an Impact, A Guide to EIA Law & Policy, p84, Cameron May, London.
Sunee Mallikamarl (2000) Environmental Impact Assessment and Citizen Participation in Thailand, International Conference "Sustainable Development, Environmental Conditions and Public Management", NIRA, vol 13, no 13. p43.
TEST (1992) An Environmental Approach to Transport and Planning in Cardiff, report produced by Transport and Environment Studies (TEST) in association with Chris Isaac, commissioned by Cardiff Friends of the Earth.
UK: The Environmental Assessment of Plans and Programmes (Scotland) Regulations 2004.
UK: The Environmental Assessment of Plans and Programmes (Wales) Regulations 2004.
UK: The Environmental Assessment of Plans and Programmes Regulations 2004.
U.S. Department of Transportation (1994) " Final Environmental Impact Statement, Design Report and Section 4 (f) Statement for Route 9 A Reconstruction Project".
UK (1990) Environmental Protection Act 1990.
UK (2004) The Environmental Assessment of Plans and Programmes Regulations 2004.
UNCED (United Nations Conference on Environment and Development) (1992) Agenda 21, United Nations Publications, New York.
UNDP, REC (2001) Benefits of a Strategic Environmental Assessment, p 1 – 5 .
UNECE (2006) Resource Manual to Support Application of the Protocol on SEA (Draft for Consultation).
UNECE (United Nations Economic Council for Europe) (2003) Protocol on Strategic Environmental Assessment to the Convention on Environmental Impact Assessment in a Transboundary Context.
UNEP (2002) Environmental Impact Assessment Training Resource Manual (Second Ed).
UNEP (1979) The Environmental Situation and Activities in Asia and Pacific in 1978, Bangkok
UNEP (1999) : Global Environment Outlook 2000, p13, Earthscan, London.
United States Government (1969) National Environmental Policy Act, Public Law p91–190, 91st Congress, S. 1075,1 January 1970, Washington DC.
United States Government (1969) The National Environmental Policy Act of 1969. Public Law 91–190. 91st Congress. S. 1075,1 January 1970, Washington DC.
Verheem R (1996)' SEA of the Dutch ten-year programme on waste management', in Therivel R and Partidario M (eds), The Practice of Strategic Environmental Assessment, Earthscan, London.
Ward M, Wilson J and Sadler B (2005) Application of SEA to Regional Land Transport Strategies, Land Transport New Zealand, Research Report, Wellington, New Zealand.
Warren C.Baum (1982) The Project Cycle. World Bank, Washington. DC.
White House (1994) Memorandum from President Clinton for all heads of all departments and agencies on an executive order on federal actions to address environmental injustice in minority populations and low income populations. Washington, DC.
Wood C (2002) Environmental Impact Assessment, a Comparative Review, p26, Prentice Hall, New jersey.
Wood C and Djeddour M (1992)' Strategic environmental assessment: EA of policies, plans and programmes', Impact Assessment Bulletin, vol 10, p 3 –22.

World Bank (1992) Environmental assessment sourcebook. Washington, DC..
World Bank (2005) Integrating Environmental Considerations in Policy Formulation-Lessons from Policy-based SEA Experience, Environment Department, World Bank, Washington DC.
World Bank (2005) Integrating Environmental Considerations in Policy Formulation-Lessons from Policy-based SEA Experience, Environment Department, World Bank, Washington DC.
World Bank Group (2006)' Strategic Environmental Assessment (SEA) Distance Learning Course', World Bank,Washington DC.
World Bank Group (2006)' Strategic Environmental Assessment (SEA) Distance Learning Course', World Bank, Washington DC.
World Bank News No. 1992. 6. 4.
World Bank (1991) Environmental Assessment Sourcebook, Volume I II.
World Bank (1992) Environmental Assessment sourcebook, Washington, DC.
World Bank (1995) Environmental Assessment: Challeges and good Practice, Washington, DC.
World Bank (1995) Environmental assessment: challenges and good practice. Washington, DC.
World Bank (1997) The Impact of Environmental Assessment: A Review of World Bank Experience. World Bank Technical Paper no. 363, Washington, DC..
World Bank (1999) Operational Policy, Bank Proceduresand Good Practice4. 01: Environmental Assessment. Washington DC.
World Bank (2002) Safeguard Policies: Framework for Improving Development Effectiveness* Discussion Note.
World Commission on Environment and Development (1987) Our Common Future, p43-46. Oxford University Press.

索　引

【ア行】

アジア・太平洋経済社会委員会　193
アジア開発銀行　211
アジェンダ21　4
越境環境影響評価条約　147
欧州復興開発銀行　219
欧州理事会　142
横断条項　36

【カ行】

開発援助委員会（DAC）　194
閣議決定によるアセス　26
拡大影響評価（IA）　255
簡易アセスメント　87
環境アセスメント専門家会合　193
「環境アセスメントと開発援助」特別グループ　194
環境アセスメントに係る勧告　194
環境影響緩和措置　27
環境影響評価　5
環境影響評価準備書　34
環境影響評価条例　64
環境影響評価制度　5
環境影響評価方法書　33
環境ガイドライン担当審査役　229
環境貸出契約　211
環境管理手法説　29
環境関連貸付　206
環境基本法　25
環境社会配慮ガイドライン　229
環境調査（Environmental Assessment：EA）　118
環境に関連する計画及び実行計画の立案に関連する公衆参加並びに公衆参加と公正へのアクセスに関するEC指令85 337 EEC及び96 61/ECの改正に関するEC指令　143
環境配慮技術指針　67
環境配慮書　62
環境配慮制度　5
環境配慮のためのOECFガイドライン　197
環境法政策　3
環境保全措置指針　34
環境保全措置等　92
環境問題諮問委員会　113
環境容量　291
規制的手法　3

索　引

強制移住に関する業務指令　205
行政主導型戦略的環境アセス　279
行政主導型戦略的環境アセスメント
　　16
許認可等権者　35
許認可への反映　91
国の関与　89
グリーン・アジェンダ　206
グローバル・インタレスト　4
グローバル・パートナーシップ
　　228
計画及びプログラムの環境影響評価に
　関する（ウェールズ）規則　158
計画段階アセス制度　51
計画段階配慮事項　93
計画的手法　3
合意形成手法説　29
公告及び縦覧　89
公衆参加手続　60
国際開発財政法　196
国際協力銀行ガイドライン　228
国連開発計画　4, 193
国連環境開発会議　3
国連環境計画　193
国連教育科学文化機構　193
国連食料農業機構　193
国家環境行動計画　207
コナブル世銀総裁　204

コンサルテーション　252

【サ行】

事業実施想定地域　103
事業種　85
自己管理型環境影響評価　137
事後調査　92
事後調査手続　55
持続可能性　105
持続可能性アセス　250
持続可能性アセスメント　16
持続可能な開発　25, 249
持続可能な発展　71, 234
持続的発展　4, 249
自然環境保全法　3
質の管理　151
社会的受容性　39
受動的参加形態　289
条例制定団体　51
触媒的及び調整的機能　193
新・世界環境保全戦略　249
スクリーニング　37, 53, 84
スクリーニング式環境影響評価
　　137
スコーピング　42
スコットランド電力会社　169
スタッフ業務指令　208
ストックホルム会議　193

索　引

セーフガードポリシー（環境社会配慮政策）　233
政策型戦略的環境アセスメント　16
政策決定者　268
政策評価に対する環境配慮　260
政府開発援助大綱　197, 225
政府組織法　135
世界銀行　198
セルフコントロール　61
戦略的アセスメント　63
戦略的意思決定の段階　284
戦略的環境アセスメント導入ガイドライン　95
戦略的持続可能性影響評価　71

【タ行】

対外援助法　196
第二種事業実施者　104
第一種事業　83
第一種事業実施者　103
多段階型環境アセスメント　16
地域環境管理計画　57
調停（Mediation）　139
重複の回避　297
適用除外行為の判定　115
手続規則手法説　29
典型七公害　27
統合型アプローチ　269

統制型規制　83
統制型規制手法説　29
特定の公共及び民間事業の環境影響アセスメントに関する欧州閣僚理事会指令 85 337 EEC の改正 EC 指令　143
独立型環境影響評価　137
特例環境配慮書　70, 98
土地利用計画　152

【ナ行】

ナショナルミニマム　52
ナルマダ流域開発プロジェクト　204

【ハ行】

排出規制　3
配慮書　104
費用効果分析　260
費用便益分析　260
非 EIA 型の Appraisal 型　269
フォローアップ手続　31
複数案　27
ブラウン・アジェンダ　206
米国国家環境政策法　113
ベスト・プラクティス　38
包括的調査　137
包括的評価法の有効性　297
方法書　88

317

索　引

補助金事業　85
法的関与要件　84
法定協議機関　168
法的親和性　40

【マ行】

ミレニアム挑戦会計　196

【ヤ行】

ヨーロッパ経済委員会　193
要綱等制定団体　51
予見的アプローチ　25
横出し　52

【ラ行】

リオ会議　4
リプレース　91
累積的・複合的影響　297

【ワ行】

枠組み規制　3, 83
枠組み規制手法　83
枠組み規制手法説　29

【その他】

BPEO　172

CEQ 規則　124
DEIS　122
ECE（国連ヨーロッパ経済委員会）越
　境環境影響評価条約　143
EIA 型のアプローチ　269
EIS　121
EIS 審査に関する手引書　147
Environmental Concern : EC　127
Environmental Objection : EO　127
Environmentally Unsatisfactory : EU
　　127
EU　142
Final EIS : FEIS　126
JICA　環境社会配慮ガイドライン
　229
Lack of Objections : LO　127
MBDs　240
NO-ACTION　123
ODPM 実施ガイド案　168
PAE　260
Record of Decision : ROD　126
Route 9 A 改築事業　122
SEA　93
SEA 規則　162
SEA 制度　105

【著者略歴】

柳 憲一郎（やなぎ　けんいちろう）

1950年　神奈川県生まれ

1979年　筑波大学大学院環境科学研究科修士課程修了

筑波大学社会科学系準研究員、信州大学経済学部兼任講師、北見女子短期大学助教授、明海大学不動産学部助教授、同教授、ケンブリッジ大学土地経済学部客員研究員、ヒューズ・ホールカレッジ客員研究員、大学入試センター客員教授等を経て、現在に至る。

現　在　明治大学法科大学院法務研究科教授・環境法センター長、博士（法学）（明治大学）
公害健康被害補償不服審査会非常勤委員、東京都環境影響評価審査会委員、千葉県環境影響評価委員会委員、川崎市環境影響評価審査会委員等を務める。

〈主な著作〉

『環境アセスメント法』清文社、2000年

『環境法政策』清文社、2001年

『環境アセスメント読本（第2版）』（共編著）ぎょうせい、2002年

『判例にみる工作物・営造物責任』（共編著）新日本法規出版、2005年

『環境アセスメントの最新知識』（共編著）ぎょうせい、2006年

『環境リスク管理と法』（共編著）慈学社出版、2007年

『ロースクール環境法（第2版）』（共編著）成文堂、2010年

『多元的環境問題論（増補改訂版）』（共編著）ぎょうせい、2010年

『演習ノート環境法』（共編著）法学書院、2010年

環境アセスメント法に関する総合的研究

2011年7月20日　発行

著　者　　柳　憲一郎 ©

発行者　　小泉　定裕

発行所　　株式会社 清文社
　　　　　東京都千代田区内神田1-6-6（MIFビル）
　　　　　〒101-0047　電話 03(6273)7946　FAX 03(3518)0299
　　　　　大阪市北区天神橋2丁目北2-6（大和南森町ビル）
　　　　　〒530-0041　電話 06(6135)4050　FAX 06(6135)4059
　　　　　URL http://www.skattsei.co.jp/

印刷：亜細亜印刷㈱

■著作権法により無断複写複製は禁止されています。落丁本・乱丁本はお取り替えします。
■本書の内容に関するお問い合わせは編集部までFAX（03-3518-8864）でお願いします。

ISBN978-4-433-40511-3